植物组培快繁技术

李　军　主编

中国林业出版社

图书在版编目(CIP)数据

植物组培快繁技术 / 李军主编 . —北京：中国林业出版社，2018. 8(2024. 8 重印)
“十四五”职业教育国家规划教材
ISBN 978-7-5038-9657-6

Ⅰ. ①植…　Ⅱ. ①李…　Ⅲ. ①植物组织-组织培养-高等职业教育-教材
Ⅳ. ①Q943. 1

中国版本图书馆 CIP 数据核字(2018)第 152689 号

国家林业和草原局生态文明教材及林业高校教材建设项目

中国林业出版社 · 教育出版分社
策划、责任编辑：田　苗
电话：(010)83143557　　**传真：**(010)83143516

出版发行　中国林业出版社(100009　北京市西城区德内大街刘海胡同 7 号)
E-mail：jiaocaipublic@ 163. com
电话：(010)83143500
http：//www. cfph. net
经　　销　新华书店
印　　刷　北京中科印刷有限公司
版　　次　2018 年 8 月第 1 版
印　　次　2024 年 8 月第 6 次印刷
开　　本　787mm×1092mm　1/16
印　　张　14. 75
字　　数　319 千字
定　　价　42. 00 元

数字资源

《植物组培快繁技术》
编写人员

主　编

李　军

副主编

李晨程

王　琳

编写人员（按姓氏拼音排序）

李晨程（云南林业职业技术学院）

李　军（云南林业职业技术学院）

李正红（中国林业科学研究院资源昆虫研究所）

阮桢媛（云南林业职业技术学院）

王　琳（云南林业职业技术学院）

魏兴强（云南英茂生物农业有限公司）

张朴仙（云南林业职业技术学院）

张　鑫（云南林业职业技术学院）

前　言

植物组织培养是现代生物技术的基础和重要组成部分，植物组培快繁技术逐渐进入大规模应用阶段，已在农业、林业、工业、医药等行业中广泛应用，尤其是在农业工厂化、规模化高效生产中显现出明显的技术优势，也产生了巨大的经济效益和社会效益。社会对组培快繁方面的技能型人才的需求量越来越大，但目前国内植物组培快繁方面的教材不多，尤其是工学结合教材更少。笔者结合多年植物组培快繁技术研究和云南省精品课程“植物组培快繁技术”的开发建设基础，组建了一支融“教学、科研、生产”人员为一体的教材编写团队，团队成员由学校双师型骨干教师、科研单位资深专家、生产第一线的专家能手组成，基于工作过程，校企研结合共同完成工学结合教材开发和编写工作。

本教材根据国家职业标准对组培人员“懂规范、熟操作、会管理”的岗位与职业能力要求，以职业能力培养为核心，按照从简单到复杂，从低级到高级的职业成长规律构建，分为植物组培快繁基本技术、植物组培快繁生产与应用、植物组培快繁工厂化生产管理 3 个模块，下设岗位认知、组培工作环境、培养基制备、无菌技术、试管苗驯化移栽、组培试验设计、组培数据调查分析、花卉组培快繁、果树组培快繁、蔬菜组培快繁、药用植物组培快繁、组培空间规划设计、组培苗工厂化生产管理 13 个项目，基本涵盖了组培快繁生产、研发、管理等岗位所需的知识与技能。教材内容选取及编写充分发挥产教结合、科教融汇优势，引入产业龙头企业技术流程标准，配合植物生产领域最新科研成果与发展方向。在编写过程中，力求融科学性、知识性、先进性、实用性于一体，体例新颖，言简意赅，图文并茂，直观易学，可操作性强。

本教材由李军教授主编，起草编写大纲，设计内容体系和知识技能点及全书统稿。具体分工为：李军编写项目一，项目二，项目三，附录一，附录二；李晨程编写项目四，项目十，项目十二；王琳编写任务五，项目十三；李正红编写项目五，项目九中任务一、三；阮桢媛编写项目六，项目七，项目九中任务二；张鑫编写项目八中任务一、二、四，项目十一；魏兴强编写项目八中任务三、五，项目十三；张朴仙编写项目十三，附录一。

本教材构架坚持问题导向，真正解决教学以及生产实践中的问题，除面向高职高专农学、林学、生物技术、园林、园艺等专业学生外，也可作为职业培训及农户、相关技术人员学习组培技术的参考书，在全面推进乡村振兴中发挥作用，服务中国式现代化。

本教材在编写过程中，得到参编学校、合作科研单位和企业及同事、同行们的大力支持和帮助，书中引用了部分国内外同行们的有关研究结果和图表，谨在此一并表示衷心的感谢。

由于编者水平有限，疏漏和不当之处在所难免，敬请广大读者批评指正。

编　者

2018 年 6 月

目　录

模块一

植物组培快繁基本技术

项目一　岗位认知

20 世纪初，在植物细胞全能性理论以及植物生长调节剂应用的指导下，植物离体培养材料的生长和发育得以有效控制，也促使了植物组培研究领域的形成和发展。20 世纪 60 年代以后，植物组培快繁技术研究发展迅速，并逐渐进入大规模的应用阶段。现在，植物组培快繁已在农业、林业、工业、医药等行业中广泛应用，产生了巨大的经济效益和社会效益。

学习植物组培快繁知识与技能，是为了将来从事组织培养工作。在此之前了解组培工种及各岗位的工作任务、目标、职责和任职要求，有助于学生明确学习目标和努力方向，有助于培养岗位意识和激发学生学习的积极性。

【学习目标】

终极目标：

掌握植物组培快繁技术的基本知识，熟悉组培工作岗位。

促成目标：

1. 了解植物组培快繁产业的发展态势；
2. 理解植物组培快繁技术与植物组织培养技术；
3. 掌握植物组培快繁的过程；
4. 清楚组培工作岗位的任务、工作职责与任职要求。

工作任务一　岗位认知

【任务描述】

具体任务：学习植物组培快繁相关知识，分析组培各工种的岗位工作任务、目标、职责与任职要求。

实施形式：个人自学与分组讨论相结合。

实施程序：教师介绍课程→下发任务单→学生自学→观看视频→现场参观→组内讨论→组间分享→师生点评→现场考评。

【任务实施】

一、准备

1. 了解学习任务

根据教师下发的任务单、评价单和提出的学习要求，了解学习任务。

2. 学习相关知识

通过教材、相关网站、视频、教师讲解等学习，提出相关疑问。

二、现场参观

做好参观前的准备，列出重点了解的事项和内容，到组培企业或科研单位现场了解各个岗位及主要工作。

三、组内讨论

回学校后分小组针对问题展开讨论、分析，提出相关疑问，教师巡回解答，填写任务单。

四、组间分享及师生点评

各小组选派代表汇报结果，小组间互评，教师现场纠错及点评。

五、现场考评

针对各小组任务完成情况，教师和学生分别填写评价单。

【知识链接】

一、植物快速繁殖与组织培养技术

快速繁殖(rapid propagation)技术，又称微繁(micro propagation)技术。广义的快速繁殖包括植物组织培养、全光照育苗法和根茎扦插法等。通常所说的快速繁殖是指植物组织培养快速繁殖，简称植物组培快繁。

植物组织培养(plant tissue culture)是指植物的离体器官、组织或细胞在人工控制的环境下培养发育成完整再生植株的技术，又称植物克隆(简称组培)，如图 1-1 所示。

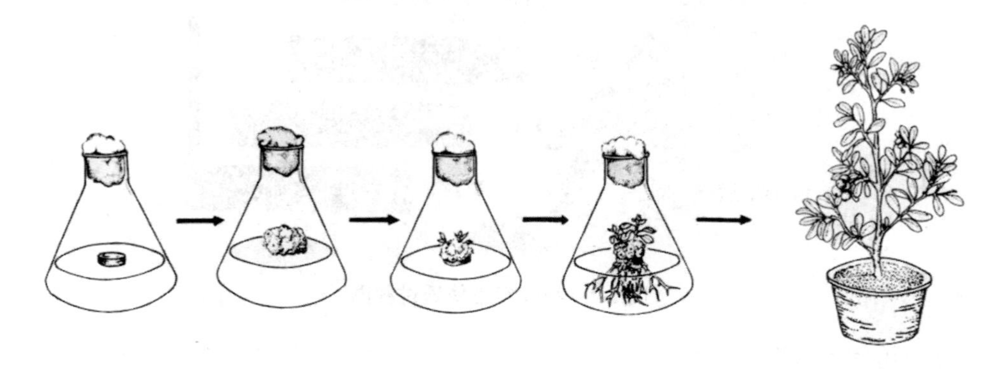

图 1-1　植物组织培养流程图

植物组培快繁技术是指应用植物组培技术快速繁殖苗木的技术。

用这种方式进行繁殖具有三大特点：一是过程无性化；二是微型化，作为繁殖体的细胞组织，不同于有性过程的种子，也不同于一般的无性器官；三是繁殖速度快，倍增时间较短，传统方法难以与之比拟。

植物组培快速繁殖技术开辟了一条既能够保持生物遗传稳定性，又可以高效快速繁殖良种后代的新途径。它具有以下优点：

①繁殖周期短，可用于加速繁殖某些难繁殖或繁殖速度慢的植物，以及某些需要加速繁殖的特殊基因型资源，如珍稀名贵花卉、国外引进的优良品种、果树中偶然发现的芽变品系、花卉的优良单株、生物工程中的转基因植物以及一些濒危植物等都可以采用植物组培快速繁殖技术进行繁殖。

②繁殖数量大，集约化培养使每平方米的培养面积每年约可生产数万株苗木，增殖速度可达到 1 年中增加几万、几十万甚至上百万倍。

③在无菌条件下进行，再生繁殖的苗木品质纯优，尤其是对于一些易感染病毒的植物，通过离体脱毒快繁技术可以获得无病毒的复壮后代。

④在人工控制的环境中进行大量繁殖，不受季节变化和环境条件的限制和影响，周年进行。

⑤试管苗适于工厂化生产，有利于扩大规模，降低成本。

因此，植物组织培养是实现植物大规模快速繁殖的一种高效实用的手段。

植物组培快繁过程包括以下几个阶段(图 1-2)：

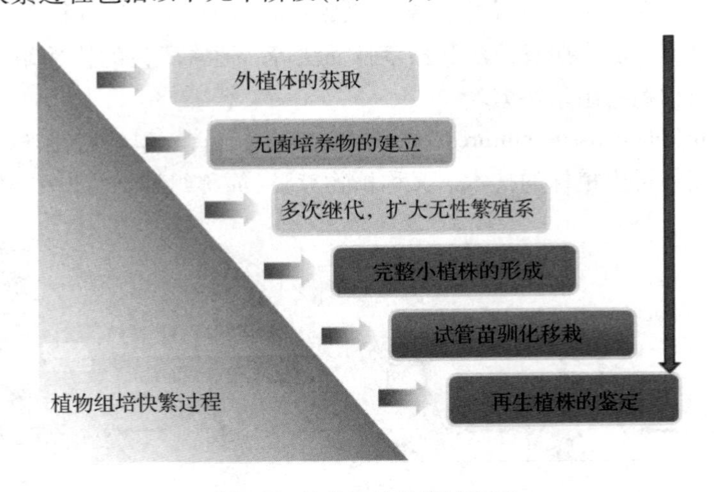

图 1-2　植物组培快繁过程图

(一)外植体的获取

选择品质好、产量高、抗病毒性和耐病毒性好、应用年限较长和具有推广前景的品种作为母株；外植体的部位以幼嫩器官组织为好，因为它们容易诱导成功；除脱毒培养取茎尖等微小分生组织以 0.3 mm 左右为宜外，其他各类型外植体平均的长、宽、厚以 0.5～1 cm 为宜。

(二)无菌培养物的建立

植物组培快繁所用的外植体材料大多来源于自然条件下生长的植物，其器官和组织表面都沾有灰尘、泥土，夹杂着各种各样的微生物，这些微生物一旦进入含有营养元素、糖、琼脂的培养基中，能迅速繁殖，将培养材料全部包围，使材料很快感染而死亡。因此，任何取自于自然条件下生长的植物组织及器官的培养材料，都必须先完成表面和深层灭菌，才能进行离体培养。

（三）继代增殖培养

继代培养（subculture）是指将初代培养得到的无菌培养物转移到新鲜的培养基中，反复多次扩大培养。在植物组培快繁的过程中，该阶段应最大限度地产生有效繁殖体。继代培养快繁的途径主要有以下4条。

1. 通过愈伤组织增殖与分化

这种方法首先要从外植体诱导形成愈伤组织，再由愈伤组织诱导器官发生，或由胚性愈伤组织诱导体细胞胚发生，进而再形成小植株。采用这种方法有2个缺点：一是细胞遗传上的不稳定性，不少植物在此过程中产生多倍体和非整倍体的概率较高，可能会破坏种质的真实遗传，如通过细胞或愈伤组织培养繁殖石刁柏时，所得到的植株表现为多倍性和非整倍性，而由茎、芽培养所得到的植株都是二倍体；二是随着继代保存时间的增加，愈伤组织最初表现的植株再生能力可能逐渐下降，最后甚至完全消失。但并不是说这种途径产生的植株就完全不可能保持遗传上的一致性。用这一技术培养的许多植物后代，特别是禾本科植物、林木、豆科植物和热带棕榈植物等的后代，仍可基本保持遗传性。燕麦、百合和菊花等植物的愈伤组织培养繁殖的植株后代，特别适用于快速无性繁殖。

2. 通过顶芽或腋芽的增殖与分化

顶芽或腋芽含有的休眠的或活动的分生组织，在本质上是相同的，但由于存在的部位不同，在生理上仍存在着差异。在多数维管植物中，腋芽均具有无限生长的能力，其内常含有分生组织，都有长出枝条的潜在能力，但能否变成枝条，则与主轴顶芽的生理状态有关。植物顶芽往往具有顶端生长优势，抑制着腋芽的生长，引起这种现象的原因与顶芽生长激素有关。要打破顶端生长优势，诱导腋芽的生长，可在培养基中添加适当的细胞分裂素。

顶芽和腋芽繁殖是常用的方法之一，虽然繁殖率相对较低，但遗传性稳定，在大多数植物中都有应用。

3. 通过不定芽的增殖和分化

不定芽是指随机地发生于植物茎或叶或愈伤组织上的一种不定位器官再生，它是除去顶芽和腋芽之外的芽器官。在外植体培养中加入不同种类和不同浓度的生长素、细胞分裂素，可诱导不定芽的发生。常用的细胞分裂素是6-BA（6-苄基氨基腺嘌呤）和KT（激动素），浓度为0.1～10 mg/L。生长素是吲哚丁酸（IBA）和萘乙酸（NAA），浓度为0.1～10 mg/L，2,4-D很容易引起愈伤组织的形成，因此在诱导不定芽分化的培养基中应尽量避免2,4-D的使用。通过不定芽的增殖和分化产生植株的速度非常快。

4. 通过诱导不定胚状体产生

在外植体的不定部位诱导产生胚状体，称为不定胚的诱导。植物的种子、花粉、茎薄壁细胞或表皮细胞、叶肉细胞和叶基部的表皮细胞等都可在一定的条件下转变为胚状体。诱导生长出胚状体后，在一定条件下便可发育成苗。

(四)完整小植株的形成

将继代增殖的幼嫩小植株转移至生根培养基中，诱导根的分化和根系的形成，最终成为具有根、芽(生长点)的完整小植株。有些植物种类如香石竹、草莓、菊花、石刁柏和黄瓜等，在不定芽继代增殖的同时，也可以生根。

(五)试管苗驯化移栽

生长在三角瓶内的小植株，由于长期生长在恒温、高湿、弱光、无菌和养分供应充足的特殊条件下，小植株对外界环境的适应能力极差，很容易死亡。因此，为确保移栽成功，在移栽之前必须进行炼苗驯化。

炼苗首先要进行自然光锻炼，通过“晒苗”措施恢复叶绿体的光合作用功能，使小苗由异养逐步过渡到自养。其次要进行湿度锻炼，使小苗逐步适应周围环境的湿度。

移栽时要充分考虑自然条件下感染和蒸腾失水的问题。利用无菌的混合土壤或基质可避免感染，移栽介质选用排水性和透气性良好的蛭石、河沙、珍珠岩、草炭和腐殖土等，栽苗前用0.3%~0.5%的高锰酸钾消毒。当试管苗出瓶移栽后需要将环境相对湿度保持在80%~90%下2~3周，这期间需搭建塑料大棚保湿，同时覆盖遮阳网防晒并减少蒸腾失水，直至移栽苗完全适应自然环境。

(六)再生植株的鉴定

鉴定离体繁殖植株遗传稳定性和质量主要有3种方法：

1. 农艺学性状观察

如株高、叶片数、叶长、叶宽、叶色和物候期记载等，与对照对比，如果性状稳定，整齐一致，可视为遗传稳定。

2. 染色体镜检

主要检查染色体数目，如为二倍体，则遗传稳定，如出现染色体数目差异或多倍体、非整倍体等，则视为遗传不稳定。

3. 随机扩增多态性(RAPD)分析

分别对离体繁殖的植株后代和田间种植的原始群体进行多态性DNA扩增带谱的相似性分析，鉴定其遗传稳定性。此外，还要检查快繁植株的健康状况，如是否携带有病菌和病毒等。通过以上鉴定，剔除劣株，保证大规模快繁植株的纯度和质量。

二、植物组培快繁的应用

植物组培快繁的应用主要有以下几个方面：

(一)优良品种种苗快繁

扩大繁殖新育成的、新引进的、新发现的稀缺良种，如快繁维生素含量极高的猕猴桃，木质好的林木黄檗、沉水木等。

（二）植物脱病毒和无病毒苗的大量快繁

用离体茎尖微小分生组织培养可脱除无性繁殖植物体内的病毒，获得并保存无病毒种苗，使品种复壮，并且大规模繁殖脱毒苗，将大大提高经济作物的产量，改善品质，如马铃薯等作物在此方面的应用已取得了明显的经济效益。

（三）特殊育种材料的快繁

加快繁殖系数低的经济植物或特殊育种材料。

（四）制种材料的快速繁殖

扩繁育种材料，如一些经济作物的杂交一代、不育系、自交系、三倍体和多倍体的原始材料的扩大繁殖等。

（五）自然和人工诱变有用突变体的快繁

快速繁殖自然突变或人工诱变的资源，如果树、花卉的自然芽变，无性繁殖的农作物和蔬菜突变体等的快繁。

（六）离体保存植物种质资源

用植物组培技术保存植物种质资源，可以不受气候、土壤、病虫害的影响，做到经济、安全地保存植物种质资源，节省土地和人力资源，尤其适用于无性繁殖的稀有、优质、新品种的种质资源保存，并便于国际交流。一个 0.28 m^3 的普通培养箱或超低温冰箱可存放 2000 支试管，而容纳相同数量的苹果植株则需要 8500 m^2 的土地。

（七）珍稀、名贵、濒危植物的离体快繁

扩大繁殖珍稀植物资源，如抗肿瘤药用植物红豆杉、名贵花卉等。

（八）基因工程植株原种的快繁

基因工程创造的优良种性必须通过植株再生，然后快繁扩大基因工程植株原种苗的群体，进入转基因经济作物的大田应用。

三、植物组培快繁技术研发概况

植物组培快繁技术的大规模应用始于 20 世纪 60 年代。法国的 Morel 用茎尖培养的方法大量繁殖兰花获得成功，从此揭开了植物组培快繁技术应用研究的序幕。目前，通过离体培养获得小植株并且具有快速繁殖潜力的植物已经涉及 100 多科 1000 多种，有的已经发展成为工业化生产的商品。世界上 80%~85% 的兰花是利用组织培养技术进行脱毒和快速繁殖的。培养的植物种类由观赏植物逐步发展到蔬菜、果树、大田作物和药用植物等经济作物。在我国，同类研究始于 20 世纪 70 年代，脱毒马铃薯种薯和甘蔗种苗已在生产上大面积种植，30 余种植物已进行规模化生产或中间试验。

利用组培技术进行植物快速繁殖及无病毒苗生产，不仅能够挽救珍稀濒危物种，而且能够解决植物野生资源缺乏的问题，到 20 世纪 80 年代，植物快速繁殖技术已被认为是能够带来全球经济利益的产业。

（一）国外植物组培快繁技术应用概况

据资料报告，欧洲 20 个国家的植物组织培养机构有 628~642 个，其主要繁殖的是花卉和果树。微繁数量最大的国家是荷兰，其次是法国、意大利、比利时和英国。

在北美洲，从事植物组织培养和快速繁殖的机构主要集中于美国，有100多个微繁实验室，1年生产1.57亿株植株。南美洲国家有94个商业性实验室（Novak，1991），每年生产的各类植物试管苗可创产值8100万美元。主要从事香蕉、草莓和马铃薯脱毒种苗、种薯的生产，其次为观赏植物。

纵观世界，在发达国家建立的植物组织培养实验室较多，其中大部分从事商业性快繁，主要进行快繁的是盆花、切花等观赏植物；其次是果树。而发展中国家大部分从事育种研究，少量繁殖无性繁殖的农作物。发达国家今后植物组织培养实验室的数量将会减少，而规模将会扩大，试管苗的数量将会逐年增多，预计将以每年7%~8%速度增加。这项技术将在发展中国家日趋扩大，并被看作是发展农业生产的一个重要手段，以更快的速度发展。

全世界快繁试管苗的工作重点是繁殖经济价值较高的观赏植物，国际著名的205个商业性组织培养室生产的作物种类中，园林植物的比例高达70%以上。据估计，目前植物组培苗的贸易额约占全球生物技术产业年交易总额的10%，约150亿美元，并以每年15%的速度递增。由于快繁的某些技术环节仍然是劳动密集型工作（如接种），所以劳动力成本已成为发达国家降低试管苗生产成本的重要制约因素，快繁产业转移到东南亚国家和拉美国家逐渐成为一大趋势。

（二）国内组织培养技术微繁概况

我国是一个人口大国，也是一个发展中国家。党和国家十分重视发展农业生产，把生物技术列入“八大”高新技术之一。20世纪80年代初，在美、日、法等国相继开展人工种子的研究之后，我国也于“七五”期间开展了此项研究。总体来说，我国植物快繁技术水平和产业化规模与国际水平相当，正在与国际商业性生产接轨，其中的重要原因是为外方提供“组培苗代加工”业务，即由外方提供新培育的无病毒植物种源，经过我国快速增殖后成为商品苗，再返销国外。我国为国外代加工生产的组培苗品种有百合、大花萱草、唐菖蒲、丝石竹、菊花、蕨类、热带兰、勿忘我、非洲菊、金线莲、小蔓常春藤以及甘蔗、香蕉等20余种。这种生产模式为我国快繁技术与国际接轨，使我国组培苗成为国际性商品提供了极好的机遇。目前，我国已建立起一批以现代化企业理念和模式管理的企业，其主要标志是规模化生产、产品结构多样化、全年生产平衡，并且一些产品已建立质量标准。

目前，我国从事植物组织培养研究和开发的组织机构尚未有权威的调查数据，故不能进行较准确的统计和分析。根据各地报道和了解，开展最多的省份是广东，有200多个，广西、四川、山东约有150个，江苏、湖南约有120个，河北、辽宁约有100个，甘肃74个，最少的是西藏、青海。从植物种类来看，花卉、果树、林木作物（无性繁殖）居多。从单项植物来看，花卉中的盆花最多，其次为切花和果树中的香蕉、苹果、枣、葡萄及作物中的马铃薯等。

我国植物快繁技术虽有一定成效，但发展不大，效益不高，究其原因有以下几点：

①市场问题　生产急需的良种，经试管繁殖出大量苗木后，销售不出去，故不能大力发展。

②成本问题　试管繁殖成本高，但售价低，无利润可言，如草莓、杨树等。

③技术问题　有些植物组培再生苗已成功，生产也非常需要，但不能做到批量生产，如牡丹、大蒜。

④管理问题　试管繁殖技术成熟，市场也好，但管理不善，无效益。

⑤人员问题　微繁技术要求训练有素的技术人员，但有些人员素质差，出了问题不能解决，生产效率不高。

针对上述原因，大力加强植物快繁技术专业人员的培养，积极研究和开发市场急需苗木的脱毒快繁技术，加大繁殖规模，降低成本以及改善经营管理等，已成为我国植物组培快繁技术发展的关键。

四、植物组培苗木生产操作流程

植物组培苗木生产操作流程如下：

生产方案制订→培养基制备→接种→培养→驯化移栽→组培苗销售或定植

五、组培工作岗位与工种

通过企业调研，无论组培企业的规模实力与技术水平如何，其工作岗位大体按照组培苗生产操作流程设置，主要包括生产岗、研发岗、管理岗和营销岗。其中，生产岗的技术工种包括培养基制备工（图 1-3）、接种工（图 1-4）、培养工（图 1-5）、驯化移栽养护工（图 1-6）。高职院校毕业生最初主要从事组培苗生产，经过 3～5 年的历练，才能从事技术研发和生产管理工作。表 1-1 列出各生产岗位工作的目标、任务、职责与任职要求。

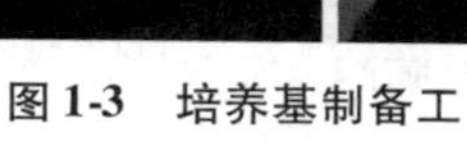

图 1-3　培养基制备工

图 1-4　接种工

图 1-5 培养工

图 1-6 驯化移栽养护工

表 1-1 组培企业生产岗位分析

岗位要素 \ 岗位名称		培养基制备	接种	培养	驯化移栽与养护
工作任务		配制母液与工作培养基	进行外植体接种和继代、生根转接	辅助培养室（车间）的管理	负责组培苗的驯化移栽及日常养护工作
工作目标		按需、准确、规范、熟练配制培养基	规范、熟练地进行无菌操作，污染率低于10%	培养材料正常生长分化，培养瓶分类管理、标识清晰，观察记录全面客观	组培苗成活率高，苗壮、长势好，达到规格要求
工作职责		1. 对培养基配制质量负全责； 2. 按照母液和培养基配制操作流程及技能要求配制； 3. 认真做好计算、核对与操作，及时填写、保存工作记录； 4. 保证桌面整洁无残留液，用品摆放合理有序，保持所用器具及工作区域的卫生	1. 保持接种室（车间）洁净卫生； 2. 做好接种前的准备，严格按照无菌操作规程操作； 3. 遵守《接种须知》，认真做好工作记录； 4. 保质保量完成生产任务	1. 保持培养室（车间）洁净卫生； 2. 每天及时拣出污染瓶、畸形苗； 3. 根据培养需要有效调控环境条件； 4. 定期做好观察记录，及时反馈； 5. 保证用电安全	1. 保持棚室整洁卫生； 2. 按照驯化移栽要求规范操作； 3. 精心管理，科学管理，保证组培苗生长发育的营养与环境条件； 4. 认真观察并有效解决生产问题； 5. 保证组培苗驯化移栽与生长质量和销售期
任职要求	知识与能力	1. 清楚玻璃器皿洗涤方法与标准，熟练清洗玻璃器皿； 2. 能熟练配制母液和培养基； 3. 清楚培养基配制目的、操作流程、各环节技能要求，以及其他与培养基制备相关的理论知识	1. 准确识别植物器官，正确选择和处理外植体； 2. 根据不同外植体选择适宜的接种方法，具备娴熟、规范的无菌操作能力； 3. 具备无菌观念，清楚外植体表面灭菌、无菌操作的方法、规程与注意事项	1. 准确判别污染瓶和畸形苗，并有效处理； 2. 清楚组培原理、培养条件、常用的组培快繁方法与影响因素； 3. 具备组培苗观察能力和易发问题的分析解决能力； 4. 会使用相关设备，有效调控培养环境； 5. 能够根据培养对象实施科学、有效的管理	1. 熟悉组培苗驯化移栽的目的、原则、时期与条件要求； 2. 能够根据驯化移栽对象制订科学的实施方案，并且熟练、规范进行驯化移栽操作； 3. 熟悉相关设施设备的特点、性能与使用方法，具备简易栽培设施建造于维护能力； 4. 具备一定的栽培养护能力
	素质	爱岗敬业，诚实守信，吃苦耐劳，服从领导，遵守操作规范和职业道德，工作积极主动，具有责任心、成本意识、市场意识、创新意识、团队精神和科学思维方法，具备学习能力、沟通能力、计划能力、适应能力、分析问题能力和自我管理能力			

【问题探究】

1. 植物组培快繁与常规繁殖技术有何不同？

2. 你认为组培研发岗与生产岗、管理岗的工作职责与任职条件是什么？

【拓展学习】

一、组培职业发展路径

组培职业发展路径如图 1-7 所示。

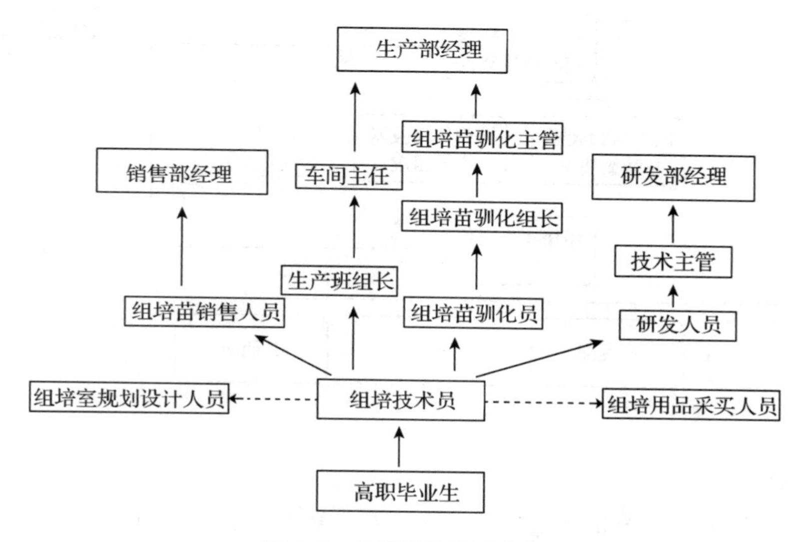

图 1-7 组培职业发展路径

二、自主学习平台

1. 中国组培网：http://www.zupei.com/

2. 植物克隆网：http://sp.zwkf.net/

3. 木本生物组培学院网：http://www.mumubio.com/mmnew/zpschool.html/

【小结】

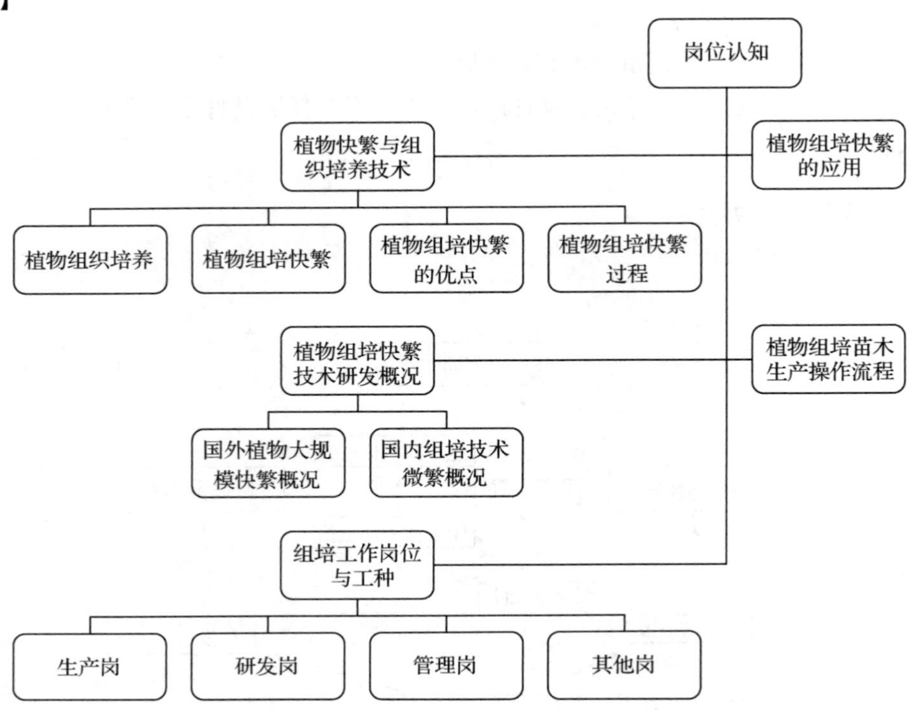

【练习题】

一、填空题

1. 植物组织培养又称为植物克隆、离体培养，其本质是(　　)。
2. 植物组培快繁是(　　)的一项应用技术。
3. 植物组培快繁具有(　　)、(　　)、(　　)三大特点。
4. 植物组培快繁技术的大规模应用始于20世纪(　　)年代。
5. 组培苗木生产操作流程是制订生产方案—培养基制备—(　　)—培养—(　　)。
6. 组培岗位包括(　　)、(　　)、(　　)和(　　)。
7. 接种工主要负责(　　)。
8. 培养基制备工的工作目标是(　　)配制培养基。
9. 培养基制备工、接种工、培养工和驯化移栽工属于(　　)岗。

二、判断题

1. 外植体是指用于离体培养的植物材料。(　　)
2. 植物组培快繁其实质是无性繁殖。(　　)
3. 继代培养是最大限度地产生有效繁殖体的过程。(　　)
4. 培养工日常工作主要是调控培养环境，跟踪观察记录组培苗生长分化情况，并及时妥善处理组培异常问题。(　　)

项目二　组培工作环境

植物组培快繁是指在无菌条件下培养离体植物材料。要满足无菌条件要求，就要人为创造无菌环境，使用无菌器具，人工控制培养条件。而无菌工作环境和培养条件的创造需要一定的设施、设备、器材和用具，这就要求在从事组培工作之前，首先对组培工作中需要哪些最基本的设施、设备条件有全面的了解，以便为科学设计建造组培空间和更好地从事组培操作与管理工作奠定基础。

【学习目标】

终极目标：

熟悉组培工作环境。

促成目标：

1. 熟悉组培室的基本构成、功能定位与组培设备、器具用品等；
2. 了解组培育苗工厂的基本构成、功能定位与大型设备等；
3. 培养观察力和理论联系实际的能力。

工作任务一　熟悉组培工作环境

【任务描述】

具体任务：参观组培工厂和校内组培室；撰写参观总结。

实施形式：个人自学与分组参观讨论相结合。

实施程序：下发任务单→学生自学→校内外参观→组内讨论→组间分享→师生点评→提交参观总结。

【任务实施】

一、参观前准备

1. 接收任务单

根据教师下发的任务单和学习要求了解学习任务，课前通过教材、相关网站、视频等自主学习。

2. 计划

以组为单位制订企业参观的详细安排，包括人员分工、参观的重点设施和需调查的事项等。

二、实地参观

分组分头参观，调查组培设施的相关数据并记录，咨询相关问题。

三、交流讨论

分组讨论组培设施类型、特点与平面布局等；组间分享讨论；学生代表点评。

四、撰写参观总结

以小组为单位，撰写参观总结。

【知识链接】

一、组培室

(一)设施构成

组培室一般由洗涤室、配制室、灭菌室、接种室、培养室、观察室等分室组成。各分室的功能定位如图 2-1 所示。

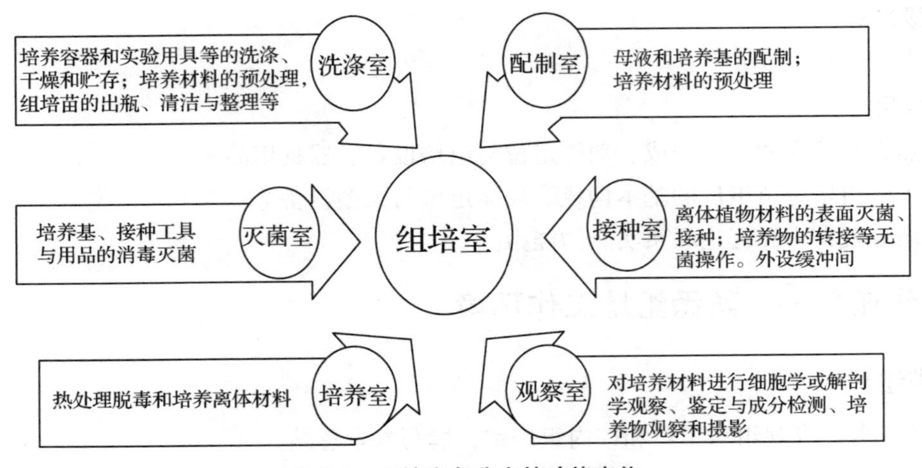

图 2-1　组培室各分室的功能定位

(二)设备与用品

植物组培快繁技术含量高，操作复杂，除了需要建立组培场地外，还需要一定的设备和用品作辅助，才能完成离体培养的全过程。组培室配置的仪器设备与用品分别见表 2-1、表 2-2、图 2-2 至图 2-10。

表 2-1　组培仪器设备

类　别	仪器设备名称
洗涤设备	干燥箱、超声波清洗器、工作台、药品柜、医用小平车等
培养基配制设备	普通冰箱、电子天平(精确度 0.0001 g)、托盘天平、工作台、药品柜、医用小平车等
灭菌设备	高压灭菌锅(有大型卧式、中型立式、小型手提式和电脑控制型)、液体过滤灭菌装置、干热消毒柜、烘箱、微波炉、臭氧发生机、喷雾消毒器、工作台等
接种设备	超净工作台(或接种箱)、普通解剖镜、接种器具、杀菌器、医用小平车、配电盘等

（续）

类　别	仪器设备名称
培养设备	空调机、人工气候箱或光照培养箱、摇床、转床、振荡器、光照时控器、照度仪、配电盘等
观察与生化鉴定设备	普通显微镜、倒置显微镜、荧光显微镜、普通解剖镜、低温冰箱、培养箱、切片机、水浴锅、低温高速离心机、电子分析天平、细胞计数器、PCR 仪、酶联免疫检测仪、分子成像仪、液相色谱仪、电激仪、毛管电泳仪、图像拍摄处理设备、个人计算机、工作台等

表 2-2　组培用品

类　别	玻璃器皿、器械用具名称
洗涤用品	洗液缸、水槽、工作台、搁架、试管刷、晾干架、周转筐（塑料或铁制）、医用小平车等
培养基配制用品	试管（20 mm × 150 mm，25 mm × 150 mm，40 mm × 150 mm）、培养瓶（50 ~ 500 mL，三角瓶、50 mLPC 塑料瓶或果酱瓶、300 ~ 400 mL、罐头瓶）、试剂瓶（100 mL、250 mL、500 mL、1000 mL 的棕色或白色试剂瓶）、烧杯（100 mL、150 mL、250 mL、500 mL、1000 mL 的玻璃或塑料刻度烧杯）、培养皿（ϕ6 cm、ϕ9 cm、ϕ12 cm）、移液管（0. 5 mL、1 mL、2 mL、5 mL、10 mL）、移液枪（25 ~ 10 μL）、移液管架、注射器（25 mL）、吸管（14 cm、18 cm）、滴瓶、量筒（50 mL、100 mL、500 mL、1000 mL）、容量瓶（100 mL、250 mL、500 mL、1000 mL）、分液漏斗、不锈钢桶或铝锅、周转筐、玻璃棒、火柴、记号笔、标签纸、蒸馏水瓶（桶）、尼龙绳、丙烯塑料封口膜、棉塞、牛皮纸、纱布等
接种与灭菌用品	酒精灯、喷壶、紫外光灯（40 W）、钻孔器（T 形）、接种工具架、不锈钢筛网、接种针和接种钩、手术剪（12 cm、15 cm、18 cm）、解剖刀（4 号刀柄，21 ~ 23 号刀片）、手术镊子（扁头镊子 20 ~ 25 cm、钝头镊子 20 ~ 25 cm、尖头镊子 16 ~ 25 cm、枪形镊子 20 ~ 25 cm 等）、培养皿（ϕ6 cm、ϕ9 cm、ϕ12 cm）、无菌服、口罩、实验帽等
培养用品	培养瓶、光照培养架、荧光灯、LED 灯等
细胞观察与生化鉴定用品	载玻片、盖玻片、染色缸、滴瓶、烧杯、试管、玻璃试剂瓶等

图 2-2　超净工作台

图 2-3　干燥箱

图 2-4　光照培养箱

图 2-5　高压灭菌锅

图 2-6　托盘天平

图 2-7　电子天平

图 2-8　空调机

图 2-9　医用小平车

图 2-10　光照培养架

二、组培育苗工厂

(一)设施构成

组培育苗工厂包括组培苗生产车间和驯化栽培区。其中组培苗生产车间主要包括洗涤车间、培养基配制车间、灭菌车间、接种车间、培养车间和检测车间等(图 2-11 至图 2-19)；驯化栽培区包括移栽驯化车间(一般为智能连栋温室，图 2-20)和育苗苗圃，可以单独设置。其中，育苗苗圃包括原种圃、品种栽培示范区和繁殖圃等。原种圃用于引进和保存育苗所需的无病毒或珍稀的优良种质资源，主要采用防虫网室保存(部分种类可用试管冷藏保存)；品种栽培示范区主要是栽培本单位生产的各种组培苗的成年植株，展示其优良的观赏性状及生产习性，也作为组织培养材料的采集地；繁殖圃包括育苗区、无性繁殖区和培育大苗区，直接向市场供应不同规格的商品苗木。此外，还建有办公室、值班室、仓库、会议(培训)室、冷藏室、产品展示厅、包装操作间等附属用房。其中，冷藏室在1~5℃的温度范围内可以暂时存放原种材料和待出库移栽的组培苗，以及进行种质资源的离体保存。通过低温处理，可以控制某些种类的组培苗的分化和生长速度；打破某些植物的休眠。如球根花卉唐菖蒲的小球茎在冷藏室3~5℃条件下冷藏1个月，就可以解除休眠。因此，冷藏室对于育苗工厂按计划生产和按时供应大量种苗起着重要的调节及贮备作用。

图2-11　洗涤车间

图2-12　培养基制备车间

图2-13　灭菌车间

图2-14　通道

图 2-15　风淋室

图 2-16　手部消毒室

图 2-17　接种车间

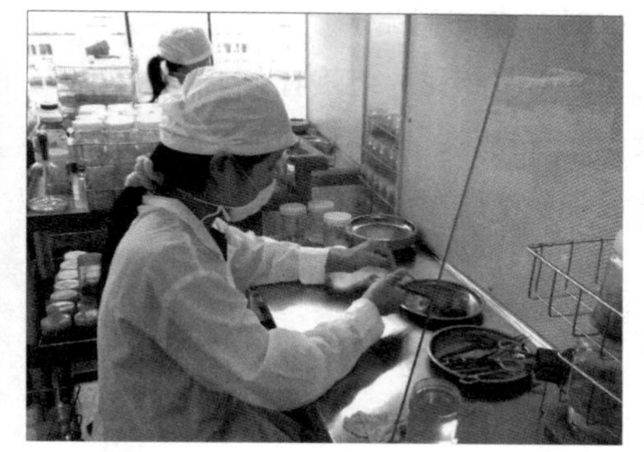

图 2-18　接种车间

图 2-19　培养车间

图 2-20　驯化移栽车间

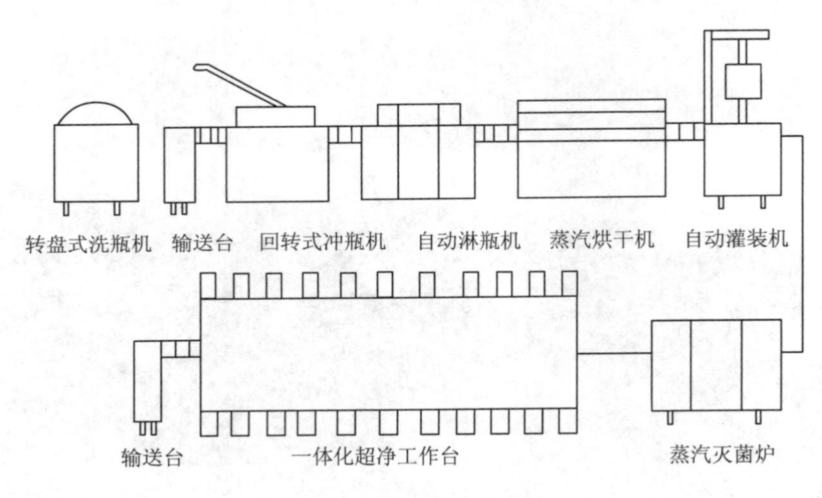

图 2-21　植物组培流水线

(二)设备与用品

与组培室相比，组培育苗工厂在设备与用品上，一是增加台套数量，二是部分设备趋于大型和自动化，以满足规模化生产的需要。为提高劳动生产率和降低生产成本，引进自动化设备生产线(图 2-21)，可省去大量的人工洗瓶、冲瓶、淋瓶、烘干、灌装等复杂程序，显著提高工作效率。主要设施与大型设备见表 2-3。

表 2-3　组培育苗工厂的主要设施与大型设备

车间类别	主要设施与大型设备名称
洗涤车间	泡瓶池、洗衣机、洗瓶机、换气扇、多层移动架子车等
培养基配制车间	药品称量室、大容量培养基熬制锅(桶)、低温冰箱、培养基自动或半自动灌装机、多层移动架子车等
灭菌车间	培养基冷却室、大型卧式高压灭菌锅(外购或自制)、臭氧杀菌系统、多层移动架子车等
接种车间	更衣室、手部消毒室、风淋室、空调净化系统、臭氧杀菌系统、气压门、超净工作台、多层移动架子车等
培养车间	空调净化系统、臭氧杀菌系统、气压门、多层立体培养架、折叠梯子、脱毒处理室或人工气候室、多层移动架子车等
驯化移栽车间	驯化移栽床架、自动遮阴系统、地源热泵或锅炉水暖加温系统、移动喷灌系统、湿帘风机加湿降温系统等
育苗苗圃	连栋温室内设施设备同移栽驯化车间

【问题探究】

1. 组培室与常规实验室在设施构成与功能定位上有何不同?
2. 组培室各分室如何布局才合理?

【拓展学习】

简易家庭组培技术

一、必需的设施物品及代用品

1. 代用品

家庭用电冰箱：可用于贮存培养基母液(4℃)及需低温贮存的药品(如生物调节剂)。
高压锅：可用于培养基、无菌水、玻璃器皿及其他组培用具的消毒灭菌。
不锈钢锅或铝锅：可用于培养基、溶化琼脂(起水浴锅作用)及组培用具的消毒灭菌。
刷净的废弃食油桶：可以用于贮存蒸馏水。
小白瓷碟：可以用于接种及盛放消毒液(若放消毒液，就不要再食用，以免中毒)。
日光灯：可用于组培过程中的光源补充。
洗净废弃的罐头瓶：可以代替锥形瓶、试管。
组培场地：可在自己的房间内进行。

2. 自制用具

(1)接种箱的制作　组培过程中的超净工作台是很贵重的设备。如果用自制接种箱来代替，就可以大大节省开支，有利于普及。

自制接种箱的用料，可以是胶合板、纤维板、玻璃(3 mm 厚)、木条(装修房屋用的龙骨)，甚至可以使用纸板的包装箱(包装箱要质量稍好一些的，如电视机的包装箱)，也可以用有机玻璃。其接种箱的大小，可以根据各自的家庭条件制作。制作太小不便于操作，但相对来说消毒容易，且占地较少；制作较大的便于操作，但消毒工作显得不易，且占地面积较大。一般来说做成长 70 cm、宽 45 cm、高 50 cm 较为合适。

(2)培养箱的制作　培养箱可代替培养室，也可以用于过渡苗使用。它可以用玻璃制作，也可以利用长方形鱼缸。因此，可用玻璃黏结制作。其大小可根据家庭居室面积和组培的数量来确定。

3. 需购置用具

普通天平(500 g)：用于称量配制培养基的药品及生长调节剂。

酒精灯 1 盏：用于接种时灼烧消毒灭菌。

漏斗(也可用购买桶装食用油配给的漏斗)：用于分装培养基。

长镊子 2 把：用于接种。

解剖刀 2 把、刀片若干：用于接种。

10 mL、50 mL、100 mL 量筒各 1 个：用于配制培养基。

长把牛角勺 2 把：用于配制培养基时取药品。

1 mm、2 mm、5 mm 移液管各 1 个：用于配制培养基。

耐高温塑料膜或牛皮纸：用于包扎培养瓶口及裱糊自制接种箱内部棱角处。

橡胶圈：用于绑扎培养瓶口。

脱脂棉：用于操作人员及组培用具酒精消毒。

pH 试纸 1 本：用时可剪成小条，检测培养基 pH 值。

酒精 1 瓶：用于酒精灯及消毒。

漂白粉 1 瓶：用于消毒。

福尔马林 1 瓶：用于接种箱消毒(在每次操作前 2～10 h，将 10～20 mL 福尔马林倒入小白瓷碟内，在操作前取出)。

MS 培养基所需药品：用于配制培养基。

盐酸及氢氧化钠：用于调节 pH 值。

如若购置 1 盏紫外灯，进行室内及接种箱消毒更为理想。

二、注意事项

家庭操作与单位不同，因而要注意以下事项：要注意安全，妥善保管药品，特别对老人和小孩；操作时要严格消毒，接种时操作人员戴好口罩、工作帽，避开电风扇及大风沙天气，家庭成员多时避免操作；消毒前后避免家庭所养宠物进入工作间；药品称量要准确无误；如果家庭不具备温度调控(如调温空调)，应避免在盛夏、寒冬时进行。

【小结】

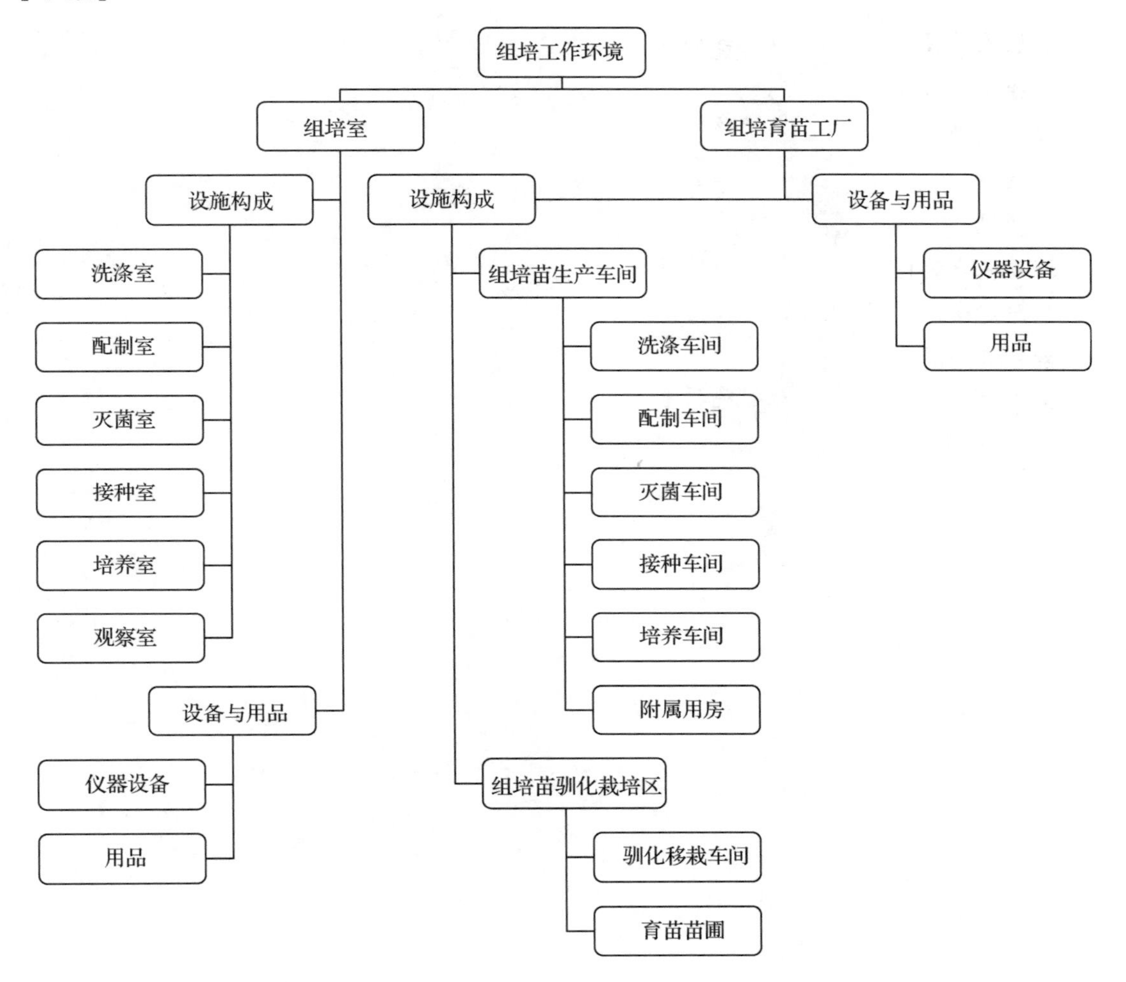

【练习题】

一、填空题

1. 组培室一般由(　　)、(　　)、(　　)、(　　)、(　　)、(　　)等分室组成。

2. 光照时间由(　　)控制；利用空调机调控(　　)。

3. 在缓冲间和接种室之间设置(　　)，以减少开关门时的空气扰动。

4. 植物组培实验室必备的设备有(　　)。

5. 组培育苗工厂除了建造与组培室各分室对应的车间外，还建有(　　)，具体包括(　　)、(　　)和(　　)。

二、连线题

高压灭菌锅
超净工作台
分析天平
冰箱
空调机
培养基灌装机
光照定时器
紫外灯
晾干架

配制室
接种室
培养室
灭菌室
洗涤室
观察室

项目三　培养基制备

【学习目标】

终极目标：

1. 掌握培养基制备技术；
2. 降本增效，坚持绿色、节约、循环、保护环境的理念。

促成目标：

1. 准确识记组培药品及其用途；
2. 熟记植物激素的种类、理化性质、生理作用与配制要求；
3. 清楚常用培养基的种类、成分、特点与配制目的；
4. 掌握玻璃器皿的洗涤方法，能够正确洗涤玻璃器皿；
5. 会使用洗瓶机、分析天平、高压灭菌锅等组培常用设备；
6. 掌握母液和培养基的配制方法与操作流程，能够准确配制母液、培养基，并彻底灭菌；
7. 具备无菌意识，具有团队精神、创新意识和责任心。

工作任务一　玻璃器皿的洗涤

【任务描述】

清洗任务：新购玻璃器皿、用过但未污染瓶、污染瓶和玻璃量具的清洗。

清洗方法：酸洗法；碱洗法。

清洗手段：人工 + 洗瓶机；人工 + 灭菌锅；人工操作。

清洗要求：符合操作程序，达到洗涤标准。

【任务实施】

一、操作前准备

(一) 计划

学生分组操作。各小组根据任务制订洗涤方案，确定洗涤方法和所需设备用品；制订操作流程，做好人员分工。

(二) 准备

1. 设备用具

洗瓶机，电热烘干箱，高压灭菌锅，分析天平，水浴锅，电炉或电饭煲，铝锅，塑料盆或塑料桶，容量瓶(500 mL、1000 mL)，烧杯(500 mL、1000 mL)，试管夹，玻璃棒，晾干架，乳胶手套，塑料周转筐等。

2. 洗涤对象与试剂

新购和用过的培养皿、果酱瓶、锥形瓶、试管、广口瓶等玻璃器皿；污染瓶(管)和待洗的移液管、量筒(杯)、容量瓶等量具；37%盐酸、市售洗涤剂(粉)、高锰酸钾、酒精(分析纯)、蒸馏水等药剂。

(三)配制药剂

0.1%高锰酸钾溶液：按照1 g高锰酸钾、1000 mL水的比例按需配制。

1%盐酸溶液：根据$C_1 \times V_1 = C_2 \times V_2$的公式计算需要移取的浓盐酸体积量，再加入相应的水(配制溶液体积－浓盐酸移取量)，搅拌均匀即可。

10%~20%洗衣粉液：按照100~200 g洗衣粉:1000 mL水的比例按需配制。

二、清洗

学生对照洗涤方案，分组轮流操作，要求洗涤方法选择适宜、操作程序正确、动作快捷、配合默契、达到洗涤标准。教师巡回指导。

三、清理现场

安排值日组清理现场。要求设备用具归位，现场整洁，记录填写完整。

四、讨论与评价

小组自检任务完成情况，并分析讨论操作中存在的问题；教师抽检、点评；最后小组间互评任务完成效果。

【知识链接】

植物组培快繁需要大量玻璃器皿。若新购、用过或已污染的玻璃器皿清洗不彻底，会给后期的培养基彻底灭菌带来压力，也可能造成材料在培养过程中发生污染，造成不必要的损失，甚至导致培养失败。因此，玻璃器皿的洗涤是植物组培快繁中日常性且又很重要的一项工作。

一、洗涤方法

(一)新购的玻璃器皿

新购的玻璃器皿需要清洗后才能使用。洗涤方法分为酸洗法和碱洗法，具体如图3-1所示。

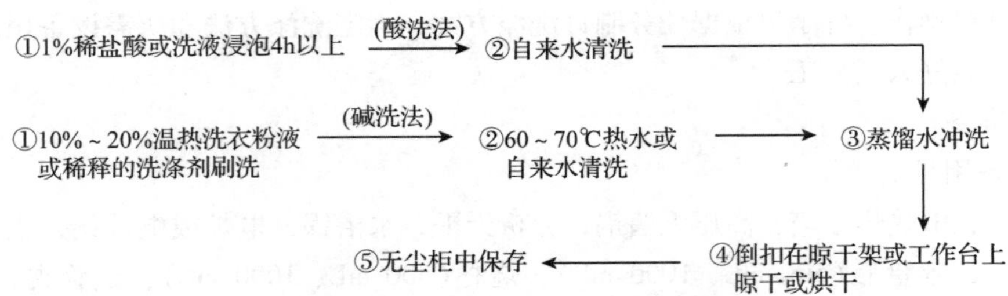

图3-1 新购玻璃器皿的洗涤流程

（二）使用过但未污染的玻璃器皿

使用过但未污染的玻璃器皿的清洗方法与新购玻璃器皿清洗方法基本相同，具体如图 3-2所示。

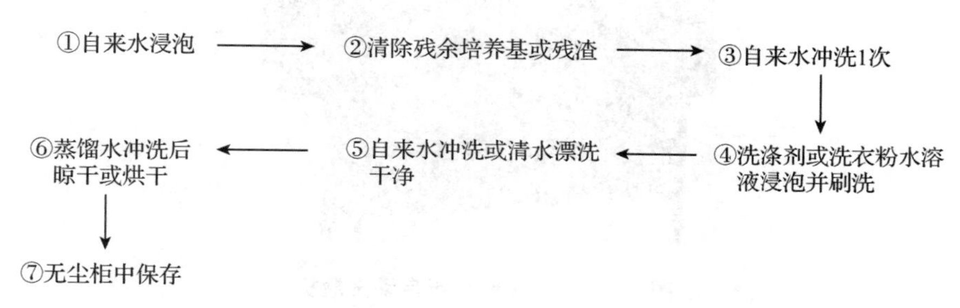

图 3-2　使用过的玻璃器皿的洗涤流程

（三）污染瓶

污染较轻的培养瓶，先用 0.1% $KMnO_4$ 溶液或 70%～75% 酒精溶液浸泡消毒后再清洗；污染较重的培养瓶，须将污染瓶高压湿热灭菌后再清洗。清洗方法首选碱洗法，如果玻璃器皿上黏有蛋白质或其他有机物，采用酸洗法清洗。

（四）玻璃量具

1. 移液管清洗

在溶化的洗衣粉水溶液中浸泡 30 min 以上→95% 酒精溶液反复吸洗数次→清水中吸洗数次→蒸馏水吸洗和冲洗→置于移液管架。

2. 量筒（杯）、容量瓶等玻璃量具清洗

在溶化的洗衣粉水溶液或洗液中浸泡 1 h 以上→流水冲洗→蒸馏水冲洗 1～3 次→倒扣在工作台上自然晾干。

（五）洗涤标准

玻璃器皿透明铮亮，内外壁水膜均一，不挂水珠，无油污和有机物残留。

二、相关设备的构造与使用

（一）洗瓶机

目前，市售的组培专用洗瓶机为半自动洗瓶机，主要由机体、内外刷洗、内外冲洗、变速器、间歇机构等部件组合而成。刷洗瓶子时手动，转盘内冲洗时为自动。以 HT－100型半自动洗瓶机（图 3-3）为例，介绍其使用方法。

（1）开机前准备　将刷瓶转动刷上的刷布根据瓶子的结构性状反方向绕上并固定好，在刷瓶水斗内加入适量的洗洁精之类的介质与水均匀混合，增加洗涤效果。

（2）调节水流　打开水源开关，调节水流至适宜冲淋为止。

（3）接通电源　在空转状态下观察转盘方向，确保转盘顺时针方向间歇转动。

（4）刷洗　带上防护手套，双手握住装水的组培瓶，慢慢套上刷轴，由外向内轻移组

图 3-3　HT－100 型半自动洗瓶机

培瓶。转轴刷借电机的带动，快速刷洗瓶的内外壁，直至刷掉壁上不干净的杂物。

(5)冲洗　将经过刷洗的组培瓶的瓶口向下，对准转盘冲淋瓶座，轻放入内，内冲外淋，自动完成冲洗过程。

温馨提示

- 洗瓶机要有良好的接地，电源选择适宜，并有漏电保护。
- 待洗的培养瓶刷洗前应先浸泡一定时间。
- 工作人员要戴好手套防止碎瓶伤手。
- 冲洗时，培养瓶务必对准瓶托，且水流冲力不宜过大。
- 若转盘或毛刷不转动，应调整皮带的松紧度或更换皮带；电动机有声音但转盘不转，应立即断开电源检查线路和各个接头点，故障排除后方可通电。

(二)电热鼓风干燥箱

电热鼓风干燥箱又名烘箱，主要由箱体、工作室、加热器、循环风机、温度控制调节仪、超温保护及报警装置(仅智能型温度调节仪上附带)等构成(图 3-4)。其工作原理是通电加热，由温度控制器控温，通过循环风机吹出热风，以保证密闭箱体内的温度平衡。下面以 DH－101 经济型电热恒温鼓风干燥箱(附带 TED－4001 温控仪)为例，介绍其使用方法。

图 3-4　DH－101 型电热恒温鼓风干燥箱

1. 开启

开启电源开关，接通设备电源。

2. 温度设定

将电子温度调节仪的设定旋钮调到所需温度刻度值上，将标准水银温度计插入箱体顶部的风帽中间孔内用于显示温度。

3. 加热

温度设定后，加热器开始加热，电子温度调节仪上的绿灯亮，工作室内的温度逐渐上升。

4. 保持恒温状态

当温度到达设定值后，绿灯灭，红绿灯交替闪亮，表示进入恒温状态，此时可以进行干燥试验。

温馨提示

- 干燥箱内严禁放入易燃、易挥发物品，以防爆炸。
- 干燥箱工作期间，箱门不宜频繁打开，以免影响恒温效果。
- 定期检查温控器是否准确，加热管有无损坏，线路是否老化，通风口是否堵塞。
- 保持干燥箱内外洁净卫生。
- 若突然停电，应把电源开关和加热开关关闭，防止来电时自动启动。

（三）高压灭菌锅

高压灭菌锅有大型卧式、中型立式、小型手提式和电脑控制型之分，组培室可根据生产规模和自身条件自行选择。其工作原理是利用所产生的高压湿热水蒸气（温度121～123℃，压力0.10～0.15 MPa）杀灭细菌和真菌。下面介绍小型组培室常用的两种高压灭菌锅。

1. 便携式高压灭菌锅

便携式高压灭菌锅由锅体、内锅、电热管、搁帘、锅盖、压力表、橡胶密封垫、放气阀、安全阀等构成（图3-5）。其操作流程如图3-6所示。

（1）加水装锅　打开锅盖，加入清水至超过锅底搁帘1 cm左右，然后放上内锅，装入待灭菌物品，盖上锅盖，对角线拧紧螺栓。

（2）通电加热，排冷空气　接通电源，灭菌锅加热升温。当压力达到0.05 MPa时，打开放气阀，排放冷气，待压力表指针回零后（根据具体情况，可反复2～3次排放冷气），关闭放气阀，使灭菌锅升温加压。

（3）保压　通过电源开关的开闭，控制锅内蒸汽压力在0.10～0.15 MPa的范围内持续15～30 min。当压力达到0.10 MPa时，人工记录保压时间。

（4）降压排气　保压结束即灭菌结束后断开电源，让锅内压力自然下降。当指针归零后打开放汽阀，排放余气。

图3-5　便携式高压灭菌锅

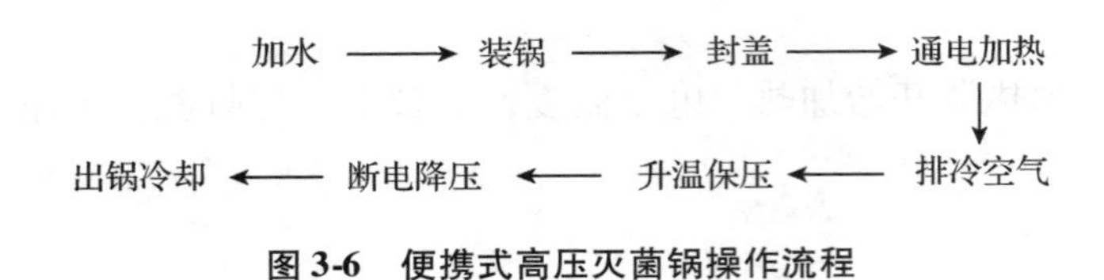

图 3-6 便携式高压灭菌锅操作流程

(5)出锅冷却　当压力表指针归零后，打开放气阀，手戴隔热手套，开锅取出灭菌物品。

2. 自动立式高压灭菌锅

自动高压灭菌锅最大的特点是能够自动控温、保压、排冷空气，与便携式高压灭菌锅相比，二者不仅在构造上不同，在操作流程上也不一样。下面以 SYQ. LDZX－40B1 自动立式高压灭菌锅为例，介绍其构造与使用方法。

SYQ. LDZX－40B1 自动立式高压灭菌锅由锅体和锅盖两部分组成，表面构造如图 3-7 所示。锅体有内锅和内锅盖。

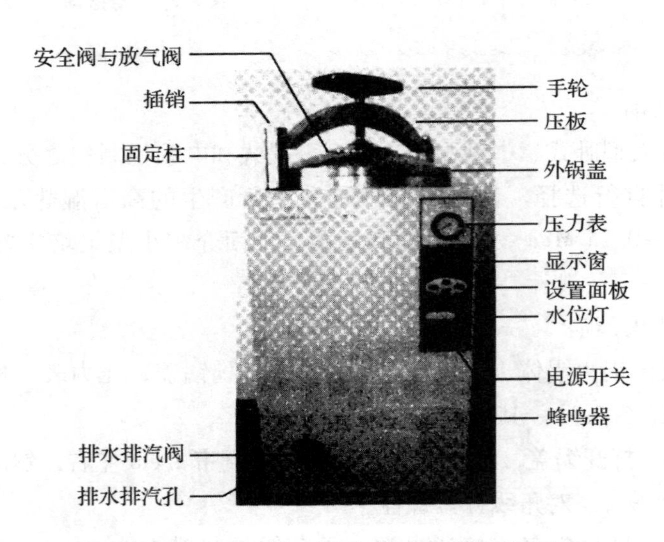

图 3-7 SYQ. LDZX－40B1 自动立式高压灭菌锅

其操作流程如图 3-8 所示。操作步骤如下：

(1)装锅　按照手轮开闭指示箭头，旋转手轮，使外锅盖上升，然后左手向上提固定柱内的插销，右手向右横向拉动压板，带动外锅盖横向外移，至完全露出内锅。将灭菌物品装入灭菌锅附带的周转筐内，依次放入灭菌锅内，盖上内锅盖。

(2)通电加水　打开电源开关，断水灯和低水位灯同时亮，表示电源接通，锅内缺水。沿内锅与外锅夹缝加水，至高水位灯亮。为了保险起见，在高水位灯亮后再加入 1～1.5 L 水。

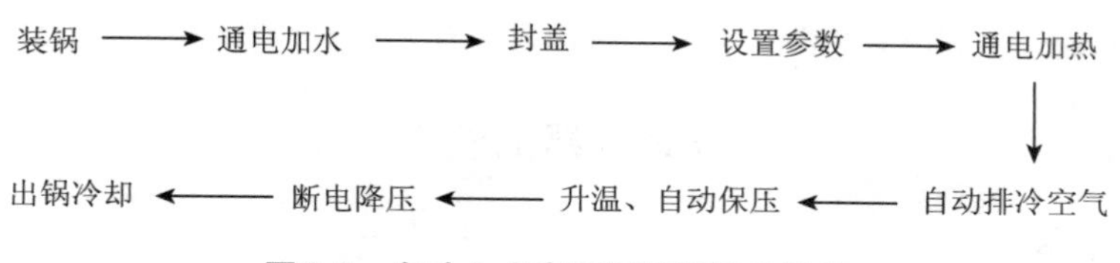

图 3-8 自动立式高压灭菌锅操作流程

(3)封盖　按照与打开外锅盖的反向程序封锅。要求压板嵌入固定柱内，正好被插销固定；双手旋转手轮使外锅盖与锅体密封严实。

(4)设置灭菌参数　根据灭菌物品的种类、性质、容积等决定灭菌参数。灭菌参数包括灭菌温度和灭菌时间。灭菌温度与时间的设定范围与便携式高压灭菌锅相同，即温度121～123℃，灭菌时间20～30 min。灭菌参数设定结束后，灭菌锅开始自动加热。

(5)自动排冷空气和升温、自动保压　这两个环节由灭菌锅自动完成。当温度达到设定值时，灭菌锅的显示窗显示开始灭菌时间倒计时。当显示屏显示“END”时，蜂鸣器发出提示音，表示灭菌结束。

(6)断电降压　灭菌结束后，关掉电源开关，让锅内压力慢慢下降。当压力表指针降至0.05 MPa时，可手动下排气阀，加快排气降压。如果不急于结束灭菌工作，也可不切断电源，等待灭菌锅自动降压为零。

温馨提示

- 装锅时严禁堵塞安全阀的出气孔，锅内必须留出空位，以保证水蒸气畅通。
- 采用耐热玻璃瓶灌装待灭菌液体，液体体积不超过容器体积的3/4，切勿使用未打孔的橡胶或软木瓶塞。
- 委托专业人员或厂家定期检修压力表，如果压力表的指示不正确或不能回复零，应及时更换新表。
- 橡胶密封垫使用日久会老化，应定期更换。
- 平时保持设备的清洁和干燥，长期不用则排净锅内存水。
- 应定期检查安全阀的可靠性，当工作压力超过0.165 MPa时需要更换合格的安全阀。

(7)出锅冷却　与便携式灭菌锅操作要求相同。

【问题探究】

1. 玻璃器具清洗后是否可以用烘干箱烘干表面残留水分？
2. 自动高压灭菌锅与便携式高压灭菌锅操作流程有何不同？

【拓展学习】

玻璃仪器的洗涤

一、一般步骤

1. 用水刷洗

使用适用于各种形状仪器的毛刷，如试管刷、瓶刷、滴定管刷等。首先用毛刷蘸水刷洗仪器，用水冲去可溶性物质及刷去表面黏附灰尘。

2. 用合成洗涤水刷洗

市售的餐具洗洁精是以非离子表面活性剂为主要成分的中性洗液，可配制成1%～2%的水溶液，也可用5%的洗衣粉水溶液刷洗仪器，它们都有较强的去污能力，必要时可温热或短时间浸泡。

洗涤的仪器倒置时，水流出后，器壁应不挂小水珠。至此再用少许纯水冲3次仪器，洗去自来水带来的杂质，即可使用。

二、各种洗涤液的使用

针对仪器沾污物的性质，采用不同洗涤液能有效地洗净仪器。各种洗涤液见表3-1。要注意在使用各种性质不同的洗液时，一定要把上一种洗涤液除去后再用另一种，以免相互作用生成的产物更难洗净。

铬酸洗液因毒性较大尽可能不用，近年来多以合成洗涤剂和有机溶剂来除去油污，但有时仍要用到铬酸洗液，故也列入表内。

表3-1 几种常用的洗涤液

洗涤液	配方	使用方法
铬酸洗液	研细的重铬酸钾20 g溶于40 mL水中，慢慢加入360 mL浓硫酸	用于去除器壁残留油污，用少量洗液刷洗或浸泡一夜，洗液可重复使用
工业盐酸	浓或1:1	用于洗去碱性物质及大多数无机物残渣
碱性洗液	10%氢氧化钠水溶液或乙醇溶液	水溶液加热(可煮沸)使用，其去油效果较好。 注意：煮的时间太长会腐蚀玻璃，碱—乙醇洗液不要加热
碱性高锰酸钾洗液	4 g高锰酸钾溶于水中，加入10 g氢氧化钠，用水稀释至100 mL	洗涤油污或其他有机物，洗后容器沾污处有褐色二氧化锰析出，再用浓盐酸或草酸洗液、硫酸亚铁、亚硫酸钠等还原剂去除
草酸洗液	5～10 g草酸溶于100 mL水中，加入少量浓盐酸	洗涤高锰酸钾洗液后产生的二氧化锰，必要时加热使用
碘—碘化钾洗液	1 g碘和2 g碘化钾溶于水中，用水稀释至100 mL	洗涤用过硝酸银滴定液后留下的黑褐色沾污物，也可用于擦洗沾过硝酸银的白瓷水槽

工作任务二　培养基配制

【任务描述】

配制任务：

①配制 1 L MS 母液和 100 mL、1 mg/mL 的各种激素母液；

②配制 3 种配方的培养基各 1 L；

③培养基灭菌。

培养基配方：

①MS；

②2/3 MS；

③MS + BA 1 mg/L + NAA 0.5 mg/L。

操作程序：母液配制→培养基配制→培养基灭菌。

实践成果：各种母液；灭过菌的培养基。

配制要求：分组操作，规范操作，配制准确，灭菌彻底。

【任务实施】

一、母液配制

(一)操作前准备

1. 做好计划

学生根据任务单要求自学相关内容，然后分组设计配制方案，列出设备用品清单，做好人员分工。

2. 准备设备用品

设备：电子分析天平(精确度 0.01 g 和 0.0001 g 各 1 台)、磁力搅拌器、冰箱等。

用品：配制 MS 培养基母液所需的试剂；去离子水、植物激素(NAA、GA、6-BA)、95%酒精、0.1 mol/L NaOH、0.1 mol/L HCl；酒精灯、铁架台、烧杯(500 mL、1000 mL)、容量瓶(500 mL、1000mL)、棕色瓶(100 mL、500 mL、1000 mL)、标签纸、母液配制登记表、笔等。

3. 熟悉相关设备使用

电子分析天平、磁力搅拌器的构造与使用方法见知识链接内容。

(二)MS 母液配制

1. MS 大量元素母液、微量元素母液、有机物母液配制

参照表 3-2 和图 3-9 分别配制。

表 3-2　MS 培养基母液配制表

化合物名称	配方用量（mg/L）	扩大倍数	称取量（mg）	母液体积（mL）	1L 培养基吸取量（mL）	母液名称
NH_4NO_3	1650	10	16 500	1000	100	大量元素母液
KNO_3	1900	10	19 000			
$CaCl_2 \cdot 2H_2O$	440	10	4400			
$MgSO_4 \cdot 7H_2O$	370	10	3700			
KH_2PO_4	170	10	1700			
$MnSO_4 \cdot 4H_2O$	22. 3	100	2230	1000	10	微量元素母液
$ZnSO_4 \cdot 7H_2O$	8. 6	100	860			
$CoCl_2 \cdot 6H_2O$	0. 025	100	2. 5			
$CuSO_4 \cdot 5H_2O$	0. 025	100	2. 5			
H_3PO_3	6. 2	100	620			
$Na_2MoO_4 \cdot 2H_2O$	0. 25	100	25			
KI	0. 83	100	83			
$FeSO_4 \cdot 7H_2O$	27. 8	100	2780	1000	10	铁盐母液
Na_2-EDTA	37. 3	100	3730			
烟酸（维生素 PP）	0. 5	50	25	500	20	有机质母液
盐酸吡哆醇（维生素 B_6）	0. 5	50	25			
盐酸硫胺素（维生素 B_1）	0. 1	50	5. 0			
肌醇	100	50	5000			
甘氨酸	2. 0	50	100			

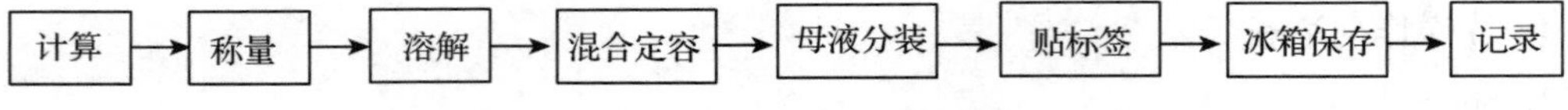

图 3-9　母液配制操作流程

2. MS 铁盐母液配制

参照表 3-2 和图 3-10 分别配制。

◆配制母液所需药品应选用纯度较高的化学纯 CP（三级）或分析纯 AR（二级）。配制母液用水应采用蒸馏水。

药品称量要准确，配制大量元素母液时可用精确度为 0. 01 g 或 0. 001 g 的天平称取药品，配制微量元素母液和有机质母液时应用精确度 0. 0001 g 的天平称取药品。不同的化学药品需使用不同的药匙，避免药品混杂。

◆大量元素母液配制时，一是浓缩倍数不宜太高；二是各种盐类化合物溶液在混合定容时应将彼此会发生反应的化合物间隔倒入容量瓶内，充分摇匀，否则会引起大量元素母液发生沉淀。建议混配顺序是磷酸二氢钾→硝酸钾→硫酸镁→硝酸铵→氯化钙。

◆铁盐母液配制时，EDTA-Na_2 溶液在与 $FeSO_4$ 混合时一定要缓慢，边混边搅拌边加热，使二者充分螯合，待充分冷却后再保存。

◆注意激素母液浓度不能过高，否则激素会结晶析出，影响配制精确度。一般为

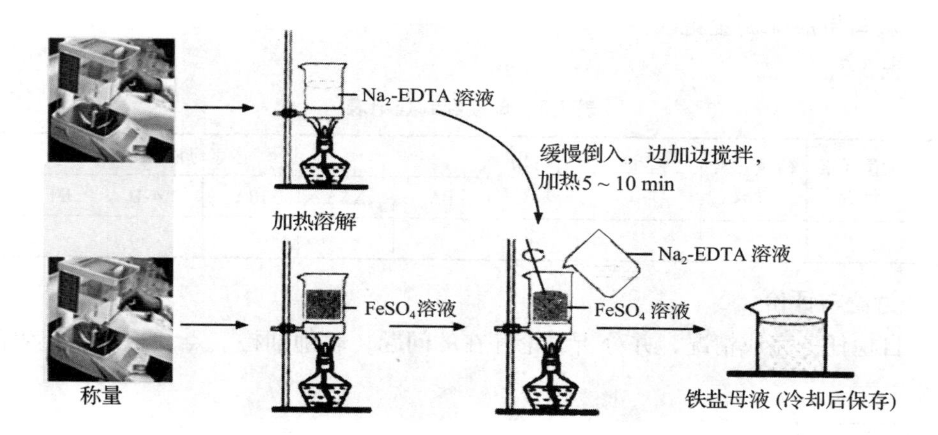

图 3-10 铁盐母液配制示意图

0. 1～1. 0 mg/mL，一次配量 50 mL 或 1000 mL 即可。

◆定容时将完全溶解后的溶液倒入 1000 mL 的容量瓶中，用蒸馏水冲洗烧杯 3～4 次，并将洗液全部转入容量瓶中，再加蒸馏水定容，摇匀。

◆在 MS 母液瓶上贴标签，应注明母液名称、浓缩倍数（或浓度）、配制日期以及配制 1L 培养基时应移取的量，以方便培养基配制时移取母液。

◆母液配制时使用蒸馏水或去离子水。

（三）激素母液配制

1. 生长素类激素母液配制

称取萘乙酸（NAA）等生长素 100 mg，用少量 95% 酒精（C_2H_5OH）或 0. 1 mol/L 氢氧化钠（NaOH）助溶，再用去离子水分别定容至 100 mL，摇匀即成 1 mg/mL 的母液。

2. 细胞分裂素类激素母液配制

称取 6-BA、KT 等细胞分裂素 100 mg，用少量 0. 1 mol/L HCl 加热助溶，再用去离子水分别定容至 100 mL，摇匀即成 1 mg/mL 的母液。

3. 赤霉素母液配制

称取赤霉素（GA） 100 mg，用少量 95% 酒精助溶，再用去离子水分别定容至 100 mL，摇匀即成 1 mg/mL 的母液。

温馨提示

➢ 植物生长调节剂一般不易直接溶于水，NAA、IAA、IBA、2,4-D 等生长素可先用少量 1 mol/L NaOH 或 95% 酒精溶液溶解，KT、BA 等细胞分裂素可先用少量 1 mol/L HCl 溶解，GA_3 可先用 95% 酒精溶解，然后再分别将溶解后的溶液转入容量瓶中，加蒸馏水定容，摇匀。

（四）填写母液配制登记表

填写表 3-3。

表 3-3 母液配制登记表

项目	大量元素母液	微量元素母液	铁盐母液	有机物母液	激素母液					
					BA	NAA	IBA	2,4-D	KT	GA

（五）讨论与评价

小组自检任务完成情况，并分析讨论存在的问题；教师抽检、点评，最后小组间互评实践成果。

（六）清理现场

安排值日组，清理现场。要求设备用具归位，现场整洁，记录填写完整。

二、培养基配制

（一）操作前准备

1. 做好计划

同子任务一。

2. 准备设备用品

设备：电子分析天平（精确度 0.01 g）、电磁炉、pH 计等。

用品：MS 母液、6-BA 母液、NAA 母液；琼脂粉、蔗糖；0.1 mol/L NaOH、0.1 mol/L HCl；移液管架、移液管（0.5 mL、1 mL）、不锈钢锅、塑料刻度烧杯（1000 mL）、容量瓶（1000 mL）、量筒（100 mL）、人用注射器、培养瓶（150 mL 锥形瓶或 250 mL 罐头瓶）、硬质塑料周转筐、记号笔、pH 试纸、胶头滴管、玻璃棒、吸耳球、培养基配制登记表、钢笔等。

（二）培养基配制

1. 分组配制

学生分组完成 MS、2/3 MS、MS + BA 1 mg/L + NAA 0.5 mg/L 3 种配方各 1 L 的配制任务。其操作流程如图 3-11 所示。技能要求见表 3-4。

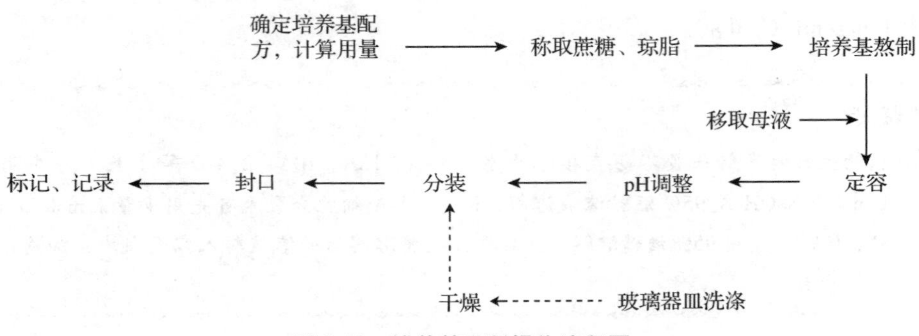

图 3-11 培养基配制操作流程图

表 3-4　培养基配制各环节的技能要求

操作环节	图　示	技能要求
确定配方，计算用量		培养基配方选择适宜，母液与所配培养基相符，母液移取量及蔗糖、琼脂用量计算准确
称　量		琼脂、蔗糖等称量操作规范、准确、熟练
移取母液		移取准确；一次性移取；不滴不漏；移液管与母液瓶一一对应；母液勿吸入吸耳球。1.5～2 min 移完母液
培养基熬制		先用旺火迅速烧开，再用文火煮溶；熬制时不能糊锅；熬好的培养基液体澄清透明。1 L 培养基熬制一般需 10 min 左右（琼脂条）或 3～5 min（琼脂粉）
定　容		定容操作规范、迅速；平视溶液凹面与刻度线卡齐
pH 调整		培养基温度 50～55℃范围内准确检测 pH，操作熟练；滴加 0.1 mol/L NaOH 或 0.1 mol/L HCl 溶液，调整 pH 至规定值（5.8 ±0.2）

（续）

操作环节	图 示	技能要求
分 装		趁热分装。用注射器分装时，注射器不能伸入培养瓶内，其头部不要触及培养瓶口；垂直注射；培养基不能溅留在培养瓶口
封 口		采用高压聚丙烯塑料封口时，要求封口膜无破损之处；培养瓶倾斜度小于45°；扎绳位置在瓶颈处，松紧适宜，线绳不重叠。1 min 内封完 12 个培养瓶为满分。采用罐头瓶时，瓶盖拧紧即可
标识与记录		标识清楚，位置适宜；记录填写及时、规范、全面

2. 填写培养基制备登记表(表 3-5)

表 3-5 培养基配制登记表

培养基代号	培养基体积	培养瓶数	培养基 pH	使用对象	备注

3. 讨论与评价

同子任务一。

4. 清理现场

同子任务一。

注意事项

- 生产上配制培养基时，可用白砂糖代替蔗糖，用自来水代替蒸馏水制备。大批量配制培养基时，可用培养基灌装机分装。
- 使用 pH 试纸检测时，注意试纸不能接触比色卡。
- 经高温高压灭菌后，培养基的 pH 会下降 0.2～0.8，故灭菌前的 pH 应比目标 pH 高 0.5。
- 准确计算培养基所需各种母液及其他材料的用量，并在取量过程中做好标记，以免重复或遗漏。

三、培养基灭菌

(一)操作前准备

教师指定一个学生小组灭菌(以后小组轮流灭菌)；学生做好灭菌前准备(选定高压灭菌锅，熟悉设备使用，准备周转筐、隔热手套等用品)。

(二)现场讨论与测评

①现场随机口试，考查学生对高压灭菌锅使用方法的掌握程度；

②学生讨论培养基灭菌时的易发问题。

(三)培养基灭菌与技能比赛

灭菌小组参照知识链接相关内容对培养基进行灭菌，要求合理设定灭菌温度与保压时间，保证培养基彻底灭菌。在培养基灭菌期间，安排其他学生小组练习移母液、封口。后期组织开展组内、组间技能比赛，统计各小组学生的初始操作水平(表3-6)。

表 3-6 培养基配制技能比赛成绩统计表

组别	学生姓名	移取母液		封口		学生成绩	小组成绩
		用时	存在问题	用时	存在问题		

温馨提示

- 培养基应在 24 h 内灭菌，不宜重复灭菌；灭菌时要排净锅内冷空气，使压力与温度相对应，保证锅内升温均匀。
- 合理设定灭菌温度和灭菌时间，防止灭菌时间过长带来培养基中的成分和 pH 等发生不利于离体材料培养的变化，以及由于灭菌温度不足而造成培养基灭菌不彻底，而引发接种后大面积污染。

- 培养基灭菌结束后，不能马上打开灭菌锅；不可久不放气，否则会引起培养基成分变化，导致培养基无法凝固；出锅后的培养基最好置于培养基冷却室，待凝固后再转移。
- 培养基灭菌后最好近期内使用，短期可放置在洁净、无尘、黑暗的环境中低温保存。
- 使用新灭菌锅或接种数量少且贵重的材料时，培养基灭菌后须放置3d后确认灭菌彻底后再接种。
- 如果以琼脂粉为固化剂，并有搅拌设备时，可不用熬制直接分装至培养瓶内。
- 灭菌期间，操作人员坚守岗位，以便及时处置突发事件。

【知识链接】

一、配制培养基的目的

离体培养材料缺乏完整植株的自养机能，需要以异养方式从外界直接获得其生长发育所需的各种养分。配制培养基的目的就是人为提供植物所需的营养和水分，以满足离体植物材料生长发育的需要。

二、培养基的成分

植物组培快繁所需的各种营养物质主要从培养基中获得。培养基的主要成分包括水、无机盐、有机物、植物激素、培养物的支持材料五大类物质。

(一)水分

水是植物细胞的组成成分，也是一切植物代谢过程的介质。配制培养基时选用蒸馏水或去离子水，不但可以确保培养基配制的准确性，也可减少发霉变质，延长培养基母液的贮藏时间。大规模生产时，配制培养基可用自来水代替蒸馏水。

(二)无机盐

根据植物体对氮和矿质元素需求量的多少，分为大量元素和微量元素。这两类元素都是离体材料生长发育必需的基本营养成分，离体材料若缺乏就会出现缺素症，导致生长发育不良，无机盐就是这些元素的化合物。

1. 大量元素

大量元素是指植物生长发育所需浓度大于0.5 mmol/L的营养元素，主要有N、P、K、Ca、Mg、S等。其中，N是植物矿质营养中最重要的元素，分为硝态氮(NO_3^-)和铵态氮(NH_4^+)。这两种状态的氮都是植物组培快繁所需要的。当作为唯一的氮源时，硝态氮的作用效果明显好于铵态氮，但在单独使用硝态氮时，培养一定时间后培养基的pH会向碱性方向转变。若在硝酸盐中加入少量铵盐，则会阻止这种转变。缺磷时，植物细胞的生长和分裂速度均会降低。K、Ca、Mg等元素能影响植物细胞代谢中酶的活性。

2. 微量元素

微量元素是植物生长发育所需的浓度小于0.5 mmol/L的营养元素，主要有Fe、Mn、

Cu、Mo、Zn、Co、B 等。它们虽然用量少，但对植物细胞的生命活动却有着十分重要的作用。其中，Fe 是用量较多的一种微量元素，对叶绿素的合成和延长生长等发挥重要作用。Fe 元素不易被植物直接吸收，并且容易沉淀失效。因此，通常在培养基中加入由 $FeSO_4 \cdot 7H_2O$ 与 Na_2-EDTA(螯合剂)配成的螯合态铁，可以减轻沉淀，提高利用率。用酒石酸钠钾和柠檬酸可以替代 Na_2-EDTA 作为 Fe^{2+} 的螯合剂，有时效果更佳，但螯合剂对某些酶系统和培养物的形成有一定的影响，使用时应慎重。

(三)有机化合物

1. 碳水化合物

糖类提供外植体生长发育所需的碳源、能量，维持培养基一定的渗透压。其中，蔗糖是最常用的糖类，可支持许多植物材料良好生长。其使用浓度一般为 2%~5%，常用 3%，但在胚培养时可高达 15%，因为蔗糖对胚状体的发育起着重要作用。在大规模生产时，可用食用白糖代替，以降低生产成本。

2. 维生素类

植物离体培养时不能合成足够的维生素，需要另加一至数种维生素，才能维持正常生长。常用的维生素有维生素 B_1、维生素 B_6、维生素 PP、维生素 C 等，一般用量为 0.1~1.0 mg/L。除叶酸需要少量氨水先溶化外，其他维生素均能溶于水。维生素 B_1 对愈伤组织的产生和生活力有重要作用；在低浓度的细胞分裂素下，特别需要添加维生素 B_1、维生素 B_6 才能促进根的生长；维生素 PP 与植物代谢和胚的发育有一定的关系；维生素 C 有防止组织褐变的作用。

3. 肌醇

肌醇(环己六醇)能够促进糖类物质的相互转化，更好地发挥活性物质的作用，促进愈伤组织的生长、胚状体和芽的形成，对组织和细胞的繁殖、分化也有促进作用。但肌醇用量过多，则会加速外植体的褐化。肌醇使用浓度一般为 100 mg/L。

4. 氨基酸

氨基酸是良好的有机氮源，可直接被细胞吸收利用，在培养基中含有无机氮的情况下更能发挥作用。常用的氨基酸有甘氨酸、谷氨酸、半胱氨酸以及多种氨基酸的混合物(如水解乳蛋白和水解酪蛋白)等。

5. 天然有机化合物

植物组培快繁所用的天然有机复合物的成分比较复杂，大多含氨基酸、激素等一些活性物质，因而能明显促进细胞和组织的增殖与分化，并对一些难培养的材料有特殊作用。常用的天然有机复合物有椰乳、香蕉泥(汁)、番茄汁、苹果汁、马铃薯提取物和酵母提取液等。由于这些复合物营养非常丰富，所以培养基配制和接种时一定要十分小心，以免引起污染。

(四)植物激素

植物激素是培养基内添加的关键性物质，对植物组培快繁起着决定性的作用。

1. 生长素类

(1)种类与活性强弱　常用的生长素类激素有 IAA(吲哚乙酸)、IBA(吲哚丁酸)、NAA(萘乙酸)、2,4-D(二氯苯氧乙酸)，其活性强弱为 2,4-D > NAA > IBA > IAA，一般它们的活性比为 IAA∶NAA∶2,4-D = 1∶10∶100。

(2)作用　主要用于诱导愈伤组织形成，促进根的生长。此外，与细胞分裂素协同促进细胞分裂和伸长。

(3)稳定性和溶解性　除了 IAA 不耐热和光，易受到植物体内酶的分解外，其他生长素激素对热和光均稳定。生长素类溶于酒精、丙酮等有机溶剂。在配制母液时多用 95% 酒精或稀 NaOH 溶液助溶。一般配成 0.1～1.0 mg/mL 的母液贮于冰箱中备用。

2. 细胞分裂素类

(1)种类及活性强弱　细胞分裂素是一类腺嘌呤的衍生物，常见的有 6-BA、KT、ZT(玉米素)、2-ip(异戊基氨基嘌呤)等。其活性强弱为 2-ip > ZT > 6-BA > KT。

(2)作用　抑制顶端优势，促进侧芽的生长，当组织内细胞分裂素/生长素的比值高时，有利于诱导愈伤组织或器官分化出不定芽；促进细胞分裂与扩大，延缓衰老；抑制根的分化。因此，细胞分裂素多用于诱导不定芽分化和茎、苗的增殖。

(3)稳定性与溶解性　细胞分裂素对光、稀酸和热均稳定，但它的溶液常温保存时间延长会逐渐丧失活性。细胞分裂素能溶解于稀酸和稀碱中，在配制时常用稀盐酸助溶。有时购买的 6-BA 或其他细胞分裂素在稀酸中不能溶解，可加热蒸馏水助溶。通常配制成 1 mg/mL 的母液，贮藏在低温环境中。

3. 赤霉素

(1)作用　主要用于刺激培养形成的不定芽发育成小植株，促进幼苗茎的伸长生长。赤霉素和生长素协同作用，对形成层的分化有影响，当生长素/赤霉素比值高时，有利于木质化，比值低时有利于韧皮化。另外，赤霉素还用于打破休眠，促进种子、块茎、鳞茎等提前萌发。一般在器官形成后，添加赤霉素可促进器官或胚状体的生长。

(2)稳定性和溶解性　赤霉素溶于酒精，配制时可用少量 95% 的酒精助溶。它与 IAA 一样不耐热，需在低温条件下保存，使用时采用过滤灭菌法加入。如果采用高压湿热灭菌，将会有 70%～100% 的赤霉素失效。

(五)培养物的支持材料

琼脂是一种从海藻中提取的高分子碳水化合物，溶解在热水中成为溶胶，冷却至 40℃ 即凝固，成为凝胶。其本身不提供任何营养，固化效果好。市售的琼脂有琼脂条和琼脂粉两种商品类型。前者价格便宜，但杂质较多，凝固力差，煮化时间长，用量较多，一般琼脂以颜色浅、透明度好、洁净的为上品；后者纯度高，凝固力强，煮化时间短，但价格略高。综合考虑以购买进口的大包装琼脂粉最经济。

玻璃纤维、滤纸桥等也可替代琼脂。其中，在解决生根难的问题上经常采用滤纸桥法。其方法是将一张滤纸折叠成 M 形，放入液体培养基中，再将培养材料放在 M 形的中间凹陷处，这样培养物可通过滤纸的虹吸作用不断从液体培养基中吸收营养和水分，又可保持有足够的氧气。

(六)其他

1. 活性炭

培养基中加入活性炭的目的主要是利用其吸附性，减少一些有害物质的不利影响，如能够吸附一些酚类物质，减轻组织的褐化(兰花组培中效果明显)。此外，创造暗环境，有利于某些植物生根。据报道，活性炭能恢复胡萝卜悬浮培养细胞的胚状体发生能力；0.3% 活性炭能降低玻璃化苗的发生率。

活性炭的吸附性没有选择性，既能吸附有害物质也能吸附有益物质，尤其是活性物质，因此使用时应慎重。此外，高浓度的活性炭会削弱琼脂的凝固能力。所以，添加活性炭要适当提高培养基中琼脂的用量。

根据质地的不同，活性炭有木质和骨质活性炭之分，前者适宜植物组培使用，后者则对培养物产生副作用，购买时要仔细挑选。一般所说的木质活性炭为木炭经粉碎加工形成的粉末结构，有大颗粒与小颗粒之分，各有优缺点。大颗粒活性炭用于组培效果较好，价格较高，小颗粒活性炭易沉淀在培养基底部，影响培养效果。

2. 抗生素

在培养基中添加抗生素的主要目的是防止外植体内生菌造成的污染。在表面灭菌效果不理想时，可考虑使用抗生素物质，但使用抗生素应注意以下问题：①不同抗生素能有效抵制的菌种具有差异性，实践中要有针对性地选择抗生素种类；②当所用抗生素的浓度高到足以消除内生菌时，也会抑制有些植物的生长发育；③当单独使用抗生素对污染都无效时，应该考虑几种抗生素配合使用；④在停用抗生素后，污染往往显著上升，这可能是原来受抑制的菌类集体复活、集中暴发的结果。因此，总体来说，在高等植物组培快繁中，特别是商业性快繁中，应尽量避免使用抗生素。常用的抗生素有青霉素、链霉素、土霉素、四环素、利福平、卡那霉素和庆大霉素等，用量一般为 5~20 mg/L，且大部分抗生素要求过滤灭菌。

三、培养基的种类与特点

(一)培养基的种类

根据态相不同，培养基可分为固体培养基与液体培养基，二者的主要区别在于培养基中是否添加了凝固剂；根据培养阶段不同，可分为初代培养基、继代培养基和生根培养基；根据培养进程和培养基的作用不同，可分为诱导(启动)培养基、增殖(扩繁)培养基和壮苗培养基、生根培养基；根据其营养水平不同，可分为基本培养基和完全培养基。基本培养基即平常所说的培养基，如 MS、White 培养基。完全培养基由基本培养基添加适宜的激素和有机附加物组成。对培养基的某些成分适当调整后的培养基称为改良培养基。

(二)常用培养基的特点

虽然基本培养基有许多类型，但在组培试验和生产中应根据植物对象、培养部位和培养目的不同而选用不同的基本培养基，因不同的培养基具有不同的特点和适用范围。常用的培养基配方及特点见表3-7和表3-8。

表3-7　植物组培快繁常用的培养基配方　　mg/L

化合物名称	培养基含量						
	MS	White	B5	WPM	N6	Knudson C	Nitsch
NH_4NO_3	1650						720
KNO_3	1900	80	2527.5	400			950
$(NH_4)_2SO_4$			134		2830	500	
$NaNO_3$					463		
KCl		65					
$CaCl_2 \cdot 2H_2O$	440		150	96	166		166
$Ca(NO_3)_2 \cdot 4H_2O$		300		556		1000	
$MgSO_4 \cdot 7H_2O$	370	720	246.5	370	185	250	185
K_2SO_4				900			
Na_2SO_4		200					
KH_2PO_4	170			170	400	250	68
$FeSO_4 \cdot 7H_2O$	27.8			27.8	27.8	25	27.85
Na_2-EDTA	37.3			37.3	37.3		37.75
Na_2-Fe-EDTA			28				
$Fe_2(SO_4)_3$		2.5					
$MnSO_4 \cdot H_2O$				22.3			
$MnSO_4 \cdot 4H_2O$	22.3	7	10		4.4	7.5	25
$ZnSO_4 \cdot 7H_2O$	8.6	3	2	8.6	1.5		10
$CoCl_2 \cdot 6H_2O$	0.025		0.025				0.025
$CuSO_4 \cdot 5H_2O$	0.025	0.03	0.025	0.025			
MoO_3							0.25
$Na_2MoO_4 \cdot 2H_2O$			0.25	0.25			
KI	0.83	0.75	0.75		0.8		10
H_3PO_3	6.2	1.5	3	6.2	1.6		
$NaH_2PO_4 \cdot H_2O$		16.5	150				
烟酸(VPP)	0.5	0.5	1	0.5	0.5		
盐酸吡哆醇(VB_6)	0.5	0.1	1	0.5	0.5		
盐酸硫胺素(VB_1)	0.1	0.1	10	0.5	1		
肌醇	100		100	100			100
甘氨酸	2	3		2	2		
pH值	5.8	5.6	5.5	5.8	5.8	5.8	6.0

表 3-8 常用基本培养基的比较

基本培养基名称	培养基特点	主要适用范围
MS	无机盐和离子浓度较高，为较稳定的平衡溶液。其中钾盐、铵盐和硝酸盐含量较高	植物的器官、花药、细胞和原生质体培养
B5	含有较高钾盐和盐酸硫胺素，但铵盐含量低，这可能对有些培养物生长有抑制作用	南洋杉、葡萄等木本植物及豆科、十字花科植物的培养
White	无机盐含量较低，$MgSO_4$ 和硼素含量较高	生根培养
N6	成分较简单，但 KNO_3 和$(NH_4)_2SO_4$ 含量高	小麦、水稻及其他植物的花药培养等
KM-8P	有机成分较复杂，包括所有的单糖和维生素	禾谷类和豆科植物的原生质融合的培养
WPM	硝态氮和钙、钾含量高，不含碘和锰	木本植物的茎尖培养

四、培养基的配制方法

配制培养基有两种方法可以选择，一是购买培养基配方规定的所有化学试剂，根据需要自行配制；二是直接购买商品干粉培养基，如 MS、B5 培养基。目前，国内实验室和一些组培企业多是自行配制培养基，以控制研发和生产成本。

（一）母液的配制

配制培养基是组织培养日常必做的工作之一。通常先将各种试剂配制成浓缩一定倍数的母液（又称浓缩贮备液）。提前配制母液，不但节省配制时间，而且能够保证配制的准确性和快速移取，有效提高工作效率，也方便培养基的短期低温保藏。根据营养元素的类别与化学性质的不同，分别配成大量元素母液（浓缩 10～20 倍）、微量元素母液（浓缩 100～200 倍）、铁盐母液（浓缩 100～200 倍）、有机物母液（浓缩 50～200 倍，不含糖类化合物），激素母液（一般配成 0.5～1.0 mg/mL）。配好的母液冷藏（2～4℃）于冰箱内备用。注意母液保存时间不要过长，大量元素母液最好 1 个月内用完。如发现母液有混浊或沉淀现象发生，则弃之勿用。

基本培养基的母液配制方法是根据培养基配方、配制量和浓度扩大倍数来计算各种试剂的称取量，然后按照配制流程（见图 3-9）分别配制各种母液。激素母液配制方法见子任务一，注意选择适宜的助溶剂。

（二）培养基的配制

组培生产上多采用固体培养基。其配制是根据配方及配制量要求，移取母液，再添加蔗糖和琼脂等固化剂熬制而成，技术环节较多，要求严格按照配制操作流程（图 3-11）和各环的技能要求（表 3-4）配制，确保配制质量，否则会给生产造成严重损失。

五、培养基灭菌

培养基灭菌是培养基制备的关键环节。如果灭菌不彻底，则会带来接种后培养瓶大面积污染，导致培养失败；如果灭菌过度，培养基的成分、浓度会发生变化而影响培养效果。因此，应按照操作流程严格灭菌。

(一)培养基灭菌方法

主要采用高压湿热灭菌方法灭菌。具体操作流程参照子任务一和子任务二相关内容。

培养基高压湿热灭菌的最短时间与培养容器的体积有关(表 3-9)。如果培养基配方中要求加入生长素(IAA)、赤霉素(GA)、玉米素(ZT)和某些维生素等不耐热的物质(包括抗生素),则需要采用过滤灭菌方法。其灭菌原理是通过直径为 0.45 μm 以下的微孔滤膜使溶液中的细菌和真菌的孢子等因大于滤膜直径而无法通过滤膜,从而达到灭菌的效果。溶液量大时,常使用抽滤装置;溶液量少时,可用无菌注射器(图 3-12)。具体操作方法如下:

表 3-9 培养基高压蒸汽灭菌所必需的最少时间

容器的体积(mL)	在 121℃灭菌所需最少时间(min)	容器的体积(mL)	在 121℃灭菌所需最少时间(min)
20~50	15	250~500	25
75~150	20	1000	30

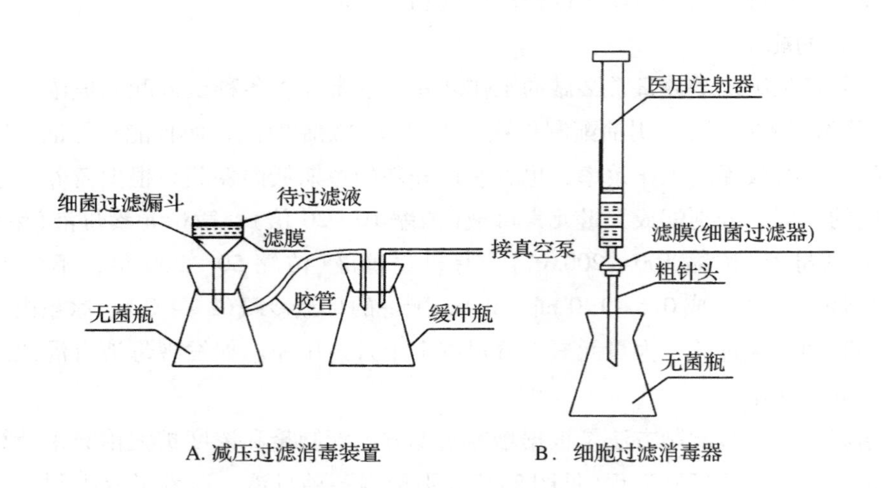

图 3-12 液体过滤灭菌装置(引自程家胜,2008)

①将用铝箔包裹好的细菌过滤器、注射器,以及承接滤过灭菌液的容器和瓶塞用耐压塑料袋包好后随培养基一起进行高压湿热灭菌;

②分别配制一定浓度的激素、抗生素、维生素溶液,预先放置在超净工作台上;

③双手消毒,然后在超净工作台上组装细菌过滤装置;

④用移液枪吸取或直接将待过滤的液体注入细菌过滤漏斗或注射器内,启动减压过滤灭菌装置或用力推压注射器活塞杆,使液体流过滤膜;

⑤将滤液按照培养基配方要求加入的量,用移液枪(枪头已消毒)立即加入未凝固的固体培养基中,轻轻晃动几次,使各种成分充分混匀;若使用液体培养基,可在培养基冷却

后加入。

(二)影响培养基等湿热灭菌的因素

(1)灭菌器内冷空气排出的程度　冷空气的存在影响蒸汽的温度和穿透力。冷空气排出的程度和灭菌器内温度的关系见表3-10。

表3-10　压力蒸汽灭菌器内空气排出程度与温度的关系(薛广波，1993)

表压		排出不同程度冷空气时灭菌器内的温度(℃)				
b/in^2	kg/cm^2	全排出	排出2/3	排出1/2	排出1/3	未排出
5	0.35	109	100	94	90	72
10	0.70	115	109	105	100	90
15	1.05	121	115	112	109	100
20	1.41	126	121	118	115	109
25	1.76	130	126	124	121	115
30	2.11	135	130	128	126	121

(2)灭菌物品的数量、包装和放置　培养基等灭菌物品的包装不宜太大，也不宜扎太紧。放入灭菌锅内的物品应少于灭菌器容积的85%；排放物品时，应留有空隙以利于蒸汽的穿透，切忌形成死腔(蒸汽无法穿透的物体部位)；陶瓷的盆、实验服、口罩等应垂直放置，空瓶的瓶口不应向上。

(3)加热速度　由于蒸汽穿透需要时间，所以当加热速度太快时，灭菌锅内的温度已达到所需的温度，但培养基等物品内部的温度仍然没有达到，则杀菌效果不理想。所以应按照正常速度加热。

(4)超高热蒸汽　在一定的压力下，若锅内的蒸汽温度超过饱和状态下应达到温度的2℃以上，则为超高热蒸汽。虽然温度高，但水分不足，遇到培养基等灭菌物品不能凝结成水，导致不能释放出潜热，所以对灭菌不利。为了避免这种现象出现，锅内的水量应多于产生蒸汽所需的水量，即水量应充足。此外，灭菌物品不宜太干燥。

六、与培养基配制相关的设备

(一)电子分析天平

目前，市售的电子分析天平规格型号多样，有国产、进口和不同精确度之分。下面以日本岛津电子分析天平为例，介绍其构造与使用方法。

日本岛津电子分析天平主要由天平机体、称重舱、天平盘、键板(4个按键)、液晶显示屏等构成(图3-13)。其操作方法步骤如下：

(1)调平　天平放稳后，转动脚螺旋，使水平气泡在水平指示的红环内。

(2)自检　在空载下，天平内部进行自检，显示屏上相继显示CHE3→0，CAL4→0，CAL，END，CAL，OFF。

(3)全显示　按“ON/OFF”键，液晶屏进入全显示态。

(4)预热　这时再按“ON/OFF”键，液晶屏进入预热状态，有绿色指示灯显示。平时可放置在这个状态。当再启动“ON/OFF”键时，又进入全显示状态。

(5)清零　按下 Tare 键，液晶屏显示“0. 000”，进入待测状态。

(6)去皮重清零　将硫酸纸放在天平盘上，再按“Tare”键清零。

(7)称样品　将药品放在硫酸纸上，至液晶屏左侧稳定标志“→ ”出现，读数即为样品重量。

小数点前为克单位。如 1. 234 即为 1. 234 g。

图 3-13　电子分析天平

温馨提示

- 天平为精密仪器，最好置于空气干燥、凉爽的房间内，严禁靠近磁性物体，不要把水、金属弄到天平盘上。
- 称量时，双手、样品、容器及硫酸纸一定要洁净干燥，切勿将药品直接放到天平盘上；不要撞击天平所在台面；最好关闭附近的门窗，以防气流影响称重。
- 天平必须进入预热状态方可断电。

(二)pH 计

pH 计有台式、便携式之分，目前企业多使用数显 pH 计。下面以 PHS-3C 型为例介绍其构造与使用方法。

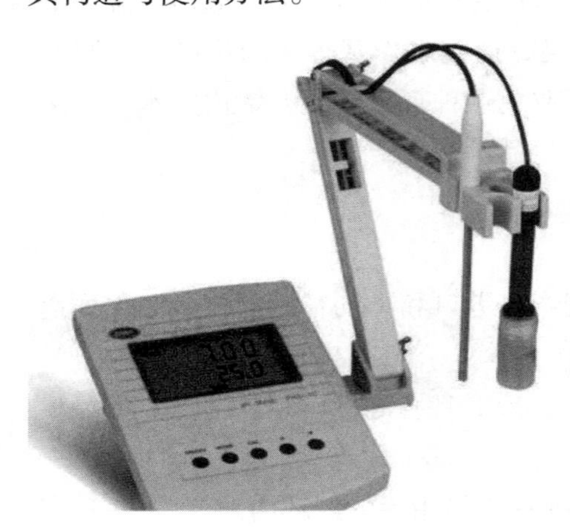

图 3-14　PHS-3C 型精密 pH 计

PHS-3C 型精密 pH 计主要由控制与处理系统、液晶显示屏和电极三部分构成(图 3-14)。在主机上有调节与控制按钮。其操作方法与步骤如下：

(1)开机前准备　先将电极梗旋入电极插座，调节电极夹至适当位置，再将复合电极夹在电极夹上，拉下电极前端的电极套，用蒸馏水清洗电极，用滤纸吸干电极表面附着的水分。

(2)开机　接通电源线，按下电源开关，设备预热 30 min 后进行标定。

(3)标定　pH 计使用前需标定。如果连续使用 pH 计，则要每天标定 1 次。标定方法如下：

①在测量电极插座处拔去短路插座，换上复合电极；

②将选择开关旋钮调到 pH 挡，调节温度补偿旋钮，使旋钮白线对准溶液温度值，斜率调节旋钮顺时针旋到底（即调到 100% 位置）；

③将清洗过的电极插入 pH 6.86 的缓冲溶液，调节定位调节旋钮，使仪器显示读数与该缓冲溶液当时温度下的 pH 一致（如用混合磷酸定位温度为 10℃时，pH 选择 6.92）；

④将蒸馏水清洗过的电极插入 pH 4.00（或 pH 9.18）的标准溶液中，调节斜率旋钮使仪器显示读数与该缓冲溶液当时温度下的 pH 一致；

⑤重复③、④两步操作，直到不用再调节定位或斜率两个调节旋钮为止，标定完成。

（4）测量　当被测溶液与标定溶液的温度相同时，测量时先用蒸馏水清洗电极头部，再用被测溶液清洗 1 次，然后将电极浸入被测溶液中，用玻璃棒搅拌溶液使溶液均匀，在显示屏上读出溶液的 pH。当被测溶液和标定溶液温度不相同时，在电极清洗后，先用温度计测出被测溶液的温度值，调节“温度”调节旋钮，使白线对准被测溶液的温度值，然后再测定溶液的 pH。

温馨提示

- pH 计在使用前做好标定。操作时不要碰坏电极前端。每次使用完毕，一定要用蒸馏水清洗电极，并用滤纸吸干电极表面附着的水分，再从主机上拆下保存。
- 称量时，磁力搅拌器要保持清洁干燥，严禁液体进入机体；设定中等转速搅拌，可延长使用寿命；为了确保安全，使用时请接上地线；如使用中发现搅拌子跳动或不搅拌，可检查烧杯是否倾斜和位置是否放正。

七、培养基配制的常见问题

培养基配制的常见问题见表 3-11。

表 3-11　培养基配制的常见问题

常见问题	原　因	预防措施
固体培养基灭菌后不凝固	1. 琼脂贮藏时间过久 2. 培养基中添加 6-BA 过多 3. 培养基过酸过碱 4. 培养基中添加活性炭过多 5. 培养基灭菌时间过长或灭菌后久不放气 6. 琼脂质量差	1. 购买新琼脂 2. 适当增加培养基中的琼脂添加量 3. 调整培养基 pH 至适宜 4. 合理设定灭菌时间 5. 对新购的琼脂做凝固力试验
培养基浓度不符合要求	1. 母液移取量不足或超量 2. 培养基熬制时间过长 3. 定容不准确 4. 培养基灭菌时间过长	1. 准确移取母液 2. 控制培养基熬制时间 3. 定容时凹液面与刻度线卡齐 4. 合理设定灭菌时间

（续）

常见问题	原　因	预防措施
培养基 pH 不符合要求	1. pH 检测与调整有误差 2. 培养基灭菌时间过长 3. 培养基熬制时间过长	1. 熟悉 pH 计使用方法 2. 选择适宜的 pH 调整方法 3. 合理设定灭菌时间 4. 控制熬制时间
大量元素母液出现沉淀	1. 母液浓缩倍数过大 2. 混合定容顺序不正确	1. 合理确定母液浓缩倍数 2. 科学确定大量元素混合顺序
生长激素母液出现结晶	1. 助溶剂偏少或选择错误 2. 激素母液浓缩倍数过大 3. 保存温度过低或保存时间过长	1. 合理选择助溶剂，适当增加助溶剂用量 2. 合理确定母液浓缩倍数 3. 置于 4℃ 低温环境保存，保存时间不能过久 4. 水浴加热再溶解
加入活性炭的培养基灭菌后颜色不均匀	培养基灭菌后凝固前未及时摇匀	空白培养基灭菌后持续摇动，直到凝固
培养基灭菌后含量不符合要求	生长素、赤霉素不耐热，灭菌后部分失效	采用过滤灭菌方法

【问题探究】

1. 如果使用自来水配制培养基母液，结果会如何？

2. MS 大量元素母液配制时，为何要注意 5 种盐类化合物的混合顺序？

【拓展学习】

灭菌与消毒

灭菌是指杀灭或去除物体上所有微生物的方法，包括抵抗力极强的细菌芽孢。消毒是指杀死、消除或充分抑制物体上微生物的方法，经过消毒处理后许多细菌芽孢、霉菌的厚垣孢子等可能仍存活。无菌是没有活菌的意思。防止杂菌进入人体或其他物品的操作技术，称为无菌操作。

灭菌和消毒的方法有物理方法和化学方法两大类。

一、物理方法

1. 热力灭菌

热力灭菌是指利用热能使蛋白质或核酸变性、破坏细胞膜以杀死微生物。热力灭菌又分为干热灭菌和湿热灭菌。

2. 射线消毒

常用的射线主要有紫外线，波长 200 ~ 300 nm，以 250 ~ 260 nm 杀菌作用最强。紫外线可使 DNA 链上相邻的两个胸腺嘧啶共价结合而形成二聚体，阻碍 DNA 正常转录，导致微生物的变异或死亡。紫外线穿透力较弱，一般用于实验室的空气消毒。紫外线可损伤皮肤和角膜，应注意防护。其他射线有红外线、超声波或微波等。

3. 过滤除菌

一般利用孔径为0.22 μm微孔滤膜来除菌。

二、化学方法

1. 药液浸泡

用以消毒的药品称为消毒剂。常用消毒剂有氯化汞、次氯酸钠、酒精、高锰酸钾、新洁尔灭、漂白粉液等。植物组培快繁中常用0.1%~0.2%氯化汞、2%次氯酸钠、70%~75%酒精等进行外植体消毒。

2. 药液喷雾

植物组培快繁中常用70%酒精或0.25%新洁尔灭溶液对接种室、培养室空间及墙壁、超净工作台喷雾消毒。

3. 药剂熏蒸

可采用甲醛加高锰酸钾(按每1 m^3空间用5~8 mL甲醛、5 g高锰酸钾)、冰醋酸加热、臭氧等对实验室空间进行熏蒸消毒。

【小结】

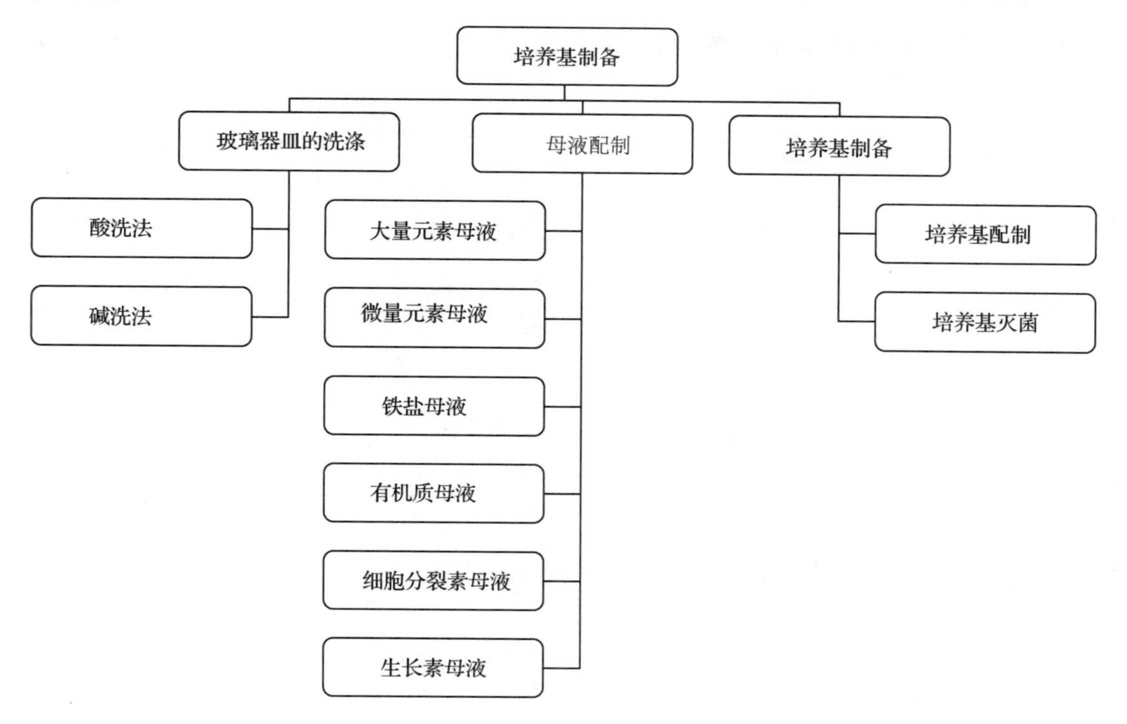

【练习题】

一、填空题

1. 用过且未污染的培养瓶可选择(　　)或(　　)等方法洗涤。

2. 培养瓶污染较重，必须(　　)之后再清洗。

3. 高压灭菌锅的灭菌原理是利用(　　)来杀灭细菌和真菌的。一般灭菌温度设定在(　　)，灭菌压力控制在(　　)，灭菌时间一般设定在(　　)。

4. 培养基的成分主要包括(　　)、(　　)、(　　)、(　　)、(　　)5 类物质。

5. 培养基中琼脂和蔗糖一般添加的量分别是(　　)和(　　)。

二、判断题

1. 玻璃器皿上粘有蛋白质或其他有机物时，采用碱洗法清洗。(　　)

2. 利用洗瓶机洗涤玻璃瓶时，必须预先浸泡。(　　)

3. 活性炭的吸附性没有选择性，而且会提高培养基的凝固力。(　　)

4. 激素母液浓度一般为 0.5 ~ 1 mg/L。(　　)

5. 配制母液用水要求是蒸馏水或去离子水，所需药品为工业品或农用品。(　　)

6. 琼脂不但是固化剂，也能为培养材料提供少量营养。(　　)

7. 配 IBA、NAA 母液时，可用稀盐酸助溶。(　　)

8. 熬制培养基的实质是使蔗糖充分溶解。(　　)

项目四　无菌操作

【学习目标】

终极目标：

1. 合理选择及处理外植体，并完成无菌接种操作；
2. 加强创新引导，弘扬工匠精神。

促成目标：

1. 对组培环境进行灭菌操作，维持无菌环境；
2. 按照外植体的选择原则选择合适的外植体；
3. 识记各类外植体处理常用试剂、设备的规范安全使用要求；
4. 掌握外植体处理的一般方法和流程，根据外植体和特性进行恰当的处理；
5. 进行规范的人员消毒；
6. 熟悉超净工作台、工具消毒器及各类常用接种工具；
7. 熟练、规范、安全地进行无菌接种操作；
8. 具备维护无菌工作环境意识，具有认真细致的工作作风和责任心。

工作任务一　组培室环境灭菌

【任务描述】

灭菌任务：对新建成、已运行或高强度使用的组培室环境进行灭菌。

灭菌手段：人工操作各物理设备与化学试剂，化学及物理方法单独或混合应用。

灭菌方法：熏蒸法；紫外线法；喷雾/擦拭法。

灭菌要求：适当选择灭菌时机与方法、操作符合程序，达到无菌标准、保证安全。

【任务实施】

一、操作前准备

（一）计划

学生分组操作，教师带领各小组巡视组培室后，于组培室内为各组划分不同的待灭菌空间，设定生产阶段、生产强度及无菌等级要求，可使用的灭菌设施药物条件。各小组根据给定任务目标与条件，参考知识链接，选择并制订数种可行的环境灭菌方案及手段，形成文字材料，确定所需试剂及设备用品，制定操作流程，做好人员任务安排与分工。

（二）测量灭菌空间容积大小并调查条件情况

查询或用各类量尺勘验并计算组培待灭菌空间的容积，调查环境设备情况，记录待用。

（三）准备

1. 设备用具

根据条件及学生制订的灭菌方案，准备相应的设备材料：玻璃或陶瓷材质蒸发皿、甲醛、高锰酸钾、冰醋酸、卷尺或皮尺、电炉、量筒、天平、260 nm 波长紫外线消毒灯、打火机、医用氨水或浓氨水、医用酒精、新洁尔灭消毒液、洗必泰消毒液、来苏尔消毒液、喷壶、棉布等（可补充其他消毒设备与试剂）。

2. 灭菌对象

指定组培室的接种间、灭菌间、培养间、缓冲间及其他对洁净度及无菌度有要求的，具有一定与外界环境隔离措施的室内工作场所，提前做好基本卫生清理工作。

（四）配制药剂

甲醛—高锰酸钾熏蒸液：根据灭菌空间容积用（5～8 mL 甲醛∶5 g 高锰酸钾）/m^3 比例配制，分别称量药品后，先将盛有高锰酸钾的容器放置于熏蒸点，再倒入甲醛，立刻发生反应，产生烟雾。

1%～3% 医用氨水：按照 22～28% 浓氨水 1 份∶水 10 份的比例按需配制。

75% 消毒酒精：按照 95% 医用酒精 75 份∶蒸馏水 20 份的比例按需配制。

冰醋酸熏蒸液：按照冰醋酸 3 份∶水 1 份的比例配制。

其他成品药剂按照使用说明配置使用。

二、灭菌

学生对照灭菌方案及灭菌空间测量调查结果，分别以一种用于实验室空间整体灭菌的方法及一种日常用于实验台、操作台的灭菌方法，分组按照划分的待灭菌区域实施操作。

（一）实验室整体灭菌

各组按计划将适当数量的设备或反应容器安置于待灭菌空间各角落、空间中心以及环境较为复杂，污染源较多的地点，放置的高度应有利于灭菌进行及保证安全；关闭好门窗后启动灭菌装置或反应，人员随即全部退出并封闭灭菌空间，计时并记录灭菌安排，待灭菌结束、室内环境指标安全后，启封进入，收纳装置，清理反应残渣，检定并记录灭菌结果。

（二）工作表面灭菌

关闭涉及仪器设备的电源，按需配制试剂并用棉布、喷壶对给定的工作表面，如工作台面、灭菌后存放几天的培养基瓶外侧、操作台、电炉电灶、培养架、照明设备表面等进行喷雾、擦拭、检定并填写灭菌记录，标明操作人员与方法。

（三）要求

灭菌方法选择合理，操作程序正确，分工协作，动作快捷，配合默契，达到灭菌标准，同时保证安全。教师统一检查安全操作及准备工作后，巡回指导，整体灭菌时间较长，中间可安排工作表面灭菌或其他任务。

三、清理现场

各组灭菌完毕后清洗所用器皿，整理场地，安排值日组，清理公共区域。要求设备用具归位，现场整洁，记录填写完整。

四、讨论与评价

小组自检任务完成情况，并分析讨论操作存在的问题；教师点评；小组间互评任务结果。

讨论评价要点：灭菌方案的时间及经济成本：材料设备价格、持续时间、是否简单易用、对连续生产秩序的干扰、灭菌效率、灭菌效果、毒性影响；操作步骤的效率、准确度、安全措施及对灭菌结果的影响。

温馨提示

- 所有环境灭菌方法均对人体有一定的危险性，务必做好相对应的防护措施，事先查看设备、药剂标签所载注意事项及急救措施，如出现意外，及时处理并就医；灭菌完毕后剩余试剂药品残渣应做无害化处理后废弃。
- 紫外灭菌装置在与其他照明设备同时使用时紫光不明显，故人员每次进入无菌室都应主动检查是否关闭紫外装置，紫外发光装置应每隔一个月用酒精擦拭，使用超过五年应当更换。

【知识链接】

植物组培快繁利用的是植物离体的器官、组织甚至细胞作为材料，这些材料既不够健壮，保护和防御系统又有极大的缺失，极易被微生物侵染而变质或死亡，造成生产损失乃至失败，因此，组培操作需在无菌环境中进行，对各操作环境进行灭菌是植物组培快繁的常规工作之一。

各类微生物以及其繁殖孢子等普遍存在于各类固体物质表面以及漂浮于水体空气中，组培快繁生产的目的、各组培室条件、植物材料性质、消毒方法与药剂，以及易滋生的微生物种类繁多、各不相同，要求根据具体情况，务实、灵活地采用不同环境灭菌技术路线，保证组培过程中不受微生物侵染。

根据灭菌效果、持续时间、对生产的影响、残留情况以及操作的复杂程度，环境灭菌的使用时机可分为：①新建组培空间初次灭菌；②为维持基础无菌环境，每月定时灭菌；③当污染率或生产强度较高时，为保证生产质量进行的强化灭菌；④维持日常生产无菌环境的日常灭菌；⑤进行无菌操作前对可能接触的物体，如工作台、工具、设备等进行表面灭菌；⑥在工时紧张时或作为其他灭菌手段补充措施的辅助灭菌见表 4-1。

表 4-1　常用环境灭菌方法

方法		剂量强度	时机	灭菌要求	安全要求	使用注意事项
照射	紫外线	250～270 nm；1.5 W/m^3	④⑤	2～30 min	不可照射人体	增加照射时间提升效果，高湿度下效果差
熏蒸	甲醛＋高锰酸钾	(5～8 mL 甲醛：5 g 高锰酸钾)/m^3	①②③	反应启动后 >4 h 且 <48 h	反应剧烈迅速，不可吸入接触，熏蒸完毕应待气味稍消散	密闭灭菌空间，分多点进行，药品随用随混
	硫黄	15～20 g/m^3	①	燃烧至自然熄灭	不可吸入接触，24 h 后方可进入，注意防火	密闭灭菌空间，置于较高位置且多点进行，对金属有较强腐蚀作用
	冰醋酸	0.5～2 g/m^3	②⑥	加热至完全蒸发	不可吸入及直接皮肤接触，注意防止空烧导致火灾	封闭空间，多点进行，湿度高效果好，对金属有腐蚀作用
	二氧化氯	500 mg/L	②③④⑥	反应 4～6 h	不过量则无害，使用时远离明火、热源	商品试剂为 A、B 两种制剂反应后生成，随用随混
	过氧乙酸	20% 浓度，3.75 mL/m^3	②③	加热 1～2 h	不可吸入及直接皮肤接触	密闭空间，温度 >18℃，对金属有腐蚀作用
喷雾/擦拭		5%，2.5 mL/m^3	④⑤⑥	喷雾均匀	不可吸入及皮肤直接接触，佩戴口罩	对金属有较强腐蚀作用
	氨水	1%～3%	⑤⑥	喷雾均匀	避免接触，防止触电	随配随用，具腐蚀性
	医用酒精	75%	⑤⑥	喷雾、擦拭均匀	不可接触热源，防止触电	防止挥发，随配随用
	新洁尔灭	0.05%～0.1%	⑤⑥	喷雾、擦拭均匀	按剂量使用安全无害、防止触电	有去污能力，对部分细菌作用差
	来苏尔	工作面 2%～3% 器械 3%～5%	⑤⑥	喷雾、擦拭均匀	避免吸入，不可皮肤接直接触，防止触电	亦可用于炼苗温室等区域灭菌消毒
	洗必泰	0.05%～0.1%	⑤⑥	喷雾、擦拭均匀	按剂量使用安全，防止触电	对细菌作用强于新洁尔灭

【问题探究】

1. 灭菌不彻底、操作不规范、试剂浓度不正确，对之后的组织培养有何影响？
2. 照射、熏蒸与喷雾擦拭 3 类环境灭菌法，在连续生产过程中对生产效率有何影响？

【拓展学习】

其他灭菌方法

一、臭氧灭菌

臭氧灭菌技术发明于 19 世纪中叶，之后受配套技术限制而一度发展缓慢，得益于现代工业技术的发展，臭氧灭菌技术目前广泛应用于医疗、食品、化工业等各行业。臭氧是氧气分解聚合的结果，对于各类微生物都有快速高效的杀灭作用，同时能够用于液体喷洒擦拭以及空气熏蒸消毒，并且自身易分解，其作用峰段之后短时间内即可分解无残留，无环境污染。

具体方法：使用臭氧生成装置，维持密闭灭菌空间内臭氧浓度为40 mg/L，保持1 h，即可使灭菌率达到要求，之后待臭氧浓度小于0.2 mg/L时即对操作人员以及植物材料无伤害，可以进行各项无菌操作活动。

液体灭菌，将臭氧导入适量清水中或浸泡有待灭菌物体的水中，不断搅动，5~15 min后可得灭菌溶液，应尽快使用，导入臭氧时使用分气装置效果更佳。

注意事项：无法准确测量臭氧浓度数值时，一般将臭氧设备按说明书设置或开启1~2.5 h可保证效果，较高湿度条件下配合对流装置可增强灭菌效果。臭氧灭菌既可作为强化灭菌措施，也可作为日常灭菌措施。

二、天然植物材料熏蒸灭菌

化学熏蒸灭菌是组织培养环境空间灭菌中最常用的方式，但常因制剂本身的毒副作用，使得熏蒸完毕后需要等待空间中药剂浓度下降至安全范围，人员方可进入进行后续操作，对生产效率与秩序均产生影响，此外残渣等亦容易造成环境污染。据报道，相继有科研人员及组培公司尝试以传统中草药熏蒸代替部分化学熏蒸，在马铃薯、金线莲、香蕉等植物组培的室内灭菌中取得了较好的效果。已报道可用于熏蒸的植物材料：干燥的苍术、艾叶，最好联合使用。

要点如下：

①称量干燥的植物材料，艾叶用量1~3 g/m^3，苍术用量2~3 g/m^3；

②将植物材料稍破碎，疏松堆放于熏蒸容器内，可将适量引火物加入；

③最好多点配置，置于1~1.5 m高度，点火使植物材料燃烧，人员退出并封闭灭菌空间；

④待燃烧停止0.5 h后人员可进入进行后续操作。

根据相关报道，艾叶对霉菌灭杀率较高，而苍术对细菌的灭杀作用较强，两者连用灭杀效果与一般甲醛+高锰酸钾熏蒸或紫外线照射近似，且可维持较长作用时间。

工作任务二　外植体选择与处理

【任务描述】

工作任务：根据组培生产目的与要求，合理选择外植体并对外植体进行无菌处理。

工作流程：根据要求制订计划→选择具体植株、植体部位→预处理→准备工具材料及试剂→采集外植体→修整外植体→对外植体表面进行灭菌。

处理手段：人工对对象植物取材部位进行物理保护、分离及修整；对操作各设备与化学试剂进行清洁灭菌。

选材处理要求：符合组培工作整体方案要求，材料母株典型、健壮、无病虫害，外植体大小、形态与性质合适。

灭菌要求：灭菌效果彻底，试剂漂洗干净，对材料的损伤轻微不影响材料活性及后续培养，操作规范，保证安全。

【任务实施】

一、操作前准备

(一)计划

指定培养要求与一至数种待组培植物，学生分组操作，各小组依据任务目标与条件，以知识链接作指导，制订外植体选择、预处理、采取和灭菌的方案，确定所需工具、试剂及设备用品，制定操作流程，做好人员分工。

(二)准备

1. 设备用具

天平(常量及精确度0.01 g分析天平)、100 mL及1000 mL量筒、500 mL烧杯或瓷缸、500 mL或1 L锥形瓶、手压喷雾器、塑料膜、尼龙绳、纱布、枝剪、嫁接刀、手术剪、手术刀、镊子、铲子、皮筋、不锈钢工具盒、标签挂牌等；商业成品杀虫杀菌剂、漂白粉或洗衣粉、次氯酸钠、升汞、95%酒精、吐温-20、蒸馏水、无菌水。

2. 选择及处理对象

初学者建议使用预先准备好或周边生长的有较明显主茎的草本植物，亦可使用灌木、藤本等的幼嫩未木质化部位、地被植物叶片等。

(三)无菌水及器材的预先灭菌

将蒸馏水装入耐热容器中，用干净报纸或其他透气材料封口，另将需灭菌的工具装入不锈钢工具盒中，在外部包裹干净报纸并扎好，连同无菌水、培养基等一起放入高压灭菌锅进行湿热灭菌，具体操作见项目三工作任务二，灭菌完成后取出，置于干净无菌场所冷却后待用。

(四)配制药剂

各成品类杀虫杀菌药剂按照包装标示说明配制，参照项目三工作任务一中的方法配制高锰酸钾，参照项目四工作任务一中的方法配制75%医用酒精；所有药剂配好不可久置，应当尽快使用。

饱和洗衣粉水或漂白粉水的配制：在1 L以上容器中加入200 g洗衣粉或漂白粉，逐次加入少量清水并不断搅拌，至完全溶解或少量残渣残留；又或容器装满，加入过量粉剂搅拌，稍静置后取上部清液即得，久置效果减弱。

以上溶液配制时应戴手套，液体勿溅入眼睛或沾染皮肤、衣物，勿靠近明火热源及暴晒。

0.1%升汞溶液：称取1 g氯化汞溶于1000 mL水中即可，按比例根据用量配制。

特别注意：升汞为剧毒药剂，且易产生汞蒸气，使用时应当做好眼、口、鼻及手部防护，操作迅速用量准确；规范制度、专人负责、安全存放、使用报备、废液回收，若是短时低剂量与皮肤接触，可用大量清水冲洗后，湿敷3%~5%硫代硫酸钠溶液，并及时就医。

二、选择外植体

教师利用大量实例分类型示范如何选择外植体并讲解选择要求，学生对照方案选择外植体，按照要求进行外业或在准备好的植物材料中选择合适的外植体母本，再选好要采取的部位。要求选择的母本具有同种植物的典型特征、生长正常且健壮，无病虫害；所选择作为外植体的部位符合组培目的，健壮且尽量幼嫩。教师巡回观察并答疑。

三、预处理外植体

学生预习预处理内容，自行设计简单的预处理方案，教师评阅后实施，根据所选择外植体母本及部位的情况或培养要求，对母本及作为外植体的部位进行预处理，要求处理规范到位，能促进母本健壮生长且具保护作用，以及保证人员人身安全。处理后标记记录。若采用标准化生产培育的植物材料作为母本，可视情况不做预处理而直接采取。教师巡回指导。

四、采取外植体

各组根据计划自行采取已经选择及预处理好的外植体，同时简单观察记录外植体生长环境及状态，作为灭菌时间选择的依据之一，选取好的外植体放入洁净容器内保湿并尽快带回进行灭菌处理。要求采取部位正确、大小长短及数量符合培养要求，效率高，兼顾运送便捷，避免对母本过度伤害及保证人员安全。暂不使用的外植体可短时低温贮藏，但仍应尽快使用。

五、修整外植体

教师示范如何恰当地处理外植体，其后各组将采回的外植体根据其性状及操作要求进行修整：①用软毛刷刷去植物材料表面的泥土、虫卵等杂物；②去除衰老、死亡、萎蔫、病虫害侵染部位以及卷须、种皮等多余的植物体部分及附着物，蜡质、绒毛等部位等可用刀片轻轻刮去；③将过大过长的外植体材料切分成能够装入洗涤容器且可翻动的体积，以尽量减少伤口、保留生长部位为原则。果实、种子、花蕾、花药等外表面干净者一般无需修整。要求操作迅速准确，不过分损伤植体。教师巡回指导。

六、外植体灭菌

教师示范方法后带领学生操作。

(一)外植体清洗

各组将修整好的外植体用自来水简单冲洗外表可见的附着泥土等脏污，不易冲洗的可用软布、中性洗涤剂等辅助清洗，动作轻柔，切不可过度挤压外植体或令其表面大面积破损，其后将外植体置于瓶、缸、杯等洗涤容器中，用洁净纱布与皮筋等包扎瓶缸口，置于流水下冲洗 15～30 min，或用清洗剂浸泡清洗相应时间后再用清水漂洗数次。教师巡回指导。

(二)外植体灭菌

各组按照方案将清洗好的外植体用选定的灭菌剂、浸泡时间、顺序进行浸泡灭菌。若衔接后续接种实操，则最后一道消毒剂处理移入超净工作台内，按无菌操作规程，使用酒精擦拭消毒过的容器处理，最后用无菌水漂洗 3～5 次后待用。教师全程集中指导(图 4-1)。

图 4-1 流水冲洗与外植体浸泡灭菌

七、清理现场

安排值日组，清理现场。要求设备用具归位，现场整洁，记录填写完整。

八、讨论与评价

小组自检任务完成情况，并分析讨论操作存在的问题；教师点评；小组间互评任务结果。

【知识链接】

由人工从活体植物母本上分离下来，用于进行离体培养再生的植物组织与器官，称为外植体(explant)。由于生长于各类环境之中，外植体母本的性状各不相同，外植体的选择及处理是否恰当，直接影响着后续组织培养的效率乃至成败。

一、外植体选择、采取及修整的原则

①根据培养目的选择：一般扩繁生产选择量大易操作的部位，如茎节间、种子等；或选取最容易再生的部位，如洋兰类组培常选花梗；脱毒育种则取茎尖生长点等。

②母本具有此种植物代表性，生境内生化污染少。

③选择优良的种质。

④在生长季节内，尤其是生长季节刚开始时选取。

⑤选择生理状态良好的材料：长势健壮且无病虫害的材料能提高培养成功率及质量。

⑥确定合适的取材部位：理论上所有植物细胞皆具有全能性，但位于生长点的分生细

胞，尤其是主茎、主根顶端的分生点有最优异的培养再生性能。

⑦选择修整合适的外植体大小：不论何种培养，均以至少带一个生长点为宜；扩繁类为保证质量通常可选较大外植体，从生境中采取时应当挑选比所要培养使用的部位略大的材料，以利于后续灭菌、切分，脱毒或胚胎培养为避免携带病毒宜选取较小的外植体。

⑧采取及修整应使用锋利的工具，切口及其他操作对植物材料造成的损伤要尽可能小，采取数量能满足生产要求，不浪费材料与母本。

外植体在采取离体之前的生长状态极大地影响其组织培养的效果，为避免所选取的优良性状部位因外界原因在采取前受损，又或选定后继续培养一段时间能使外植体部位生长更为健壮，均应在选取后对植株及外植体部位做一定的强化保护。常使用套袋、套膜等方法，用具备一定透气性的薄膜覆盖植株或外植体部位(图 4-2)。

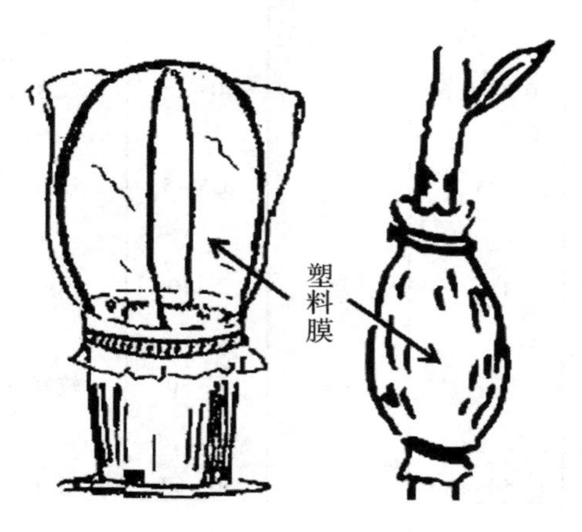

图 4-2　外植体预处理

二、外植体化学药物灭菌

化学药物灭菌是指应用杀菌药物破坏微生物的细胞结构或使酶类失活，阻止正常代谢而杀死微生物。药物的杀菌效果与药物种类、浓度和处理时间以及微生物种类对药物的敏感性有关。在组织培养中，要考虑到药物对外植体本身的影响以及植物原生境中微生物的多寡，需要严格掌握灭菌时间。灭菌药剂的配制，以无菌蒸馏水或无菌去离子水为佳，普通自来水中含矿物离子，有可能影响药剂效果。

灭菌过程中要使药剂充分接触外植体，常需要不断振荡、搅拌，方能保证效果；叶腋等部位若过于紧贴可使用镊子辅助轻轻打开，表面仍有拒水类附属物，如密集的纤毛等时，应适当延长浸泡时间或加入少许表面活性物质，如吐温；对于芽等外植体的灭菌，可用解剖针等扩张去除外部包被的部分芽鳞片等结构；花粉及种子的灭菌，如兰科植物等，一般选择在其仍未散布时直接消毒花粉囊或果实，可保证其内部的无菌环境。

常用消毒剂包括以下几种(表 4-2)：

表 4-2 消毒剂浓度和消毒时间对植物材料的作用

杀菌剂	常用浓度（%）	去除难易程度	消毒时间（min）	效果	毒性	使用、贮运危险性	成本
次氯酸钙(Calcium hypochiorife)	9~10	易	5~30	好	中	腐蚀、燃爆	较低
次氯酸钠(Sodium hypochiorife)	2	易	5~30	好	低	腐蚀、氧化	较低
氯化汞(Mercuric chloride)	0. 1~1	最难	2~10	最好	剧	汞蒸气吸入*	低
过氧化氢(Hgoirogen peroxide)	3~12	最易	5~15	较好	中	腐蚀、燃爆	中
过氧乙酸(Peroxyacetic acid)	0. 2~0. 5	易	10~15	较好	中	腐蚀、燃爆	中
乙醇(Ethanol)	75	易	0. 5~5	较好	中	挥发、爆燃	
溴水(Bromine water)	1~2	易	2~10	好	高	腐蚀、氧化	中
硝酸银(silver nitrate)	1	**	5~30	较好	高	接触、反应	高
抗生素(Antibiotics)***	4~50 mg/L	一般	30~60	较好	低	无	低~高
新洁尔灭(Benzalkonium bromide)	0. 1~0. 5	易	10~30	好	高	易燃	较高

注：*氯化汞稍遇热即会产生汞蒸气；

**银离子附着较难清除，但主要附着于外植体伤口部位附近，不在植体内游离，因此大部分硝酸银的去除是靠接种时切除不需要的伤口断面实现的，而非反复漂洗；

***在具体组培生产过程中，若主要污染菌为个别种，使用针对性抗生素可获得较好的效果，但应注意对外植体的影响；污染菌种类较多时效果较差。

(一)含氯灭菌剂

如漂白粉，溶于水时，自由氯和水作用产生次氯酸，分解产生新生氧，由于新生氧的强氧化作用和自由氯破坏蛋白质而杀死微生物，主要用于外植体表面消毒。常用的有漂白粉和次氯酸钠。氯化汞(升汞)中汞离子亦有强毒性，故杀灭效果佳。

(二)过氧化物灭菌剂

如过氧乙酸和双氧水等，以强氧化作用破坏细胞结构物质和酶活性，从而杀死微生物。常用0. 2%过氧乙酸或3%~6%双氧水浸泡外植体表面消毒。

（三）醇类

酒精是常用的表面消毒剂，酒精具有较强的脱水以及细胞膜穿透力，通过使细菌内的蛋白质变性达到灭菌效果；同时具有一定的浸润作用，可排除材料上的空气，利于其他消毒剂的渗入。但酒精的脱水作用对植物材料有极大影响，浸泡时间过长，植物材料的生长将会受到影响，甚至被酒精杀死，使用时应严格控制时间，由于浸泡时间短，不能彻底深入灭菌，可多与其他消毒剂，如氯化汞共同配合使用。

（四）抗生素类

能够单一或广谱性抑制及杀灭病原菌的化学制剂，常见的有青霉素、链霉素等，如特美汀（Timentin）能够较为专一地抑制农杆菌对外植体伤口的感染；商用广谱型抗生素，如植物组培抗菌剂（Plant Preservative Mixture，PPM），可通过影响细菌或真菌电子传递链而抑制杂菌等。须注意抗生素的作用机理复杂，使用时应做一定先行试验确定效果。

（五）季胺盐类

常用的有新洁尔、新洁尔灭（化学名为苯扎溴铵，全称十二烷基二甲基苄基溴化铵）溶液，采用浸泡方法对外植体进行表面消毒。此类药剂虽常为内服高毒性物质，但其稀释到规定浓度的商用制剂毒性低，且不对皮肤产生刺激性，故除作为外植体灭菌外，也可用于以标示浓度替代酒精消毒双手及无菌设备器械等。此类消毒剂性质较稳定，亦可与其他灭菌剂联合使用得到最佳效果。

外植体典型制备流程如下：

选定→预处理→采取→外部清理→修整→自来水冲洗 30 min→75% 酒精浸泡 10 s→0. 1% 氯化汞浸泡 5 min→无菌水漂洗 ×4 次→无菌待用。

【问题探究】

1. 在生产中，分别考虑效率、成本和效果，应选择哪些灭菌剂，为什么氯化汞仍是生产上最广泛使用的灭菌剂之一？

2. 在外植体灭菌环节中，如何做好人员的安全防护？

【拓展学习】

可作为外植体的植物体部位

可作为外植体的植物器官及其再生路线如图 4-3 所示。

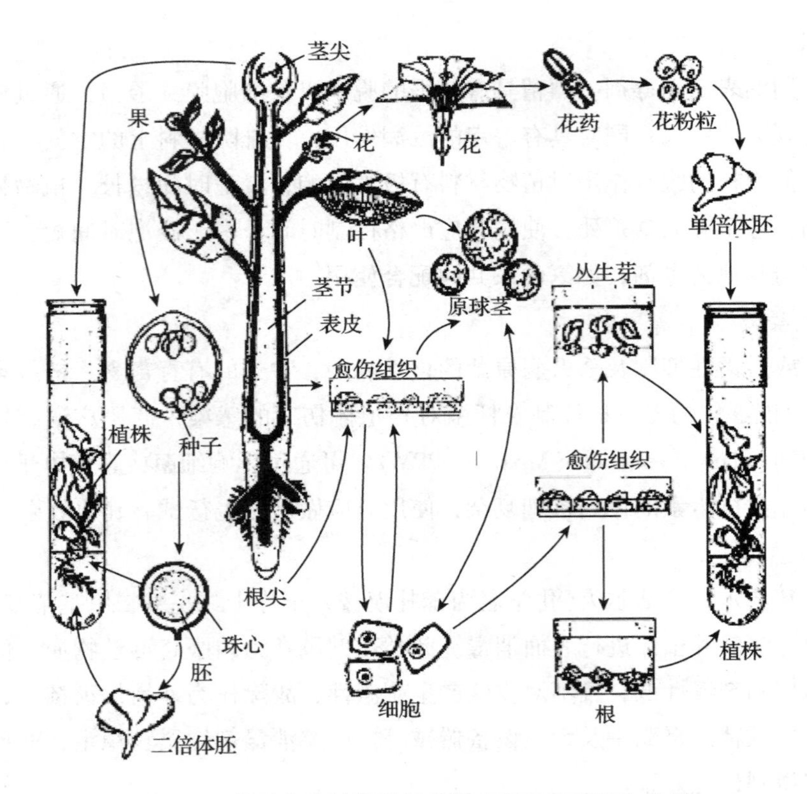

图 4-3 常作为外植体的植物器官部位及其再生路线

工作任务三 无菌接种

【任务描述】

接种任务：通过无菌操作将灭菌外植体接种于初代培养基上培养。

接种对象：初代培养外植体接种——植物幼嫩茎段。

接种方法：超净工作台上水平接种于固体培养基。

接种要求：灭菌彻底、接种步骤清晰有序、操作熟练安全、保证无菌操作，污染率低。

【任务实施】

一、操作前准备

(一)计划

培养基、工具、外植体等需要预先灭菌准备好。根据超净工作台数量将学生分多个小组进行操作，每组 2~4 人。各小组根据给定任务数量要求，选择并制订接种方案，确定所需试剂及设备用品及套数，制订操作流程，做好人员分工(表 4-3)。

表 4-3　双人超净工作台所需无菌操作物料

分　类	名　称	数　量	要　求
设　备	超净工作台	1 台	双人，半封闭或全封闭型
	器具消毒器	2 台	
	酒精灯(可选)	2 盏	配打火机或火柴，装入灯用酒精
	室内紫外灯(可选)	若干	室内灭菌用
材　料	灭菌外植体	若干	切分之后接种，每人 >10 条/片
	灭菌培养基	若干	每人 >2 瓶/杯
无菌接种工具	手术剪或手术刀	4~6 把	茎段、叶片推荐使用剪刀
	镊子	4~6 把	根据接种材料性质选择长短、钝尖及是否弯嘴、有齿等型号
	接种盘或培养皿	2~4 套	可用工具盒代替
	不锈钢工具盒	2 个	可用不锈钢饭盒
	工具冷却架	2 个	可同时摆放 5 把以上接种工具
灭菌工具	棉布或脱脂棉球	2 片/瓶	蘸酒精用，可使用旧口罩等吸水布
	200~500 mL 手持喷壶	2 个	装入医用酒精
	酒精瓶/杯/罐/盒	2 个	装医用酒精 200 mL
人员卫生	洗手液或肥皂	若干	推荐使用专用或医用洗手液
	实验服	2 件	事先清洗，保持清洁
	口罩	2 个	事先清洗，保持清洁
	鞋套或拖鞋	2 双	拖鞋必须事先清洗，保持清洁
	乳胶手套(可选)	2 双	长期接种操作时建议选择
	医用帽(可选)	2 顶	除全封闭式超净工作台外建议选择
	护目镜(可选)	2 副	熏蒸后对眼部有刺激时使用
耗　材	医用酒精	若干	可多组共配共用
	无菌吸水纸	若干	每人 2~4 张，可用滤纸灭菌制作
	废液废渣杯	2 个	回收液体及固体废弃物
	记号笔或标签	2 支	油性记号笔
其　他	塑料周转筐	1 个	放置接种后培养瓶
	推车	1 台	转移组培材料工具或接种后培养瓶

(二)准备

1. 设备用具

根据接种要求及具体情况，准备器具试剂与材料。熏蒸接种间及缓冲间；培养基及工具等预先分装封好，手术刀预先小心装好刀片与其他器具同向放入不锈钢工具盒中，无菌纸亦装入工具盒或耐高温聚乙烯袋中封口，再于外侧包裹报纸并用棉绳扎紧，高压湿热灭菌，冷却待用；采集并修整好待接种外植体，准备外植体灭菌试剂用具；配制 75% 医用酒精，分装入酒精瓶及小喷壶中，酒精瓶中放入棉布或棉球，盖好；将灯用酒精加至酒精灯 2/3 处，灯芯拉出约 1 cm，并用手捻紧。

2. 熟悉设备与环境

依照教师指导以及设备说明书，熟练掌握所用超净工作台的构造、使用方法与注意事项；同时熟悉缓冲间、接种室的布局，设备及物品、工具等的摆放位置，各材料进入及接种后物品的移送路线。注意检查设备功能是否正常运作，特别是超净工作台过滤系统滤网是否需要更换，紫外灯是否完好，消毒器等设备、工具是否漏电等。

3. 无菌接种前期工作

将灭菌后冷却的培养基无菌水和各类工具按组准备好，放入接种间，工具、无菌纸等应保持在包扎好的状态，之后先行打开缓冲间、接种间的紫外灯以及超净工作台鼓风净化系统及紫外灯 30 min，同时按照上一节内容对外植体进行表面清洗灭菌处理，待紫外灯关闭后，保持工作台鼓风状态下，将灭菌外植体放入超净工作台漂洗待用。

(三)观看操作演示

于环境灭菌或培养基冷却待用期间，集中观看教师接种演示或接种视频，记录环节流程、操作技法与注意事项。之后分配到超净工作台的小组进入下一环节，其余小组在制备间或教室内使用相似材料工具如水琼脂等反复模拟练习无菌操作。

(四)人员卫生消毒

进入实操环节的小组人员在缓冲间内换上干净的实验服，戴上口罩、鞋套、帽子等，头发、衣摆、裤腿等过长者必须束好或套入帽子、实验服内。

修剪指甲，锉平甲缘，清除甲下污垢，取下手表或饰物，卷袖露腕，完成以下洗手动作：

①冲淋沾湿双手(图 4-4A)；

②取适量洗涤消毒液(图 4-4B)；

③掌心相对，手指并拢，划圈相互揉搓(图 4-4C)；

④手心手背相对，沿指缝相互揉搓，之后交换进行(图 4-4D)；

⑤掌心相对，双手交叉指缝相互揉搓(图 4-4E)；

⑥弯曲手指，使关节在另一手掌心旋转揉搓，交换进行(图 4-4F)；

⑦一手握另一手拇指旋转揉搓，交换进行(图 4-4G)；

⑧将一只手 5 个手指尖并拢放在另一手掌心旋转揉搓，交换进行(图 4-4H)；

⑨一只手握另一只手手腕旋转揉搓，交换进行，然后冲洗干净(图 4-4I)。

若使用专用或医用洗涤消毒液，则揉搓 20 ~ 30 s，洗手时间 1 min，若使用一般洗手液或肥皂，时间应延长至 2 ~ 3 min。洗手后自然晾干或用无菌纸巾擦干，避免用毛巾等擦拭造成二次污染。晾干后可直接进入下一步或戴上干净的乳胶手套。

二、无菌操作

无菌操作分组进行，超净工作台每一工位两人轮换操作，一人操作时，另一人观摩并协助移送外植体等材料及接种完的培养瓶。

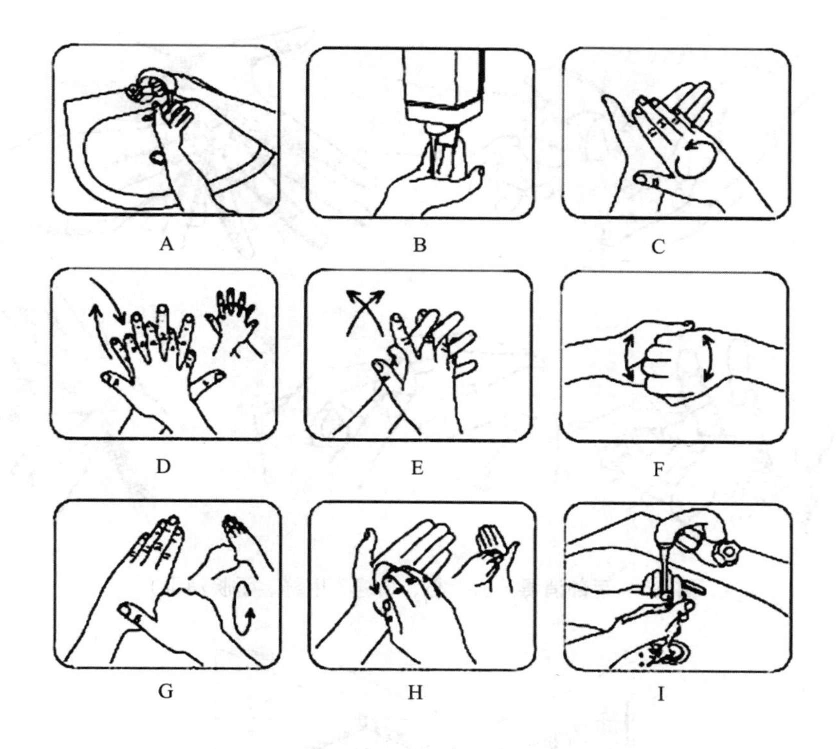

图 4-4 手部清洗步骤

(一)手部消毒

调整超净工作台鼓风至适宜操作的风力强度，用小喷壶向超净工作台附近半空中喷洒数次医用酒精，再向手心喷洒适量，取消毒棉布或棉球，从指尖到手腕擦拭整个手部，注意清洁各指缝、指尖的甲缝，手腕至少擦拭二指宽部分，一般要求操作时进入操作台平面且裸露在外的手部皮肤或手套部位均应进行消毒。若在操作途中手部移出超净工作台台面，再次进入时须重复此消毒步骤(图 4-5)。

(二)工作面消毒

取酒精棉布或棉球，按照由内及外，顺鼓风方向，即由鼓风滤网至台面边缘的顺序擦拭台面，擦拭时注意向一个方向擦拭。打开包装工具盒的报纸，弃去，工具盒放于超净工作台上，接着擦拭要放置于台面上的所有物品，包括工具盒外侧、消毒器、酒精灯、废物废液烧杯、漂洗烧杯、无菌水瓶、打火机、有培养基的培养瓶或空培养瓶等的外表面等。待酒精干燥后接通设备电源(图 4-6)。

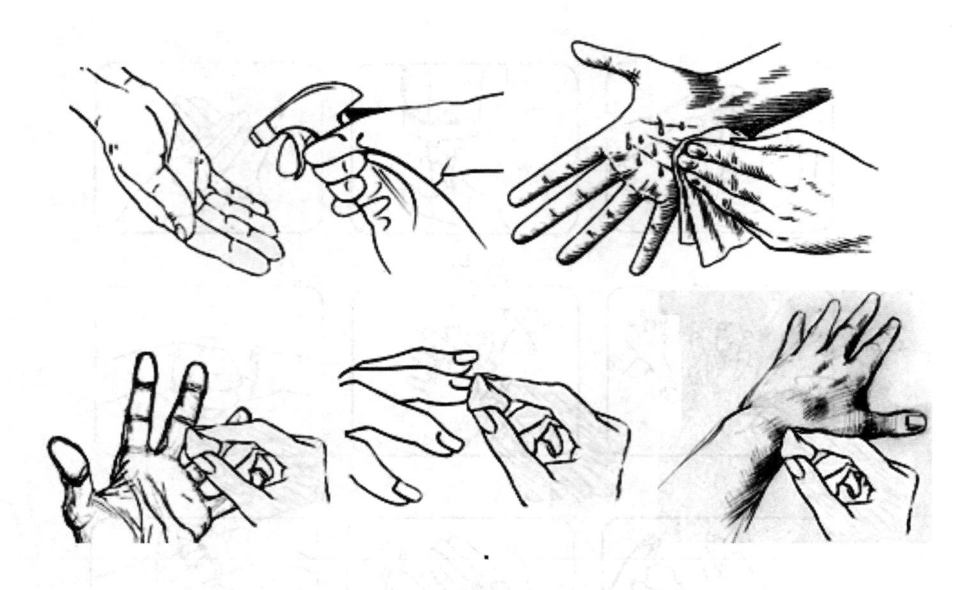

图 4-5　手部消毒（示手心、指缝、甲缝、手腕消毒）

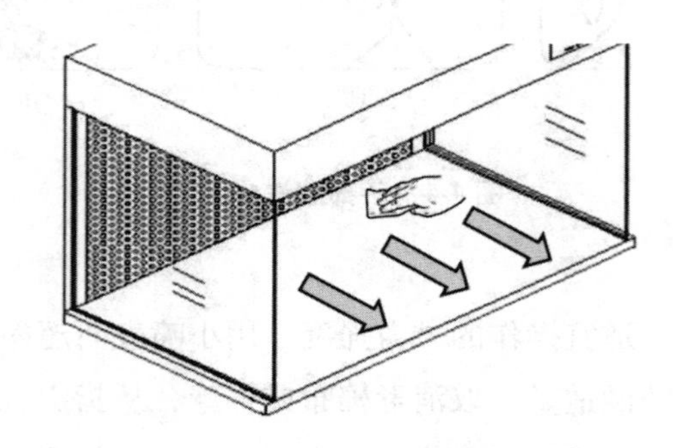

图 4-6　超净台台面消毒擦拭方向

(三)摆台

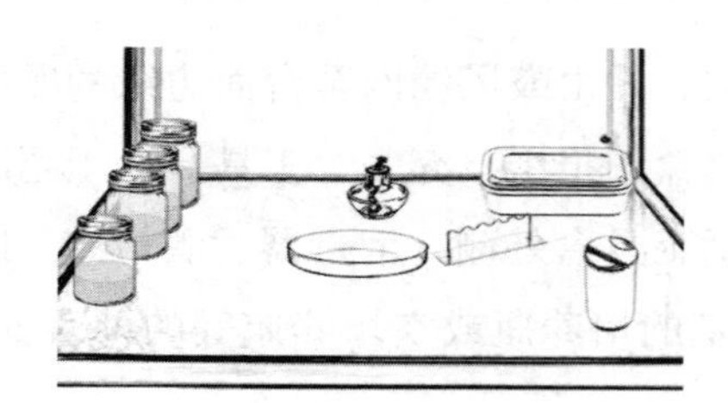

(1)摆放：将装有75%酒精的消毒瓶、冷却架、无菌吸水纸工具盒等放置于台面上惯用手一侧，培养基、材料瓶、无菌水等其他物品放置于相对一侧，把无菌培养皿或工具盒盖等作为接种盘一起放于人员正前方，酒精灯朝内，接种盘朝操作员紧挨酒精灯放置

（续）

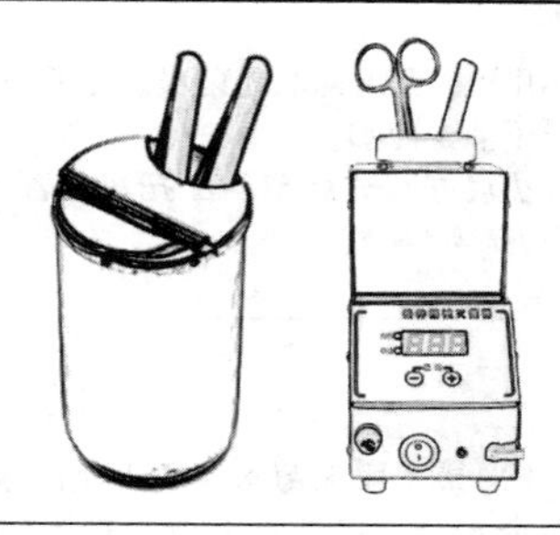

(2)浸泡/加热：打开工具盒，取出工具放入消毒瓶内浸泡，待点燃酒精灯后将工具取出擦拭。或打开器械消毒器，待温度达到200℃后放入工具，数分钟后取出摆架冷却。
提示：酒精瓶内酒精液面应浸没器械3/5 以上，取出工具时稍沥干酒精，应准备多套工具轮换使用，以保证使用完毕的工具再使用前有足够的灭菌时间

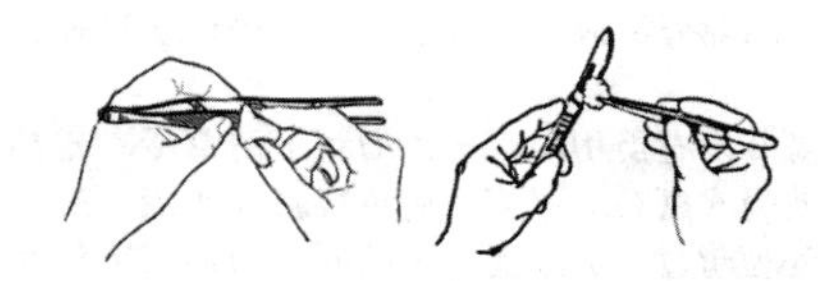

(3)擦拭：酒精灯消毒时，先取酒精棉球从内到外、从尖端到末端擦拭镊子，再使用镊子夹取酒精棉球擦拭其他工具以及接种盘。
提示：重点消毒器械夹缝及连接处

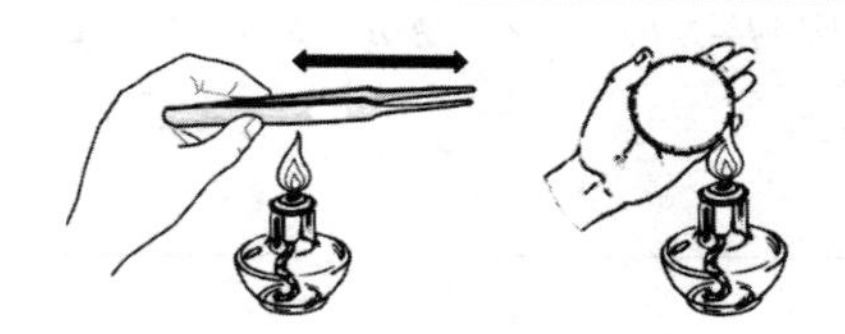

(4)过火：擦拭过的工具手持其末端，将其尖端至快到手持处置于酒精灯火焰上往复灼烧数次；接种盘内面用火焰往复燎烤数秒。
提示：器械沥干酒精再灼烧；金属传热快，勿灼烧时间过长，以免烫伤

(5)冷却待用：将经高温消毒过的工具按顺序摆放于冷却支架上，接种托盘置于原位，按图示调整支架于顺手又接近酒精灯且不影响接种操作的位置，准备接种操作。
提示：工具先端应朝向内鼓风或酒精灯方向摆放，接种使用部分不要接触支架或台面

(四)茎段接种

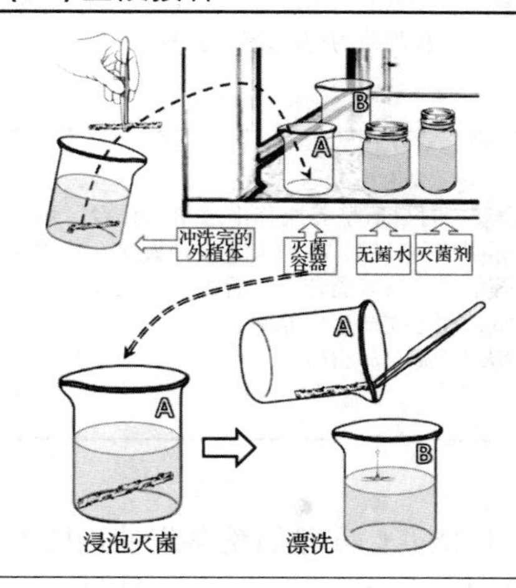

(1)漂洗外植体：将表面修整冲洗好的茎段拿至超净工作台边缘，用无菌镊子夹起并迅速移入作为灭菌浸泡的烧杯A，接着打开灭菌剂盖倒入灭菌剂浸泡处理，按消毒计划计时，到时间后，倒出灭菌剂至废液烧杯B，用无菌水漂洗数次，同样将洗液弃入废液缸B。
提示：此步骤外植体由有菌至无菌，转移时尽量沥干外植体表面水分；所用无菌镊子等器械每次使用后都应灭菌，以确保无菌环境；使用完毕的容器及废液等及时移出超净台

（续）

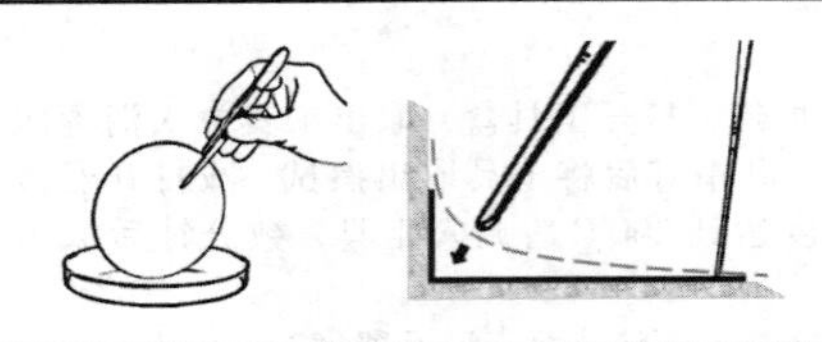

(2)取吸水纸。用灭菌镊子夹取无菌吸水纸平铺紧贴于接种盘上，之后镊子消毒冷却。

提示：吸水纸大小最好事先修整匹配托盘，若不平整(虚线)用器械沿底边压实(实线)

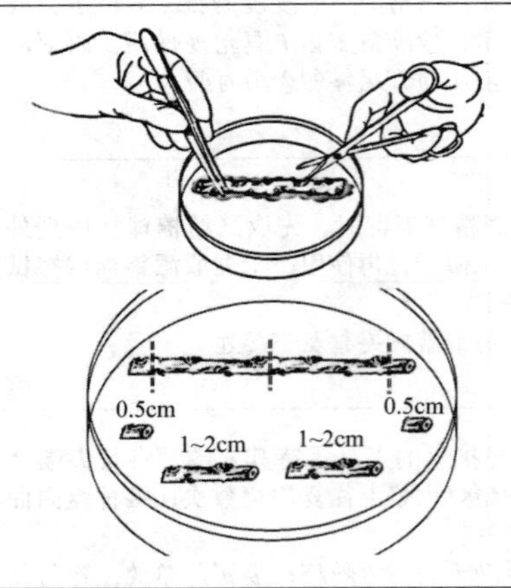

(3)茎段处理。干净镊子取无菌水漂洗干净的茎段，无菌吸水纸上去除多余水分，接种盘上剪去首尾切口两端各0.5 cm，中间部分剪成1~2 cm小段，操作要迅速，剪口利落。

提示：取新茎段时换用新镊子，旧镊子消毒冷却轮换，切分新茎段或吸水纸沾湿过多，应更换新吸水纸，换人操作或外植体处理超过一定数量，还应同时消毒或更换新接种盘，取新吸水纸后再进行下一轮接种，以免交叉感染杂菌。对于特别柔嫩的外植体，使用手术刀切分外植体培养效果更佳。

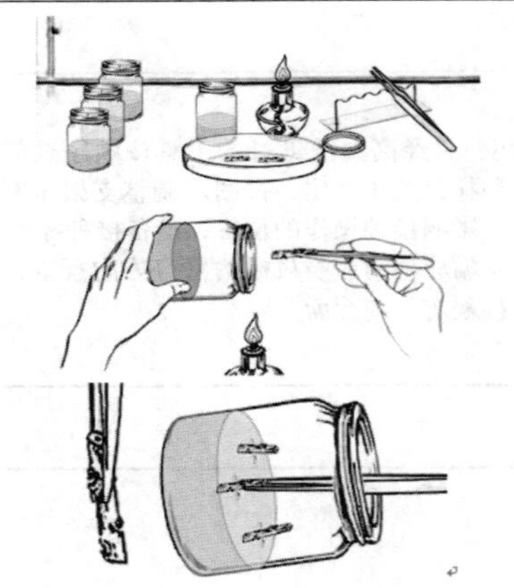

(4)接种。打开培养基瓶封口，封口用膜、纸、盖等，靠鼓风或酒精灯无菌区摆放，内侧不可接触台面。一手持培养瓶底，横向，瓶口置于酒精灯外焰上方无菌区内，旋转烘烤瓶口数秒；用干净镊子取处理好的小茎段，横向平行将极性末端插入瓶内培养基，深度约1/2茎段长，根据情况每瓶可接入1至20个茎段。接完后无菌区内重新封好接种瓶。

提示：要求动作轻快，不带起过强的气流，操作时避免手部或其他物品经过无菌接种盘或培养基的上方，各物品在操作中不移动或少移动，主要材料不往复移动；每瓶接完后更换工具；若极性先端倒插会影响培养

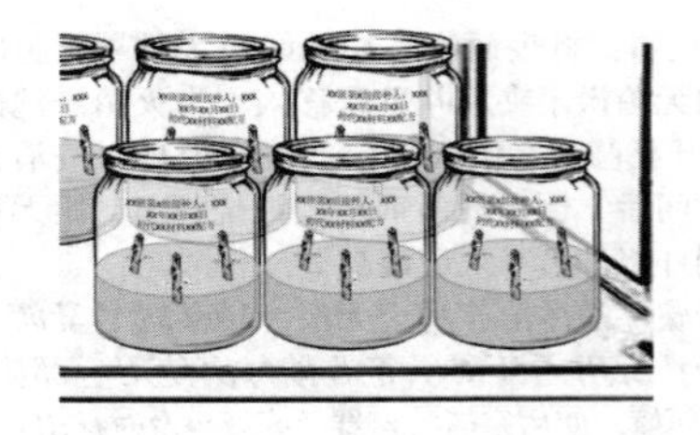

(5)标识摆架。封口后培养瓶移出超净工作台，用记号笔在瓶身上标明接种日期、接种人、接种材料、培养基以及批次编号等信息，放入周转筐内后统一运入设定好环境条件的培养室，顺序摆放至培养架上。

提示：可用编号简化标识内容

三、清理现场

关闭所有设备，各组将各自所用废液废渣集中处理倒弃，安排清洗各组使用的器皿工具及服装等，超净工作台面恢复原状。最后安排值日组，清理现场，设备用具归位，现场

表 4-4　无菌操作记录表

组别	外植体名称	培养批次	培养基配方	培养阶段	接种数量	接种日期	接种用时	污染情况	接种人签字

整洁，除污染情况外记录填写完整(表 4-4)。

四、讨论与评价

接种后各组自检任务完成情况及记录，并分析讨论操作存在的问题；教师复检后挑选典型情况点评，至继代前各组每周按时检查培养情况，组间互检接种效果及污染情况，讨论后做书面记录与改进方案。

【知识链接】

一、无菌操作规程

①制订生产计划，确定培养类型、工艺流程、人员安排、置备所需材料器具；

②外植体选择与预处理，配制培养基，与接种工具等一道湿热灭菌，一周内使用；

③定期环境灭菌或在无菌操作前一天做彻底环境灭菌；

④无菌操作当天先采取外植体，修整并进行表面灭菌，同时将工具培养基等材料放入接种间，之后打开缓冲间、接种间紫外灯，打开超净工作台鼓风及紫外灯 30 min；

⑤关闭所有紫外灯后，人员于缓冲间换衣洗手进入接种室，将表面处理外植体放入；

⑥接种室内对环境、手部、外植体消毒容器、工作台面做全面擦拭灭菌，摆台调整到位；

⑦接种开始：外植体灭菌漂洗→吸干水分→修整→剪切为合适大小→打开培养基瓶→外植体接入→封口；

⑧标记接种瓶，整理后培养间内摆架；

⑨清理并记录。

进出无菌区时注意关门，且避免过于频繁地出入；为防止对流带入杂菌，任何时候缓冲间及接种间的门不应同时打开，需在关闭一道门后再打开另一道。

二、继代培养接种

继代培养接种是指使用已无菌培养后的植物材料作为外植体，为进行增殖培养或分化培养等而进行的无菌接种环节。由于外植体已经处于无菌环境中，故不需再进行外植体灭菌环节。

①无菌接种前准备工作除不需外植体及其灭菌外同初代培养接种；

②在关闭紫外灯后，将装有需要继代培养外植体的培养瓶放入超净工作台；

③依序进行环境、手部、台面及包括装有外植体培养瓶等物品的表面灭菌处理并

摆台；

④接种：打开外植体瓶→取出外植体→去掉多余培养基→切分成适当大小→更换工具→打开新培养基瓶盖→将外植体接入新培养基瓶→封口；

⑤标记摆架。

在继代培养转接中，旧培养基容易沾染工具，应准备足够的工具、无菌纸等，使用完毕的器械要彻底仔细清洗。

三、接种方法

一般植物器官及组织可使用平插与竖接两种方式：平插是左手将接种瓶横向拿起，右手用镊子将切分好的外植体水平插入培养基，因此瓶内不易落入污染物，操作比较灵活，效率高，但只适用于固体培养基，且接种的是有一定强度、形状，能稳固插入培养基的外植体，如茎段、叶片、花梗等；竖接是将培养基瓶打开后放于桌面上，将切分好的外植体垂直放入或插入瓶内培养基，并用工具轻压外植体使之紧密接触培养基，此法污染可能性略高，且操作不够灵活，但通用于几乎所有外植体类型，并且适用于液体培养基接种。接种类似于扦插，若外植体有极性，如茎、根、叶等，接种时应顺其极性，使其培养时极性先端朝上，极性末端朝下，或平放亦可。

较小的种子、花药、花粉作为外植体接种时，除灭菌后抖落于培养基上，亦可使用液体接种：取无菌水，将细小的外植体按接种量放入其中，搅动充分分散后用口径大于外植体直径数倍以上的滴管或取样器，吸取固定剂量的分散相液体，注入培养基瓶内。若是液

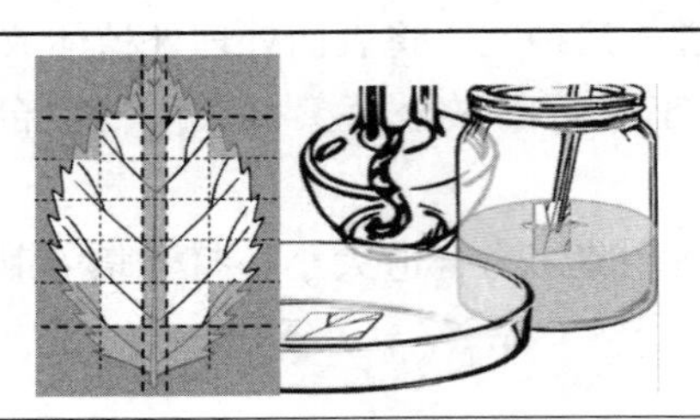

叶片接种：外植体灭菌漂洗并吸干水分后截去阴影部分的叶尖、叶基、中脉等，再切分为0.5~2 cm见方带支脉小块，竖插入培养基，封口标记。部分叶片也可平放并紧贴在培养基上

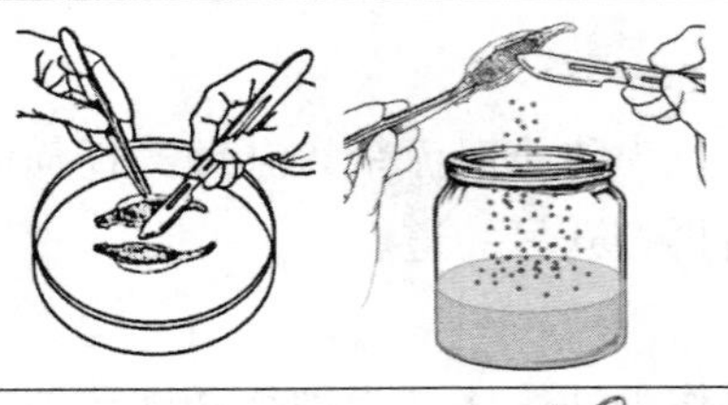

兰科种子接种：完整饱满无裂果实灭菌漂洗沥干后，在无菌托盘上用手术刀纵切两半，打开培养瓶，将果实内含种子适量刮落至培养基上，轻轻震荡，或灭菌器械辅助使之密切接触培养基，封口标记

继代培养接种：扩繁时将外植体根据大小及培养需要切分成数份，要求尽量顺芽、芽丛或生长点之间的缝隙切分，切分时每份至少保留一个或以上的完整生长点，并且基部带有一定量未分化组织。生根及壮苗继代培养时只需将小丛苗分开，直接放入新培养基

体培养基，振荡摇匀后封口于摇床上培养；若是固体培养基，振荡或使用涂布棒分散接种液体，使细小的外植体均匀分布于培养基表面，之后封口培养。

四、注意事项

①工具的选择以手握方便，伸入相关操作容器最深处时，容器口离手握持处至少2 cm为宜，外植体较小、柔弱、纤维少时，以短柄、尖头、不带或微带齿工具为宜；反之则以长柄、钝、圆头、带较明显防滑齿或锯齿工具为宜。使用工具时应用力适当，防止对外植体造成机械损伤。

②接种用具的更换应考虑避免交叉感染且兼顾效率，但一般每工位至少应备齐3套以上。

③接种时尽量避免说话、人员走动等，保持坐姿正直，头不要伸入半开放式超净台内。

④工具应充分冷却以免灼伤外植体，时间紧张时可在无菌培养基上轻点散热，但会造成培养基沾染工具，之后须在酒精灯上完全灼烧掉以避免交叉污染。

⑤凡涉及无菌操作的工具器皿或其部分，皆不可在操作中接触或移出台面，包括手部在内，移出台面都需重新进行灭菌过程方能移回，在接种任务繁重时，为保证效率，应事先规划好各材料工具及接种瓶进出、摆放的路线和位置，安排好交接班。

⑥根据经验，规律规范的组培空间定期灭菌，维持良好的组培室整体清洁无菌环境能够降低无菌操作中灭菌及控制污染的压力，可以更加有效地将污染率维持在较低水平。

五、超净工作台的使用

超净工作台是用鼓风机将通过多级过滤设备净化之后的洁净无菌空气，以饱和密集气流的形式不间断吹拂过台面及台面上方操作空间的设备，对标准化的组织培养无菌操作是不可或缺的关键设备。

市售超净工作台根据工位数量可分为单人、双人、多人型；根据工位配置可分为同向及对向型；根据超净气流的吹拂方向，分为垂直流与水平流两类；根据工作空间与外界环境的分隔程度又可分为全封闭式与半封闭式两类(图4-7)。通常控制面板分为：①电源系统：总开关；②光系统：照明灯开关、紫外消毒灯开关；③风力控制系统：开关键或“+”“-”调整风力等级键(图4-8、图4-9)。

不同超净工作台提供的无菌级别范围亦有所不同，购买使用前应做相应了解，无菌级别较高的全封闭式超净工作台工作便利程度逊于半封闭类型，但由于较高无菌级别常可保持较低污染率，能减少环境消毒次数或不使用酒精灯等辅助灭菌工具。

六、酒精灯与无菌区

超净工作台能够过滤空气中的杂菌、孢子等，但过滤效果并不能绝对保证达到100%，尤其当超滤网工作一段时间后。此外，半封闭超净工作台由于与接种室空间有大面积接触，人员动作等引起的局部气流、衣物表面黏附的少量杂菌及其孢子仍有几率进入无菌接

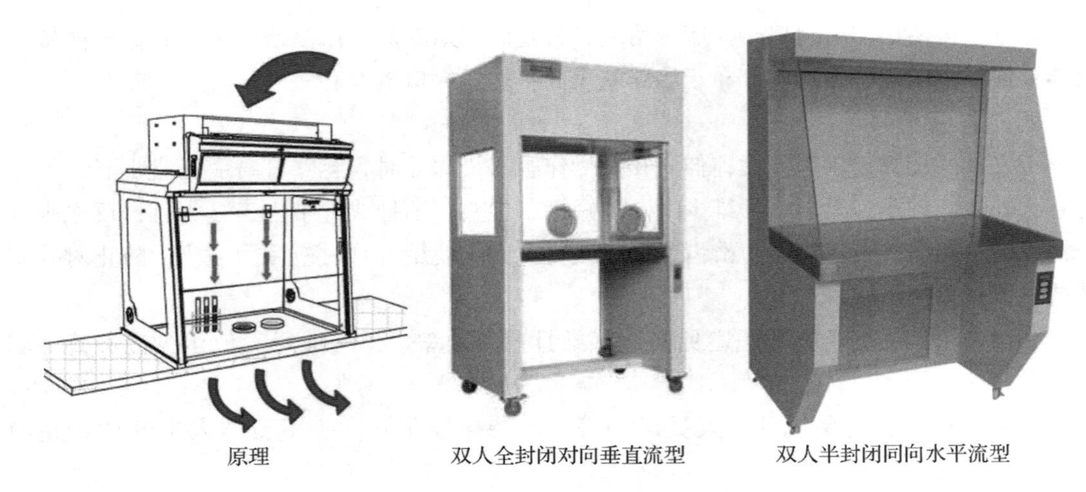

图 4-7　超净工作台原理及类型

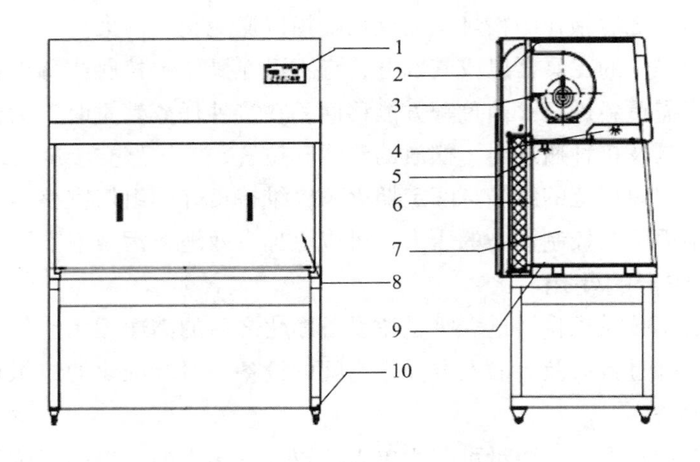

图 4-8　超净工作台结构

1. 控制面板　2. 初效过滤器　3. 风机　4. 照明灯　5. 杀菌灯　6. 高效过滤器
7. 夹胶玻璃　8. 防护玻璃　9. 不锈钢台面　10. 万向轮

种操作范围。因此接种中常使用酒精灯辅助建立无菌区：当酒精灯燃烧时，灯焰燃烧消耗氧气并加热灯焰周围空气至高温，受热的空气上升，酒精灯下方的空气又补充流向灯焰，则灯焰上方锥形空间内的空气都经过灯焰高温灭菌，此区域即为辅助无菌区。接种时在此区域操作可降低污染几率。超净工作台为水平流时，无菌区随火焰略有偏转。若环境灭菌到位，超净台过滤效率高，亦可不用酒精灯辅助(图 4-10)。注意：在超净工作台上进行各类操作时，医用酒精勿直接接触或喷向燃烧中的酒精灯，勿将酒精未沥干的器具置于火焰上加热，出现酒精灯爆燃、破裂、酒精泼洒燃烧等情况，应立即关闭超净工作台及消毒器电源，并用大块湿毛巾盖灭。

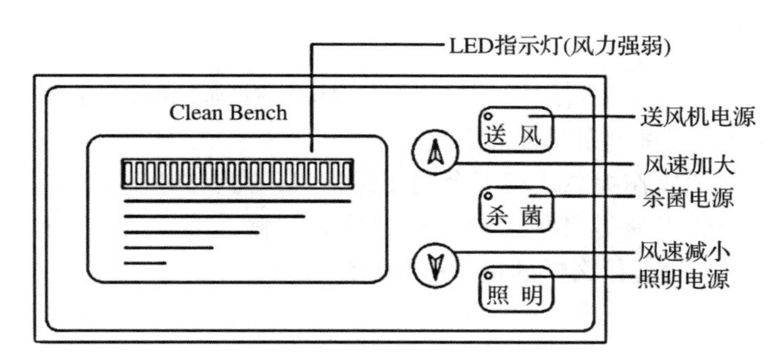

图 4-9 超净工作台控制面板示例

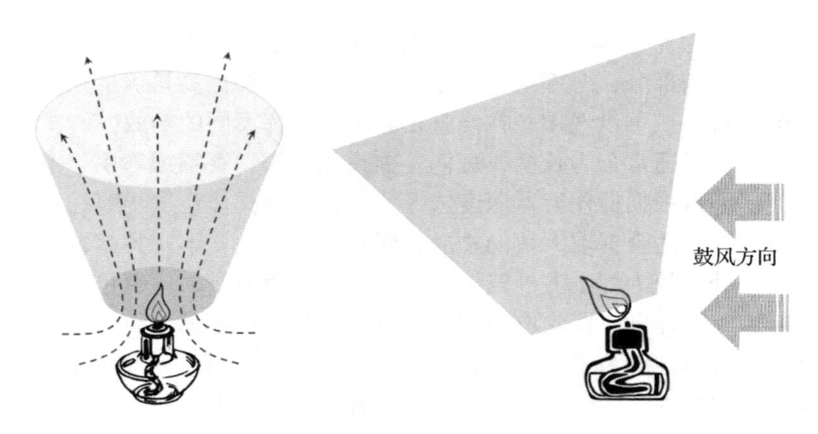

图 4-10 酒精灯产生辅助无菌区示意图

七、考核评价标准

考核评价标准见表 4-5。

表 4-5 考核评价标准

评级	计划	准备	灭菌	接种				时间(min)	污染率(%)
				外植体	操作	效果	标记		
优	恰当且具体，流程详细	流程、操作准确	符合规范，准确迅速	规格合适，节约材料	规范、迅速、有条理	位置恰当，接种稳固	准确全面	<10	<10
良	恰当，有考虑一些细节	流程、操作正确	符合规范	规格合适	规范、迅速	外植体稳固	准确	<15	<20
合格	可操作，但不够具体	流程、操作基本正确	基本符合规范	规格较为合适	基本符合规范	外植体基本稳固	基本准确	<20	<30
不合格	可操作性差	流程操作有不正确项	不符合规范	过大或者过小	有不符合规范项	外植体不稳固	未标记或标记错误	>20	>30

【问题探究】

1. 若接种后产生污染，污染菌斑以外植体为中心蔓延，或以培养基上任一点蔓延，则有可能是无菌操作中的哪些环节出了问题？

2. 试考虑哪些无菌操作提高效率即会增加污染率，在实际操作过程中应如何平衡？

3. 若换用试管或锥形瓶等其他形状规格的培养容器、工具以及接种操作方法，会有哪些改变？这些容器各适合什么样的接种操作与培养？

【拓展学习】

外植体的修整切分

不同植物材料作为外植体时有不同的修整与切分方法，植物体同一部位上也会有一个以上可以作为外植体的部分，合理地进行修整与切分，能够提高培养的质量与效率；同样也有大量不同的接种器械可供选用，在修整切分时可发挥不同的功效。

接种器械中，镊子通常分为长柄或短柄、钝头或尖头、直嘴或弯嘴、有齿或无齿、弯柄或直柄等大类。通常根据操作容器深度选择柄长，短柄操作精度更高，手易疲劳，长柄反之；钝头接触面大，适合夹取大块的物品，同时受力面大，不宜掉落或损伤外植体，尖头则反之，常用作处理较为细小的外植体；直嘴操作利落简便，弯嘴可适用于更小角度的处理或加大接触面，亦能做一些勾取操作；有齿镊子夹取更牢靠，但齿过大过深易损伤外植体表面，同时不易清洗或消毒；弯柄构造一般用于长柄镊子，有利于提高操作舒适性，以及消毒、摆架的便捷性。切分工具主要是手术剪刀及手术刀。手术剪刀的主要类别在于刀口和柄的长短，较长时操作省力，但灵活性不足，较短时则相反。此外，剪取动作都会在一定程度上挤压外植体，对切口附近的组织有一定影响，但效率比刀类高。手术刀又分为定柄以及组装两类，组培操作过程中一般不换刀头，两者在使用上无太大区别。常用刀头一般又分为弧形刀口及直刀口两类，弧形刀口易于切分较为硬挺的材料，而直刀口处理柔嫩材料或划开种皮、芽等结构时更为简便。除此之外也有接种针、接种棒可以辅助挑、剥、刮、推、点、戳等动作，在处理芽点、细小种子等外植体时尤为有用。这些常用工具，应根据具体的操作情况进行配备，熟练操作以提高效率。

除操作部分所述处理方式外，在生产中，茎叶类外植体一般遵循以下切分规律：对于节较为明显的茎秆、花梗类外植体或需要芽的外植体，可按节切分；对于复叶类外植体，可以沿着叶心散射出的支脉线，避开主脉，按叶柄同心圆与辐射线相交形式切分成大小相近的数；披针形等狭长叶片，可以横切数份大小相近的量。同一外植体上可有多个适用于外植体的部分，如图 4-11 中草莓的匍匐茎端，从上至下可以以幼叶、顶芽芽点、侧芽芽点、茎段作为外植体，在材料较少时可以尽量充分利用母本材料。外植体切分以及修整的大小主要考虑效率以及培养效果的平衡，外植体较大则较易于培养，但培养数量减少，若切分太小，则外植体受伤的面积相对大，不利于其形态重建。

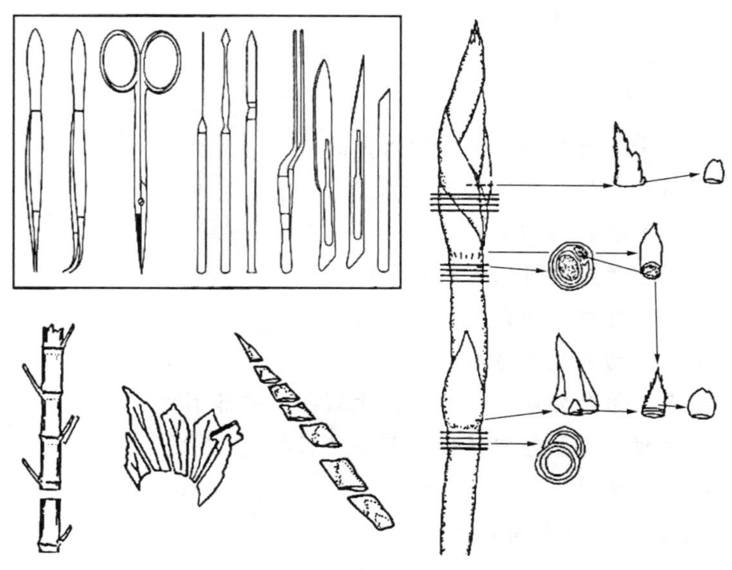

图 4-11 外植体接种常用工具及处理示意图

【小结】

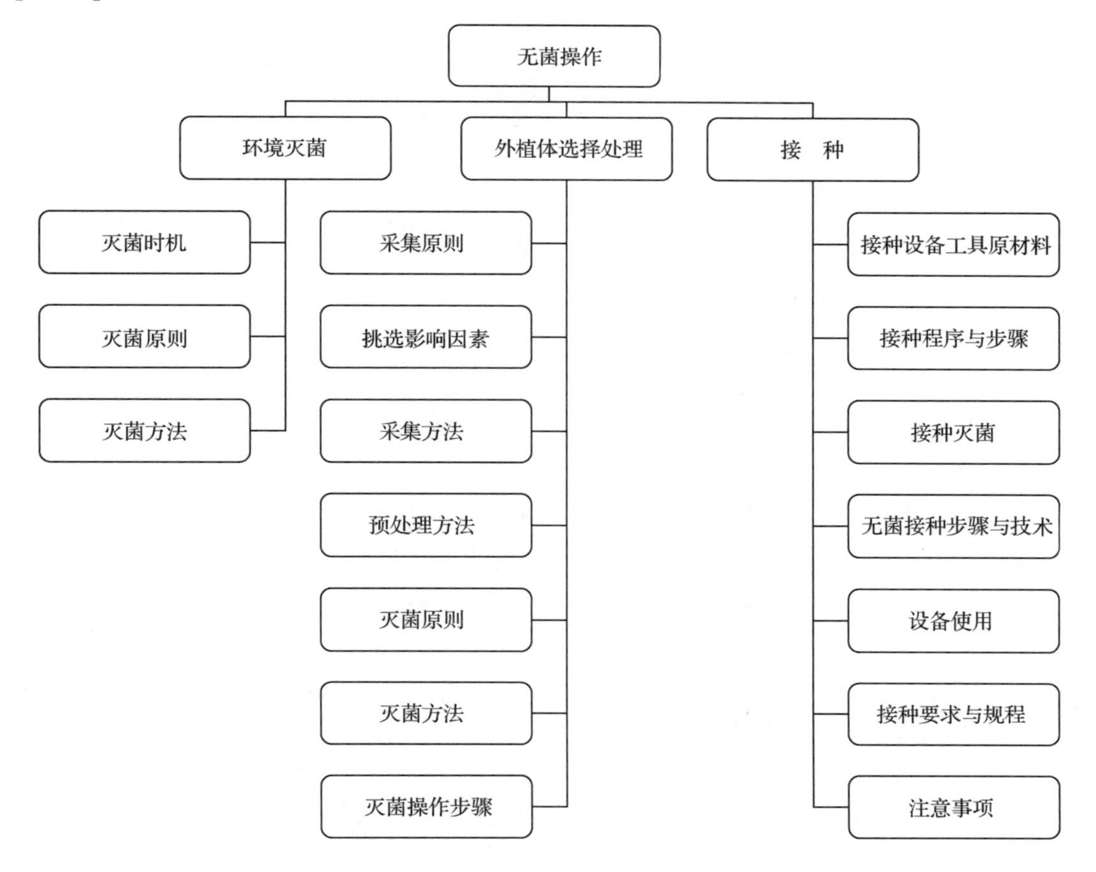

【练习题】

判断题

1. 每次接种前都必须进行实验室环境灭菌。 (　　)
2. 熏蒸环境灭菌比紫外线环境灭菌彻底。 (　　)
3. 喷雾可以作为环境灭菌的主要方法。 (　　)
4. 选择外植体无需考虑其母株的生长环境。 (　　)
5. 外植体灭菌时不要求灭菌剂浸没植物材料。 (　　)
6. 修剪外植体时，切分越多越好。 (　　)
7. 迅速拿取超净工作台外培养基瓶后，无需再做手部消毒。 (　　)
8. 外植体接种过程中需要经常更换灭菌接种工具。 (　　)
9. 继代接种一般无需对外植体进行灭菌。 (　　)
10. 酒精灯内焰部分消毒灭菌效果最好。 (　　)

项目五　试管苗驯化移栽

【学习目标】

终极目标：

掌握试管苗驯化移栽技术，提高移栽成活率。

促成目标：

1. 充分了解试管苗培养生态环境与自然环境的差异；
2. 掌握试管苗驯化移栽的程序；
3. 清楚常用基质的种类、特点、配合比例与消毒方法；
4. 掌握不同驯化阶段对光、温、水湿条件的需求。

工作任务一　试管苗驯化移栽

【任务描述】

驯化是指植物由一种生长环境转移到另一种差异较大的生长环境的适应过程。试管苗在培养瓶中与温室的条件差别很大，主要是培养瓶中无菌、有营养供给、温度稳定、湿度高、光照较弱等。为了使试管苗适应移栽后的环境并进行自养，必须要有一个逐步锻炼和适应的过程，通过增加小环境湿度、减弱光照、降低温度等变化，逐渐降低湿度、增加光照、增加温度至自然状态。通过这样的湿度由高至低、光照由弱至强、温度由低至高的炼苗过程，使它们在生理、形态、组织上发生相应的变化，逐渐适应外界的自然环境，最终达到提高试管苗移栽成活率的目的。

本任务是在充分了解组培苗解剖、生理特性及其与培养环境关系基础上，提供适宜条件，使组培苗逐渐适应与常规栽培相似的环境，培养出生长健壮的种苗。具体按照炼苗→洗苗→移栽→栽后管理的程序分步进行。

【任务实施】

一、操作前准备

（一）计划

学生分组操作。各小组根据任务，制订移栽基质配制、消毒、场地平整及光、温、水湿条件准备等计划，制订操作流程，做好人员分工。

（二）准备

1. 场地

（1）炼苗　塑料大棚内根据不同植物对光的需求铺设遮阳网。地面要求平整，组培瓶可直接摆放在地面或隔间较高的层架上。

(2)圃地移栽　塑料大棚或露地均可。用砖砌高40 cm左右、宽1.2 m左右、长度视地形及操作方便而定的栽培槽，槽内铺20~30 cm厚的灭过菌的基质。槽上搭高1 m左右的小拱棚，上铺塑料薄膜，视需要铺设不同透光度的遮阳网。

(3)容器移栽　搭高1~1.5 m、宽1.2 m的拱棚，长度视地形及操作方便而定。拱棚上铺塑料薄膜，视需要铺设遮阳网。棚内底面铺5~10 cm厚沙、煤渣等滤水材料，再在上面铺一层地布，移栽时将容器置于地布上(图5-1)。

图5-1　炼苗场地

2. 设备用具

洗苗用大盆、塑料网框、铁铲、容器(穴盘或营养钵)、镊子、竹签或木棍、喷雾器或自控喷灌系统。

二、炼苗

移栽前将培养瓶置于炼苗场地，不开瓶盖置放2~3 d，接受与移栽所需基本一致的光照。然后将瓶盖拧松后摆放1~2 d，再将瓶口全部打开炼苗2~3 d，以逐渐适应较低的湿度。对于部分根系极细弱、茎较嫩、叶易失水萎蔫的组培苗，不宜开瓶口炼苗，而宜直接移栽。

三、洗苗

炼苗后，用镊子从瓶中取出生根苗，用自来水洗去附着于根部的培养基，以防滋生杂菌。洗苗后于阴凉处滤水约10 min后便可直接移栽，或再在0.1%~0.3%的高锰酸钾或多菌灵等杀菌剂溶液中浸泡10~30 min，然后用清水清洗后移栽。

四、移栽

移栽时先将基质浇透水，然后用适宜大小的竹签或木棍于基质中插一小孔，将组培苗放入孔中，将苗周围基质稍压实，使苗立稳。

五、移栽后管理

(1)温度控制　喜高温的植物温度维持在25℃左右，喜凉爽的植物温度控制在18～20℃。

(2)光照控制　移栽的组培苗前期要遮阳，后期逐渐增加光照，以散射光为主，根据不同种类的需求，将光照控制在适宜的范围内。

(3)湿度控制　移栽后5～7 d内，盖严薄膜，使棚内保持90%以上的空气湿度，1周后逐渐降低湿度，7～10 d后要注意通风和补充浇水。营养钵的培养基质要浇透水，所放置的床面也要浇湿，并且初期要常喷雾处理，保持拱棚薄膜上有水珠出现。后期减少喷水次数，将拱棚两端打开通风，使小苗适应湿度较小的条件。约15 d以后揭去拱棚的薄膜，并逐渐减少浇水，促进小苗粗壮生长。

(4)病害控制　每隔7～10 d喷一次杀菌剂，如多菌灵、百菌清、甲基托布津等。

(5)追肥　喷水时可加入0.1%的尿素，或用1/2 MS培养基的大量元素的水溶液作追肥，追肥浓度一定要根据不同的植物而定，因有少量植物极不耐肥，在很稀的浓度下仍会造成肥害。20～40 d新梢开始生长后，小苗可转入正常管理。

六、讨论与评价

小组自检任务完成情况，并分析讨论操作存在的问题；教师抽检、点评；最后小组间互评任务完成效果。

【知识链接】

栽培基质种类、配比及灭菌处理是组培苗移栽成败的关键因素。因此，要充分掌握不同基质的特点，使配制的基质具备透气性、保湿性和一定的肥力，容易灭菌处理，不利于杂菌滋生。

一、基质种类

试管苗移栽基质常选用珍珠岩、蛭石、河沙、草炭、腐殖土等。几种常见基质的物理性状见表5-1。

表5-1　几种常见基质的物理性状

基质	容重(g/cm^3)	总孔隙度(%)	大孔隙(%)	小孔隙(%)
河沙	1.49	30.5	29.5	45.0
蛭石	0.13	95.0	30.0	65.0
珍珠岩	0.16	93.2	53.0	40.2
草炭	0.21	84.4	7.1	77.3

(一)珍珠岩

来源：是含硅的矿物质在炉体中加热到760℃形成的质轻蓬松的颗粒体。

特点：一般80~130 kg/cm³。珍珠岩容重小，搬运方便，总孔隙度93%，可容纳自身重量3~4倍的水。其pH基本呈中性，阳离子代换量小，含有硅、铝、铁、锰、钾等的氧化物。它不易发生分解。

使用：珍珠岩一般不单独使用，单独使用时因质轻，浇水过猛易漂浮，不利于根系固定。多与其他基质混合使用，如珍珠岩与泥炭等混合。

(二)蛭石

来源：为云母类次生矿物，在1000℃炉体中加热膨胀，形成多孔的海绵状物体。

特点：蛭石质地较轻，96~160 kg/cm³，容重较小，总孔隙度很大，有良好的透气性和保水性，具有较高的阳离子代换量和较强的缓冲性能，能够暂时保存养分，其中还含钙、镁、钾、铁等成分。是较理想的基质种类。我国蛭石资源丰富，容重轻，搬运方便，保水和持水能力强，管理方便。

使用：育苗时可过筛使用。可以单独使用。

(三)河沙

特点：取材方便，资源丰富，成本低，透气性好，排水性强，但沙子容重大(1.5~1.8 t/cm³)，不便运输，热传导快，保水持水力差，易受河水污染，

使用：一般不单独用来直接栽种试管苗。一般选用粒径为0.5~3 mm的沙为宜。

(四)草炭

来源：草炭又称泥炭，是由沉积在沼泽中的植物残骸经过长时间的腐烂所形成的。

特点：质地细腻，持水和保水能力强，但通常通透性较差，泥炭富含有机质和营养物质，具有较强的缓冲能力。草炭用作基质，管理方便，成功率高。

使用：通常不能单独用来栽种试管苗，宜与其他基质混合形成复合基质，从而充分发挥各自的优势，弥补其不足。

(五)腐殖土

来源：是由植物落叶经腐烂所形成的。腐叶土含有大量的矿质营养、有机物质。

特点：性质和草炭相似。

使用：通常不单独使用。掺有腐殖土的栽培基质有助于植株发根。

二、复合基质的使用

炼苗一般均用复合基质，常用配比为：草炭土(腐殖土)∶珍珠岩=2∶1；草炭土(腐殖土)∶珍珠岩∶河沙=1∶1∶1；草炭土(腐殖土)∶珍珠岩∶蛭石=1∶1∶1。

三、基质消毒

基质在使用前应消毒灭菌。少量用高压灭菌，多时用烘烤、蒸汽、药物等方法。

(一)高压灭菌

1. 下排气式压力蒸汽灭菌器

下排气式压力蒸汽灭菌器是普遍应用的灭菌设备，压力升至103.4 kPa(1.05 kg/cm^2)，温度达到121.3℃，维持15～20 min，可达到灭菌目的。

2. 脉动真空压力蒸汽灭菌器

脉动真空压力蒸汽灭菌器已成为目前最先进的灭菌设备。蒸汽压力205.8 kPa(2.1 kg/cm^2)，温度达到132℃以上并维持10 min，即可杀死包括具有顽强抵抗力的芽孢、孢子在内的一切微生物。

(二)蒸汽消毒

此法简便易行，经济实惠，安全可靠。方法是将基质装入柜内或箱内(体积1～2 m^3)，用通气管通入蒸汽进行密闭消毒。一般在70～90℃的温度条件下持续15～30 min即可。

(三)化学药品消毒

所用的化学药品有甲醛、甲基溴(溴甲烷)、威百亩、漂白剂等。

1. 甲醛

40%甲醛又称福尔马林，是一种良好的杀菌剂，但对害虫效果较差。使用时一般用水稀释成40～50倍液，然后用喷壶以20～40 L/m^{3}水量喷洒基质，将基质均匀喷湿，喷洒完毕后用塑料薄膜覆盖24 h以上。使用前揭去薄膜让基质风干1～2周，以消除残留药物危害。

2. 氯化苦

氯化苦为液体，能有效防治线虫、昆虫、一些杂草种子和具有抗性的真菌等。一般先将基质整齐堆放30 cm厚，然后每隔20～30 cm向基质内15 cm深度处注入氯化苦药液3～5 mL，并立即将注射孔堵塞。一层基质放完药后，再在其上铺同样厚度的一层基质打孔放药，如此反复，共铺2～3层，最后覆盖塑料薄膜，使基质在15～20℃的温度条件下熏蒸7～10 d。基质使用前要有7～8 d的风干时间，以防止直接使用时危害作物。氯化苦对活的植物组织和人体有毒害作用，使用时务必注意安全。

3. 溴甲烷

溴甲烷能有效杀死大多数线虫、昆虫、杂草种子和一些真菌。使用时将基质堆起，然后用塑料管将药液喷注到基质上并混匀，用量一般为100～200 g/m^3。混匀后用薄膜覆盖密封2～5 d，使用前要晾晒2～3 d。溴甲烷有毒害作用，使用时要注意安全。

4. 威百亩

威百亩是一种水溶性熏蒸剂，对线虫、杂草和某些真菌有杀伤作用。使用时1 L威百亩加入10～15 L水稀释，然后喷洒在10 m^{2}基质表面，施药后将基质密封，半个月后可以使用。

5. 次氯酸钠或次氯酸钙

适于砾石、沙子的消毒。一般在水池中配制0.3%~1%的药液(有效氯含量)，浸泡基质0.5 h以上，最后用清水冲洗，消除残留氯。此法简便迅速，短时间就能完成。

【问题探究】

1. 炼苗基质不消毒会导致何种风险?
2. 化学灭菌的基质为何要充分晾晒?
3. 基质单独使用为何效果不好?

【拓展学习】

试管苗移栽易于死亡的理论基础

有的组培瓶苗移栽易死亡，可从瓶苗形态解剖及生理方面找到相关依据。

一、根

1. 根发育不全或与输导系统不相通

权俊萍等(2012)对薰衣草(*Lavandula angustifolia*)组培苗进行形态解剖时发现，瓶内生根培养后，组培苗的根系形态虽已形成，但根系内部结构较为混乱，组织分化不明显，组培苗移栽后多数根不能保持良好的生长状态，移栽苗形成的根系多为移栽过程中产生的新根。有的组培苗的根从愈伤组织上直接形成，其输导系统与茎的输导系统不联通，这样的组培苗移栽难以成活。在刺槐(*Robinia poseudoacaci*)(杜鹃等，2009)、覆盆子(*Rubus idaeus*)(Donnelly *et al.*，1985)、花椰菜(*Brassica oleracea* var. *botrytis*)(Grout *et al.*，1977a)等植物组培中均发现此现象。

2. 根无根毛或根毛很少

有的组培苗根系没有根毛，或根极细小，这类组培苗直接移栽较难成活，通常采用炼苗与生根同步于瓶外进行的方式以提高成活率(Debergh *et al.*，1981)。

二、叶

1. 气孔结构与功能不完善

气孔结构与功能不完善是造成组培苗移栽中加速水分丧失的主要原因。扫描电镜观察表明，组培苗气孔结构与温室及大田苗有明显差异，组培苗气孔突起，气孔保卫细胞变圆，而温室植株气孔则下陷，保卫细胞椭圆形，这一现象在北美枫香(*Liquidambar styraciflua*)(Wetzstein *et al.*，1983；Lee *et al.*，1988)、覆盆子(Donnelly *et al.*，1984b)、苹果(*Malus domestica*)(Blanke *et al.*，1989)、玫瑰(*Rosa rugosa*)(Capellades *et al.*，1990)、柑橘(*Citrus reticulata*)(Hazarika *et al.*，2002b)等组培苗均有发现。对薰衣草(权俊萍等，

2012)、菜用大黄(*Rheum rhaponticum*)(张有铎等，2010)、珠美海棠(*Malus × zumi*)(柴慈江等，2010)、苹果(Brainerd *et al.*，1982)、葡萄(*Vitis vinifera*)(曹孜义等，1987；柴慈江等，1995)组培苗进行形态解剖时发现，气孔密度、气孔大小及开张度等指标在培养瓶内、温室内及露地培养各阶段均存在显著差异，组培苗在培养瓶阶段气孔开张异常现象较明显，许多气孔不能关闭，移栽温室培养20 d后，气孔开闭功能才得以真正恢复。

2. 角质层不发达或无

叶表面角质层的主要功能是防止水分蒸发，其透水性则主要与表皮蜡质的数量与结构密切相关。经观测发现，温室苗叶表面蜡质层较瓶苗的多，花椰菜、甘蓝(*Brassica oleracea*)组培瓶苗叶片的蜡质层厚度仅为温室苗的25%，瓶苗叶表蜡质含较高酯类及极性化合物，而含较少的长链烃类化合物；由于极性化合物疏水性差，较长链烃类透水性强，因此瓶苗叶片水分散失更快(Sutter *et al.*，1982)。

3. 叶解剖结构稀疏

权俊萍等(2012)对薰衣草组培苗进行形态解剖时发现，瓶内培养阶段的组培苗叶片细胞较大，排列疏松，孔隙多；到温室驯化阶段，叶片厚度逐渐增加，海绵组织和栅栏组织分化逐渐明显，但叶片厚度、栅栏组织层数厚度仍显著小于露地栽培1年生的组培苗。花椰菜(Grout *et al.*，1978)、北美枫香(Wetzstein *et al.*，1982)组培苗均未发育出明显的栅栏组织。试管苗叶组织间隙大、栅栏组织薄，易失水，加之茎的输导系统不完善，供水不足则易导致萎蔫甚至干枯死亡(B. N. Hazarola，2006)。

4. 叶无表皮毛或极少

Donnelly(1984a，1984b)对比了覆盆子试管苗和温室苗叶表皮毛的类型和数量，前者在叶柄或叶脉中存在寿命极短的球形有柄毛和多细胞黏液毛，后者这种类型的毛极少，而单细胞毛较多；刺毛二者均有，但前者比后者少得多。试管苗叶表皮无毛或毛极少，或存在球形有柄毛和多细胞黏液毛，保湿性、反光性均差，故易失水。

5. 叶绿素含量及光合作用效率低

对花椰菜(Grout *et al.*，1977b)、草莓(Grout *et al.*，1985)等的研究表明，组培苗的叶绿素含量远低于温室中移栽4周后的苗，光合效率仅为温室苗的1/3。李朝周等(1995)用光合作用仪测定了葡萄试管苗、沙培苗和温室营养袋苗叶片的光合作用能力，发现试管苗叶气孔阻力小，蒸腾速率高，叶绿素含量低，弱光下净光合速率呈负值，而经炼苗的沙培苗和温室营养袋苗，气孔阻力逐渐增强，蒸腾速率下降，叶绿素含量增加，净光合能力增强。

【小结】

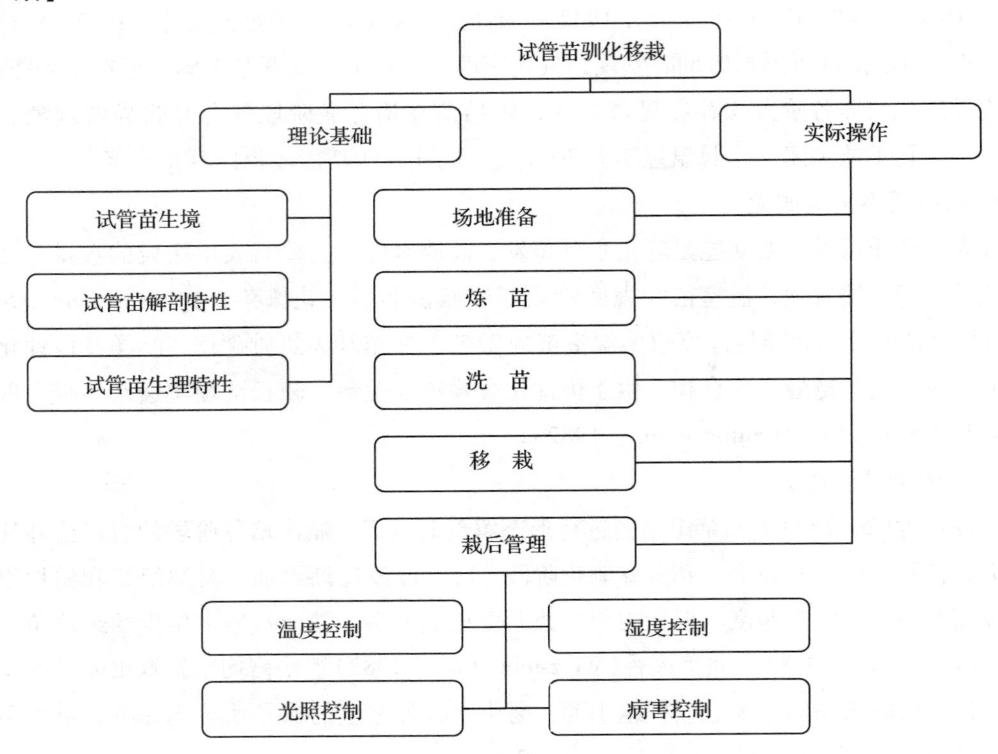

【练习题】

一、填空题

1. 组培苗炼苗前的光合作用能力较炼苗后(　　)。

2. 组培苗炼苗后需经(　　)后才能移栽。

3. 组培苗移栽初期，应使拱棚内湿度保持在(　　)以上。

二、判断题

1. 栽培基质用化学药品消毒，经薄膜覆盖 1~2 d 后即可使用。(　　)

2. 有少部分植物组培苗较细嫩且易失水，这类植物瓶苗不宜开瓶口炼苗，而应直接移栽后置于高湿度环境中培养，再逐渐降低湿度。(　　)

3. 组培苗驯化移栽后期均需强光照。(　　)

4. 组培苗易失水，与叶片表面蜡质层发达有关。(　　)

模块二

植物组培快繁生产与应用

项目六　组培试验设计

在大规模生产当中，组培方案设计不当会引起生产效率的降低和生产收益的减少，甚至会给整个生产带来无法挽回的损失，因此在规模化生产之前，大量的试验研究十分必要和关键。组培试验的实施首先离不开试验方案的设计，在组培试验设计的过程中不仅要考虑组培试验成功的可能性，还要尽可能优化试验条件，降低生产成本，以便获取产量和质量均能满足生产实践要求的组培苗。

【学习目标】

终极目标：

根据组培材料特性和组培要求设计科学合理的组培试验方案。

促成目标：

1. 了解植物组培快繁技术的基础理论知识，熟练掌握组培试验步骤和操作流程；
2. 掌握植物组织培养研究的技术路线，熟悉组织培养方案的撰写要求；
3. 学习文献资料的查询方法，依据组织培养材料特性筛选、分析相关资料；
4. 依据组织培养方案制订原则，灵活运用试验设计方法，制订组织培养方案；
5. 分析组织培养效果影响因素，制订优化组织培养方案。

工作任务一　设计组培试验方案

【任务描述】

设计组培试验方案是为了在进行组培试验之前，依据搜集的相关文献资料以及组培试验中总结的规律，制订出符合目标组织培养材料的供试方案。旨在培养学生或其他研究人员的创新精神以及团队协作能力，通过方案的制订，整体掌握植物组织培养操作的各个流程。

【任务实施】

一、前期工作准备

通过社会调查或资料的搜集选择具有研究价值或生产实践意义的物种作为组织培养的对象，明确该试验所要达到的目的和需要解决的问题。了解植物组织培养方案制订原则，组织培养各步骤中可调节因素的种类，以及方案制订当中应注意的问题。安排好人员分工和物品的准备工作。

二、文献查找和收集

针对选定的物种搜索目标植物组培快繁方面的资料，如果该物种本身具有新颖性，前人的生产与研究当中尚未涉及，可参考近缘物种搜索相关资料。与此同时，可以依据植物组织培养试验步骤，查找具体试验步骤方案设计对组织培养的影响。收集目标植物生理生化特性相关资料作为方案设计中培养基选定和调整的参考。

查找和收集参考文献的方式包括：

①从图书馆借阅专著或期刊，查找原始文献。

②网络途径：一些专业性网站(如中国组培网、植物组培网等)可获取组织培养文献、经验交流、最新研究成果或行业发展动态等信息；中文数据库(如中国知网、维普、万方等)和英文数据库(如 Elsevier，Springer 等)中通过关键词、主题、篇名等方式搜索文献资料；在百度学术或 Google 学术中可获得大量专著、期刊、学位论文和专利资料。

③对于无法查找到全文的文献，可通过 E-mail 的方式向作者索取全文。

④向组培行业相关专家或一线工作者寻访，记录相关信息。

对查找到的资料进行分类整理和筛选，进一步确定收集信息的准确性，为下一步方案的制订提供系统、可靠的资料。

三、分析文献

植物组织培养试验在许多情况下会因为组培材料或试验条件的细微差别而造成试验无法重复的现象，所以获得的文献资料或经验仅作为参考，具体实施时应依据实际情况做出相应调整。在分析文献时应注意：

①外植体的选择，包括来源部位、生理状态、发育年龄、取材季节、材料大小等；

②外植体处理的方式，包括预处理和灭菌处理两部分，其中灭菌处理应考虑灭菌剂种类、浓度和处理的时间；

③离体培养不同阶段选用的基础培养基类型和生长素、细胞分裂素配比；

④组织培养的温度和光照条件；

⑤驯化条件和移栽基质。归纳总结试验中曾经出现的问题，如玻璃化、褐化或其他污染现象，制订相应的解决方案。

四、方案设计

①试验的设计通常采用单因素、多因素和广谱试验等方法。

②依据文献资料信息和组培相关知识确定变量取值范围并确定梯度设置方式。

③讨论方案的可行性，或制订备选方案。

【知识链接】

一、组培快繁技术基础理论知识

(一)植物细胞的全能性

植物细胞与动物细胞不仅在显微结构上存在着差异，在细胞分化中也呈现出截然不同的两种状态。大多数植物细胞只要具有一个完整的膜系统和一个有生命力的核，即使已经高度成熟和分化，仍能够保持着回复到分生状态的能力，而动物细胞的分化是一个不可逆的过程。

在植物体中，无论是体细胞还是性细胞，离体之后在一定的培养条件下都能够像受精卵一样发育成为一个完整的个体。任何具有完整细胞核的植物细胞都拥有形成一个完整植株所必需的全部遗传信息和发育成完整植株的能力称为植物细胞的全能性。植物的离体培养正是利用了植物的离体器官、组织、细胞或原生质体在适宜的培养基和培养条件下可再生出完整植株的能力。

植株的再生通常经过脱分化和再分化两个过程。脱分化是指成熟细胞转变为分生状态并形成未分化的愈伤组织的过程。脱分化的难易程度取决于植物的种类和组织、细胞的状态。一般来说，双子叶植物比单子叶植物和裸子植物容易；幼年的细胞和组织比老年的细胞和组织容易；二倍体细胞比单倍体细胞容易。已经脱分化的愈伤组织在一定条件下，可再分化出胚状体，形成完整植株，这一过程称为再分化(图 6-1)。

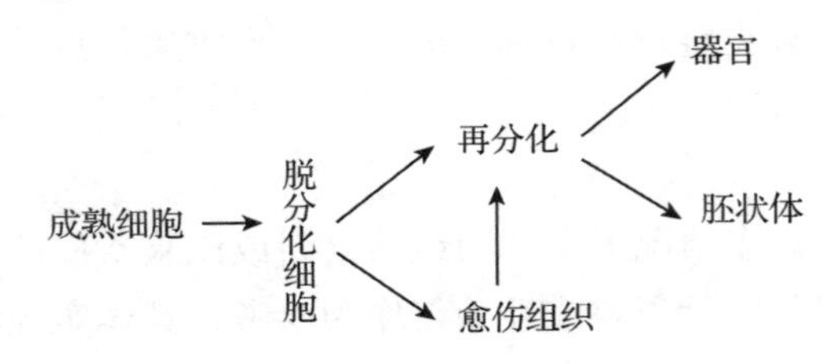

图 6-1　植物细胞脱分化与再分化

再分化有 2 种形式：一种是器官发生途径；另一种是胚状体途径。组培条件下，植物再生是通过器官发生途径或胚状体途径，随植物种类不同而不同，也随培养基的不同而变化。有时甚至同一种植物在相同条件下，2 种发生途径均存在，只是 2 种发生途径的频率随着基因型的不同和培养条件的改变而有显著差异。

(二)器官发生

器官发生途径有直接途径和间接途径 2 种类型。前者是指具有初生分生能力的外植体(如茎尖、腋芽、原球茎、块茎、鳞茎等)直接分化成为器官；后者是指外植体(已分化的成熟组织)经脱分化形成愈伤组织再分化为器官。间接途径产生再生植株有 3 种方式(Konar *et al.*, 1972)：一是先分化产生芽，待芽伸长后在幼茎基部长根，而后形成完整植株，这在木本植物组培中比较常见；二是先产生根，再在根上产生不定芽而形成完整植株，颠茄的悬浮细胞培养中可见此现象；三是愈伤组织的不同部位分别形成根和芽，再经过维管组织的连接形成具有统一的轴状结构的小植株，这种方式在花卉组织培养中并不多见(图 6-2)。

茎芽的分化受到化学因素和物理因素的双重影响。Skoog 等(1948)在烟草的组织培养中发现，器官形成受化学物质控制，通过调整培养基中 IAA 和腺嘌呤或激动素之间的平衡关系，可以在一定程度上诱导根和芽的分化。在烟草中，腺嘌呤或激动素的存在会促进芽的分化和发育，而生长素能抑制芽的形成，在结合使用时，若 IAA 相对浓度较高，则有利

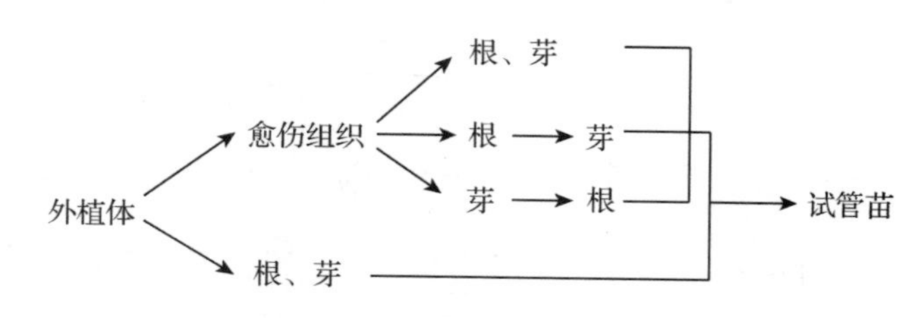

图 6-2 器官发生成苗途径

于细胞增殖和根的分化；若腺嘌呤或激动素相对浓度较高，则会促进芽的分化，当两者比例适中时，则产生无结构的愈伤组织。除此之外，赤霉素在烟草、紫雪花、秋海棠和水稻中对于茎芽的分化具有抑制作用，特别是在拟分生组织形成时期最为明显。在物理因素方面，一些研究显示，培养基的固化程度(Dougall *et al.*，1960)、光照的强度、光的质量以及温度(Skoog，1944)等对于茎芽的分化亦有影响。

(三)胚状体发生

胚状体途径是指外植体通过与合子胚相似的胚胎发育过程形成再生植株，此种现象最初由美国科学家 Steward(1958)在胡萝卜韧皮部细胞培养中发现。胚状体能够直接从器官、组织、细胞或原生质体上发生，也能够从愈伤组织上分化形成，以从愈伤组织产生胚状体最为常见。胚状体途径是植物组织培养最常见且重要的方式，与器官发生途径相比，具有以下 3 个优点：①胚状体具有双极性；②胚状体形成后与母体的维管束系统联系较少，后期脱落，具有生理隔离现象；③胚状体形成的再生植株遗传性状稳定，不会出现嵌合体。

对于胚状体发生特别重要的影响因子是生长调节物质和氮源。在咖啡、金鱼草、矮牵牛等物种中，只有把培养在含 2,4-D 培养基上的愈伤组织转移到不含 2,4-D 的培养基上以后，才能形成体细胞胚。对于大多数植物而言，只有在生长素和细胞分裂素共同作用下才能诱导出胚状体，但是不同物种之间存在较大差异，有些因赤霉素、IAA、ABA、BAP(苄氨基嘌呤)和激动素的存在对胚状体的发生有抑制作用(Halperin，1970；Fujimura and Komamine，1975)。

二、组培快繁类型

依据植株再生途径的不同，将组培快繁划分为短枝发生型、丛生芽发生型、器官发生型、胚状体发生型、原球茎发生型 5 种类型(图 6-3)。

(一)短枝发生型

短枝发生型类似于微型扦插，指顶芽、侧芽或带芽茎段在适宜的培养环境中形成完幼枝，再将其剪成带叶茎段，继代再成苗的繁殖方法(图 6-4)。在选取芽位时，一般以上部 3～4 节的茎段或顶芽为宜。能一次成苗，遗传稳定，成活率高，但繁殖系数低。马铃薯、月季、香石竹、葡萄和菊花等顶端优势明显或枝条生长迅速的植物通常采用这种方式(梁明勤、陈世昌，2013)。

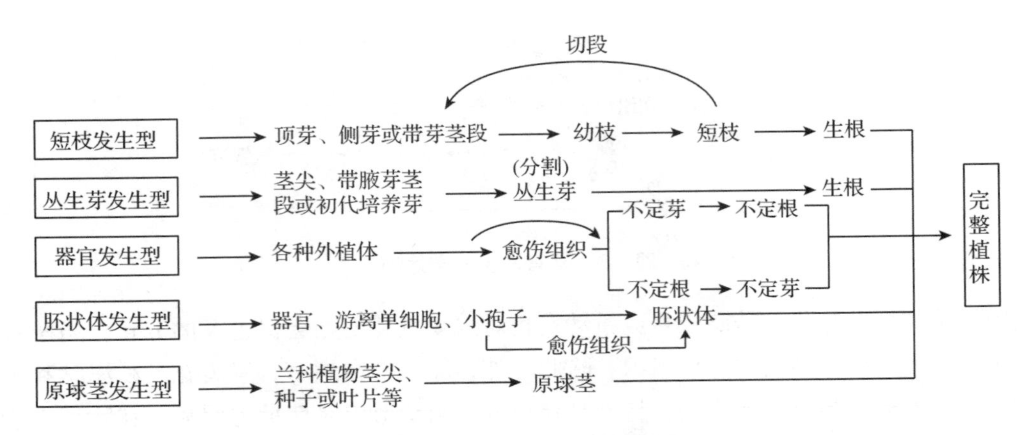

图 6-3 植株组培快繁五种类型再生途径

图 6-4 藤本月季短枝发生型

（二）丛生芽发生型

丛生芽发生型是大多数植物组培快繁的主要方式，指外植体携带的顶芽或腋芽在适宜的培养环境（含有外源细胞分裂素）中不断发生腋芽而呈丛生芽，将单个芽转入生根培养基中，诱导生根成苗的繁殖方法（图 6-5）。此种类型不经过愈伤组织阶段，后代变异小，应用普遍，也可用于无病毒苗的生产。

（三）器官发生型

器官发生型是指外植体诱导产生愈伤组织，再由愈伤组织分化形成不定芽，后经生根培养基获得完整植株的方式（图 6-6）。分为通过愈伤组织产生不定芽和直接产生不定芽两种方式。外植体涉及多种器官，如叶片、叶柄、花瓣、根、茎段等。该类型是植物组培快繁的另一种主要方式，繁殖系数高，但变异率较高，尤其是通过愈伤组织产生的植株。

（四）胚状体发生型

胚状体发生型指外植体在适宜培养环境中，经诱导产生体细胞胚，从而形成再生植株

图 6-5　从生芽发生过程

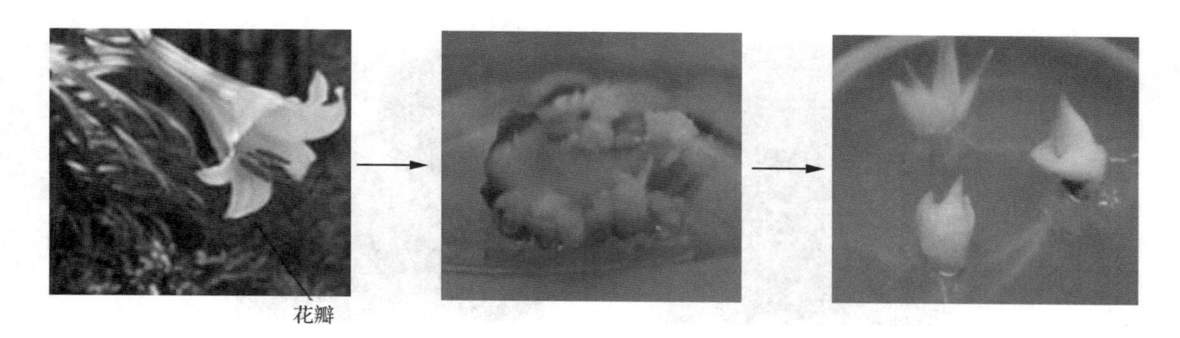

图 6-6　百合不定芽诱导与增殖

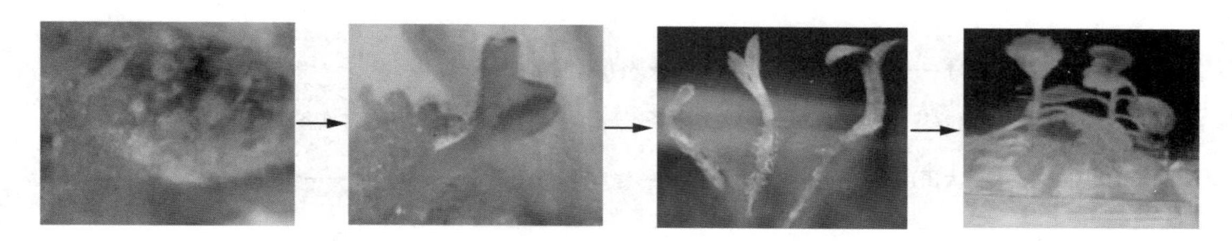

图 6-7　菊花花瓣体细胞胚胎发生

的方式(图 6-7)，分为间接途径(经愈伤组织途径)和直接途径两种。成苗数量大，速度快，结构完整，但由于对其发生和发育过程不够了解，不如丛生芽和不定芽发生类型应用广泛。

(五)原球茎发生型

原球茎发生型是兰科植物特有的一种快繁方式，是指茎尖或腋芽外植体经培养产生原球茎的繁殖类型(图 6-8)。原球茎呈珠粒状，是由胚性细胞组成的类似嫩茎的器官，可以增殖形成原球茎丛。

三、组培快繁基本程序

植物组培快繁主要包括初代培养、继代培养、生根培养和驯化移栽 4 个步骤(图 6-9)。

图 6-8 兰花组织培养

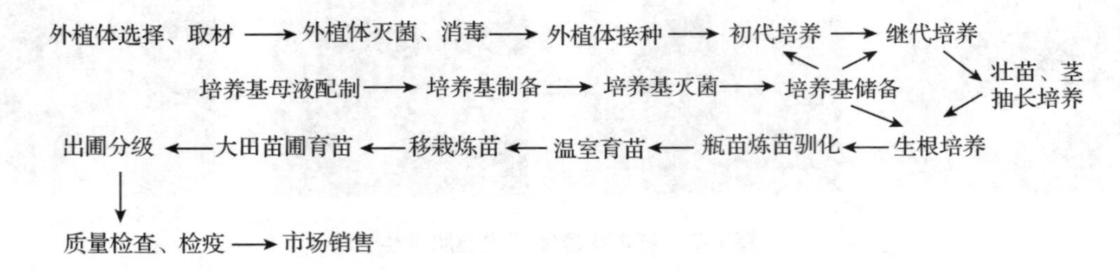

图 6-9 植物组培快繁生产流程

(一)初代培养

初代培养是指经过灭菌的外植体在适宜的培养条件下获得无菌材料和无性繁殖系的过程。初代培养建立的无性繁殖系包括茎梢、丛生芽、胚状体、原球茎、愈伤组织等。初代培养应尽量选择较小的容器，每个容器接种 1～2 个外植体，相互保持一定距离，以保证充足的营养和光照。

初代培养时常用诱导或分化培养基，依据外植体类型和外植体诱导中间繁殖体类型选择合适的基本培养基，同时添加适当比例的生长素和细胞分裂素。通常在初代培养时，培养基中含有较多的细胞分裂素和少量的生长素。培养的温度在 25～28℃，光照 8～12 h/d。

（二）继代培养

在初代培养基础上获得的芽、胚状体和原球茎等数量较少，需要经过连续数代的扩繁才能发挥快速繁殖的优势。继代培养的后代是按照几何级数增加的过程，如果以 2 株苗为基础，那么经过 10 代以后将产生 2^{10} 株苗。继代培养中扩繁的方法包括：切割茎段、分离芽丛、分离胚状体、分离原球茎等。切割茎段常用于有伸长的茎梢、茎节较明显的培养物，这种方法简便易行，能保持母种特性。分离芽丛适用于由愈伤组织生出的芽丛。若芽丛的芽较小，可先切成芽丛小块，放入 MS 培养基中，待到稍大时，再分离开来继续培养。

继代培养使用的培养基为分化培养基，大多使用的是 MS 培养基。继代培养基添加的生长调节物质以细胞分裂素为主，添加低浓度的生长素，细胞分裂素和矿质元素的浓度要高于初代培养。继代培养初期使用较高浓度的生长调节物，多代后降低浓度，初次继代后可将一部分苗接种到保存培养基上，待其他苗多次继代后再使用保存苗增殖，防止多次继代后增殖能力下降。

（三）生根培养

当材料增殖到一定数量后，若不能及时将培养物转移到生根培养基上，将会出现幼苗发黄老化，或因过分拥挤而使无效苗增多造成抛弃浪费。不同植物生根的难易程度不同，一般木本比草本难，成年树比幼年树难，乔木比灌木难。

较低浓度的无机盐有利于生根，所以生根培养可采用 1/2 MS 或者 1/4 MS 培养基，不加入或使用低浓度的细胞分裂素，而加入适量的生长素（NAA、IBA 等）。一般认为 NH_4^+ 不利于生根，生根过程需要 P 和 K，但不宜过多，Ca、B、Fe 有利于生根。生根期间多使用低浓度糖，通常在 1%～3%。

（四）驯化和移栽

驯化首先要增加小环境湿度、减弱光照、降低温度，然后逐渐降低湿度、增加光照、增加温度至自然状态。通过这样的炼苗过程，使它们在生理、形态、组织上发生相应的变化，逐渐地适应外界的自然环境。

移栽使用的基质要具备透气性、保湿性和一定的肥力，容易灭菌处理，不利于杂菌滋生。常选用珍珠岩、蛭石、河沙、草炭等。移栽前将培养物不开口移到自然光照下锻炼 2～3 d，然后开口炼苗 1～2 d。

四、组培快繁影响因素

（一）外植体的选择

外植体的选择通常需要考虑以下 4 个因素：

1. 外植体来源

不同种类的植物以及同一种植物的不同器官对诱导条件的反应不一致，有的部位诱导分化的成功率高，有的部位很难脱分化或再分化频率很低。部分外植体要考虑经过脱分化形成愈伤组织是否会产生不良变异，丧失原品种的优良性状。对于大多数植物而言，茎尖是良好的材料，但是会有材料来源不足的问题，此时可以选用茎段作为外植体。

2. 外植体大小

一般来说外植体长 0.5～1 cm，过大的外植体容易污染，过小的成活率低。例如，枝条一般剪成带 2～3 个茎节的茎段，长 4～5 cm，表面灭菌后再进一步剪成小段。

3. 生理状态和发育年龄

一般情况下，幼年组织比老年组织具有较高的形态发生能力，器官或组织生理年龄越老，越接近发育上的成熟，其再生能力逐渐减弱甚至完全失去再生能力。

4. 取材季节

大多数植物应该在生长开始的季节取材，在母株生长旺盛的季节取材，不仅成活率高，而且增殖率也高。

(二)外植体的消毒灭菌

在进行外植体处理时，应充分考虑外植体种类及其幼嫩程度选择合适的消毒灭菌方式。不同的灭菌剂，其灭菌效力和灭菌处理时间不同。在达到外植体表面灭菌的同时，既要保证外植体不因灭菌剂的处理而受到损伤，又要使灭菌剂能够被蒸馏水冲洗掉或能自行分解，以免对后期生长造成影响。

(三)基本培养基种类

组织培养是否成功在很大程度上取决于培养基的选择，不同培养基有不同的特点，适合于不同植物种类和接种材料，进行组培方案确定时，应对各种培养基进行分析了解，以便从中选择。

(四)生长素和细胞分裂素

在选定基础培养基之后，依据外植体类型和培养阶段选择适当的生长素和细胞分裂素种类以及浓度。常用的生长素有 IAA、IBA、NAA、p-CPA(对氯苯氧乙酸)、2,4-D、2,4,5-T(三氯苯氧乙酸)等，其作用强度为 2,4-D > NAA > IBA > IAA。IAA 和 NAA 广泛用于生根，并能与细胞分裂素互作促进茎芽增殖。2,4-D 和 2,4,5-T 对愈伤组织的诱导和生长非常有效。常用的细胞分裂素包括 6-BA、BAP、2 ip、KT、ZT。生长素和细胞分裂素浓度范围多在 0.1～2.0 mg/L。一般生根阶段只添加生长素，增殖阶段细胞分裂素比生长素多，生长阶段以生长素为主，当二者相当时促进愈伤组织的形成。

(五)糖和其他添加物

培养基中碳源主要来源于蔗糖和葡萄糖，常用的为蔗糖，浓度在 2%～5%。生产中为节约成本，在不影响培养效果的情况下选择较低浓度的蔗糖，并且用白砂糖代替蔗糖使用。应尽量避免使用一些有机附加物，如水解酪蛋白、椰子汁、玉米胚乳、麦芽浸出物、番茄汁和酵母浸出物等，因为这些提取物所含的生长促进成分的质和量常因组织的年龄和供体植株的品种而变化。除此之外，活性炭、硝酸银和抗生素也可作为添加物。活性炭用量一般在0.5%~3%，在高压灭菌之前加入活性炭会降低培养基的pH值，使琼脂不易凝固，活性炭在吸附植物有害分泌物的同时也可能吸附植物生长必须的营养物质。硝酸银浓度一般在1~10 mg/L，具有促进愈伤组织器官发生或体细胞胚胎发生的作用，使原本再生困难的物种分化出再生植株，也能克服试管苗玻璃化及早衰和落叶现象。使用抗生素的主要目的是防止外植体内生菌污染，在使用时应注意种类的选择。某些情况下必须几种抗生素同时使用才能取得良好效果；当所用抗生素浓度达到足以消除内生菌时，植物的生长发育也可能受到抑制；停止使用抗生素后，污染物往往会显著上升，因此在使用时应慎重。

（六）培养基pH值和离子浓度

培养基的pH值通常调节到5.6~6.0，Kartha（1981）认为，pH5.6~5.8可供大多数培养物的分生组织顶端生长。某些植物如石竹（*Dianthus chinensis*）茎尖生长的培养基最适pH值为5.5~6.5（Linsmaier and Skoog，1965）；茶梅（*Camellia sasanqua*）茎段培养在pH5~5.5的MS培养基增殖效果最佳（Torres and Carlisi，1986）；二乔玉兰（*Magnolia soulangeana*）最适pH为3.5（Howard and Marks，1987）。pH值过高，培养基会变硬，营养物质难于扩散到培养的组织中去，pH值过低，琼脂不能很好地凝固。

（七）温度与湿度

植物在自然环境中经历的温度波动范围较大，尤其是昼夜温差。降低夜间温度会促进植物培养物的生长，但是大多数组培厂家的培养室昼夜恒温。如欲加速体外培养的生长和形态发生，一般将培养物维持在平均温度高于同样植物在自然界成株生长的温度。大多组培室维持的温度为25℃（范围为17~32℃），热带和亚热带植物倾向于比温带植物稍高的温度。

一个培养容器内培养基上边是气体混合物，它的相对湿度取决于培养基本身温度和该气体混合物温度，如果这两个温度相等且容器完全密闭，其相对湿度应达到98%~99%。然而当封口材料密闭性较好时会使得透气性降低，植物生长发育受到影响。培养室的湿度通常设置在70%~80%，若室内有冷却系统相对湿度会低于70%，使未完全密闭的容器内的培养基很快干掉，此时可使用加湿器提高相对湿度。

（八）光照

光照对植物组培的影响主要包括3个方面，分别为光质、光照强度和光照时间。一般来说，植物组培光照强度在2000~3000 lx，光照时间为12~16 h/d。光照时间会影响花芽的形成和诱导、光质愈伤组织的诱导、细胞的增殖以及器官的分化。

五、试验设计方法

试验设计是植物组织培养方案形成的一个重要环节，是提高试验质量的重要基础。试验设计包括3个基本组成部分，即处理因素、受试对象和处理效应。处理因素一般是指对受试对象给予的某种外部干预或措施。在科学试验中，被变动的并设有待比较的一组处理的因子称为试验因素。试验因素的量的不同级别或质的不同状态称为水平。植物组培快繁的各个影响因素均可作为试验设计中考虑的试验因素。常用的试验设计方法有单因素试验、多因素试验和广谱试验等，其中使用较为广泛的是单因素和多因素试验。单因素试验是指整个试验中只变更、比较一个试验因素的不同水平，其他作为试验条件的因素均严格控制一致的试验（表 6-1）。多因素试验是指在同一个试验方案中包含两个或两个以上的试验因素，各个因素都分为不同水平，其他试验条件严格控制一致的试验。多因素试验克服了单因素试验的缺点，其结果能较全面地说明问题，但是随着试验因素的增多，往往使试验过于复杂庞大，反而会降低试验的精确性。处理数目与试验种类、排列方法、要求的精确度有关，应以较少的处理解决较多的问题。多因素试验以 2～4 个试验因素较好。在多因素试验设计当中应用最广泛的方法有正交试验设计、均匀试验设计、回归正交试验设计以及回归正交旋转试验设计。正交试验在组培试验设计中最为常见，它利用正交表将各个试验因素均匀搭配，以最大限度地排除其他因素影响，突出被考察因素的作用，试验结果能基本体现因子之间的交互作用，数据处理简单，能比较容易地判断各因素对试验对象的影响（表 6-2）。

表 6-1　不同 KT 浓度对金线莲嫩梢生长的影响

质量浓度（mg/L）	芽数（个）	芽径（mm）	芽高（cm）	根数（条）
1.0	0.8	1.2	0.6	2.2
2.0	3.1	1.3	0.9	2.2
3.0	4.5	1.2	0.8	1.2
4.0	5.3	1.3	0.8	1.1

表 6-2　不同细胞分裂素对大花蕙兰类原球茎诱导的影响

处理序号	ZT（mg/L）	BA（mg/L）	KT（mg/L）	诱导类原球茎数	类原球茎诱导率（%）
1	0.1	0.1	0.1	29.0	63.3
2	0.1	0.5	0.5	34.5	76.7
3	0.1	1.0	1.0	35.0	76.7
4	0.5	0.1	0.5	33.5	66.7
5	0.5	0.5	1.0	35.5	80.0
6	0.5	1.0	0.1	33.5	70.0
7	1.0	0.1	1.0	33.0	66.7
8	1.0	0.5	0.1	33.5	63.3
9	1.0	1.0	0.5	36.0	76.7

广谱试验法是 Fossard 等（1974）提出的一种试验方法，旨在为一个新的试验体系选出一个合适的培养基。在这个试验方法中把培养基中的所有组分分为四大类：无机盐、生长素、细胞分裂素和有机营养物质。对每一类物质选定 3 个浓度，即低浓度、中浓度和高浓

表 6-3　MS 基本培养基主要成分浓度筛选

母液名称	低浓度	中浓度	高浓度
大量元素	1/4	1/2	1
微量元素	1/4	1/2	1
铁　盐	1/4	1/2	1
有机物	1/4	1/2	1

度。4 类物质各 3 种浓度的各种不同组合构成了一项包括 81 个处理的试验。在这 81 个处理中找出一个最好的，再试验不同类型的生长素和细胞分裂素，以找到最好的类型。改良基本培养基可以使用广谱试验法，以 MS 培养基为例(表 6-3)。

六、组培试验方案内容

植物组织培养方案通常包括以下几个方面的内容。

(一)研究课题名称

课题名称的拟定需要概括试验的内容，一般不超过 25 个字。

(二)研究背景

通过文献的查找，市场的调查分析，明确该研究领域目前所处的状态以及可能存在的问题或将来的发展方向。

(三)研究目的及意义

研究的目的应反映该研究所要解决的问题或预期的结果。研究的意义应突出研究该项目的重要性。

(四)研究内容

1. 试验材料

试验材料包括试验选用的植物材料，材料采集的时间和地点；试验当中使用的试剂和仪器设备，其中试剂应注明生产厂家，有的需要标明成分和纯度，仪器设备需标明型号和生产厂家。

2. 试验方法和步骤

说明试验设计的方法，试验因子的设定与水平设置，以及对照的设置情况。确定处理个数和重复次数，组培试验一般需要 3 个重复，要求每个处理至少接种 30 瓶。

(五)研究进度安排

对整个研究周期进行整体规划，包括资料搜集、试验开展、数据分析及成果总结等各个步骤。

(六)可行性分析

分析项目实施过程中所能提供的保障措施，可分为组织保障、制度保障和条件保障。

条件保障中可包含人员素质（发表论文、参与项目、获得专利等）、经费支持和硬件设施条件。

（七）经费预算

经费预算应秉承合理、节约、详尽的原则。依据研究内容和研究目的确定各开支项目所占比例。充分利用现有的资源开展研究工作，尽量减少或不添加设备、人力方面的开支。详细列明开支项目的名称、数量、单价等信息，以便顺利开展试验。

（八）成果形式

研究成果的展示形式可以是研究报告、论文、产品或者专利等。

【问题探究】

1. 不同培养阶段使用生长素和细胞分裂素需要注意哪些问题？
2. 组培试验设计中可供选择的试验因子有哪些？

【拓展学习】

正交试验设计

正交试验设计是用于多因素水平的一种试验设计方法，它是从全面试验中挑选出部分有典型代表的点进行试验，是部分因子设计的主要方法，具有很高的效率和广泛的应用。正交试验设计依据正交表开展，在正交表中，L 为正交表代号，n 为试验次数，t 为水平数，c 为列数。以 $L_9(3^4)$ 为例，表示共需做 9 次试验，可观察 4 个因子，每个因子有 3 个水平。

一般在试验当中先确定试验的因素、水平和交互作用，再选择合适的正交试验表。在确定因素的水平时，主要因素应多安排几个水平，次要因素可少安排几个水平。选择正交表应遵循的原则包括：①先看水平数，若所有因素均为 3 水平的，就选用 $L(3^*)$ 表。如果个因素的水平数不相同，就选用混合水平表。②每个交互作用在正交表中应占一列或两列。③依据试验精度选择，若精度高，则选择试验次数多的正交表。④若试验经费或人力有限，应选择试验次数少的正交表。⑤对某因素或某互交作用的影响不确定时，若条件许可，应选择试验次数多的表。

值得注意的是，在排列因素水平表时应随机化，尽量不要简单地按因素数值由小到大或由大到小的顺序排列。试验进行的次序无需完全按照正交表上试验序号的顺序，为减少实验中由于先后操作熟练程度不均匀带来的误差干扰，理论上推荐用抽签的办法来决定试验的次序。试验当中要力求严格控制试验条件，这个问题在因素各水平下的数值差别不大时更为重要。

【小结】

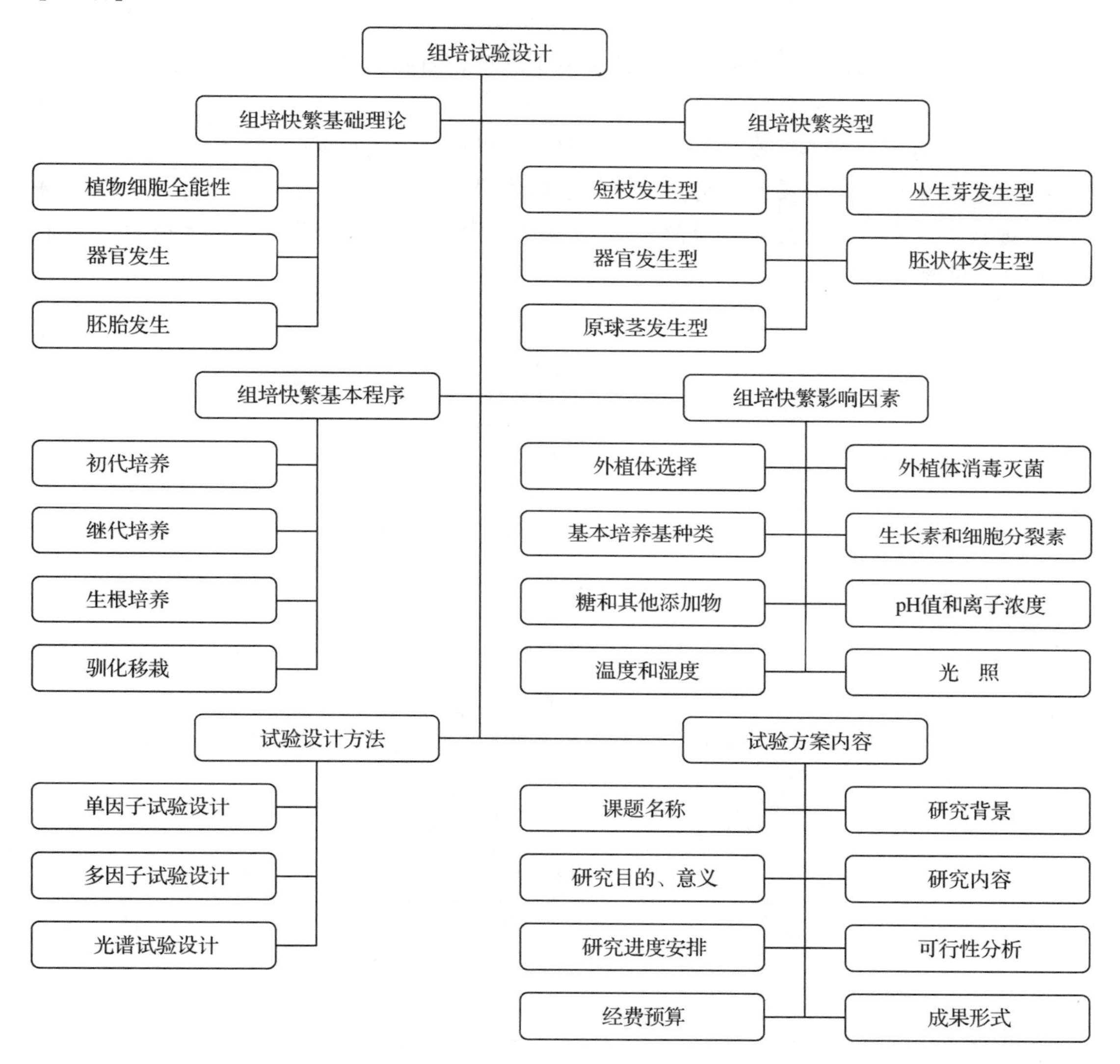

【练习题】

一、填空题

1. 组培试验当中常用的试验方法有(　　)、(　　)、(　　)。
2. 组培快繁的类型有(　　)、(　　)、(　　)、(　　)和原球茎发生型。
3. 植物组培快繁培养基 pH 值通常设置的范围为(　　)。
4. 生根培养时加入的生长素(　　)细胞分裂素。
5. 组培快繁的基本程序包括(　　)、(　　)、(　　)、(　　)。

二、判断题

1. MS 培养基包括大量元素、微量元素和有机物。 ( )

2. 封口材料密闭性越好越有利于保持培养基湿度，对植物的生长发育也越有利。 ( )

3. 外植体选择是应尽可能选择幼嫩的材料，且以刚萌发的幼芽最佳。 ( )

4. 器官发生途径均需要经过愈伤组织才能形成器官。 ( )

5. 继代培养基添加的生长调节物质以细胞分裂素为主，添加低浓度的生长素、高浓度的细胞分裂素。 ( )

项目七　组培数据调查与分析

【学习目标】

终极目标：

能够对试验数据进行分析，并且解决组培试验当中出现的问题。

促成目标：

1. 依据组培快繁类型确定组培试验观察的内容，从而制定规范的组培观察表。
2. 熟练运用数据分析软件对观察数据进行统计学分析。
3. 能够分析组培问题出现的原因，并且提出相应的解决措施。

工作任务一　组培苗观察与问题处理

【任务描述】

本任务需要参与者依据组培快繁类型制定组培苗观测内容，并且制定组培苗观察表，最终将观察数据进行分析、整理和总结。在观察当中发现的组培存在的问题，不仅能够分析问题产生的可能影响因素，还能够提出有效的解决方案。

【任务分析】

组培苗的观察与问题分析是验证组培试验效果的重要环节，也是对试验进行改进的依据。在对组培苗进行观察时应注意数据收集的系统性以及特征性，以免在最终数据整理时因缺少某一部分数据而无法达到预期的效果，或者因为内容选择上的避重就轻，使得获得的数据没有实际意义。问题分析应注意一个问题可能有多个产生原因，此时主观、片面地分析问题，极有可能导致试验的最终失败。

【任务实施】

一、编制组培苗观察表

①学生依据组培材料特性以及经历的生长发育阶段列出所需观察的项目。

②学生讨论列出项目的必要性，教师指导确定组培苗观察内容。

③合理设计组培苗观察表，包括观察项目种类、定量观察项目单位、定性观察项目评价指标。

二、组培苗观察

①正确使用观察工具对组培苗进行观察。

②观察时应认真仔细，切忌出现测量错误或某些问题的遗漏。

③规范填写观察记录表，数据填写应统一，问题描述应突出重点特征。

三、分析与解决问题

①学生分析与总结试验当中出现的问题，并且依据理论知识与日常观察提出可能产生问题的原因。

②学生分组讨论各个问题的解决方案。

③老师对解决方案进行评价，与学生共同制定问题的解决措施。

四、讨论与总结

学生对本次试验出现的问题进行讨论，排除人为操作或外界因素干扰产生的问题，确定试验设计的改进方案。教师参与意见，对本次试验进行总结。

【知识链接】

一、组培快繁中存在的问题

(一)物种的局限性

植物组培快繁技术已被广泛应用于苗圃中各种木本与草本植物的无性繁殖，但是许多难以用传统方法繁殖的重要树种，包括一些裸子植物及濒危植物，其组培快繁技术仍未突破。为了克服这个局限性，仍需对物种进行更为深入的研究。

(二)无性系变异

无性系变异有些是有益的，但是大多是不良的。许多变异会影响花的形态、颜色、大小和数量，或者果实的质量与数量。影响无性系变异频率的因素很多，不同种植物再生植株变异频率有较大差异，同种不同品种之间差异也较大，部分分化水平高的组织产生的无性系变异频率高于分生组织产生的无性系；植物生长调节物质是诱导无性系变异的主要原因，高浓度生长调节剂使得细胞分裂和生长加快，也使得变异增多；继代次数越多，时间越长，变异出现频率越高；短枝发生型和丛生芽发生型依靠茎尖、腋芽等增殖的不易反生变异或变异频率较低，胚状体途径变异较小，通过愈伤组织和细胞悬浮培养的较易发生变异。

为减少变异的发生，可采用不易发生变异的组培快繁方式，选择幼年的外植体材料，限制继代次数和继代时间，适当降低生长调节剂浓度。

(三)培养物污染

在植物进行组织培养时，即使外植体在一开始进行了严格的表面消毒，仍可能存在某些慢速生长的病原菌(特别是内生菌)，但是只有在培养物进行过多次继代之后，这些污染物才具有明显特征而被人们发现。污染物的长期存在会引起组培苗生活力下降，叶片缺绿，甚至死亡。在培养基中添加抗生素或杀菌剂有可能控制这些污染物的进一步扩展，但不可能杀灭这些污染物。所以应该从源头上加以控制，从未受病原菌侵染的或已经脱毒检验的植株上切取外植体。

造成污染的污染源主要有细菌和真菌两大类。细菌性污染通常在接种后 1 ~ 2 d 即表现出来，首先在插入培养基中的材料周围形成细菌膜，并逐渐产生黏液或浑浊的水迹，在培养基与材料接触处产生气泡，时间长了有的出现乳白色或橙黄色的菌落，形状呈圆形并很快扩大(图7-1)。真菌污染一般在接种3 d以后才表现出来，主要病症为首先在有真菌孢子存在的地方产生白色的菌丝，经常可以在外植体和培养基表面看到，特别是夏季阴雨天，空气湿度大，周围环境不清洁，含孢子量较多，甚至棉花塞上也落上了孢子(图7-2)。

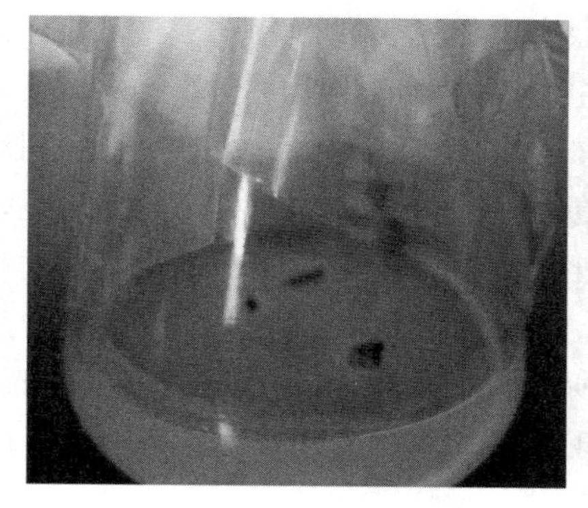

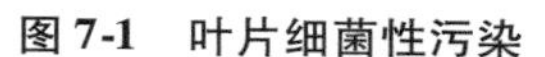

图7-1　叶片细菌性污染

图7-2　铁皮石斛内生真菌污染

污染产生的主要原因有：①培养基及试验过程中使用的各种器具灭菌不彻底；②外植体消毒不彻底；③试验操作时未严格遵循无菌操作的原则；④接种和培养环境不清洁；⑤培养容器的原因，包括盖子和封口膜等。材料带菌或培养基灭菌不彻底会造成成批接种材料被细菌污染，操作人员不严格遵守操作规程也是造成细菌污染的主要原因。培养环境不清洁，超净工作台的过滤器失效，培养容器的口径过大以及封口膜破损等是引起真菌污染的主要原因。

污染的预防措施主要有：①减少或防止材料带菌：生理年龄老的植株、有病虫害的植株、有内生菌的外植体、表面有泥土的材料和地下器官等所携带的病原菌相对较多；②外植体灭菌要彻底：应注意选择合适的灭菌剂、灭菌浓度以及灭菌时间，灭菌剂强度过小、浓度过低或作用时间不足会使得灭菌不彻底，相反则会对灭菌材料造成伤害，甚至导致死亡；③培养基及各类器具应严格灭菌：培养基通常在121℃下高压蒸汽灭菌20～30 min，接种针、解剖刀、烧杯等器具使用前可高压蒸汽灭菌，一些器具在使用当中可蘸取酒精后在酒精灯上灼烧，某些无法高温处理的试剂可以过滤除菌；④严格无菌操作：特别是在接种过程中，应尽量将所需使用的器具放置在超净工作台上，避免外部操作携菌进入操作台中；⑤环境消毒：包括接种室和培养室的消毒工作，一般需要定期进行熏蒸或喷雾消毒。高锰酸钾和甲醛熏蒸效果较好，但是对人体有害，通常一年熏蒸2～3次。平时可通过紫外线消毒或使用2%来苏尔消毒，臭氧消毒机效果也较好，且对人体伤害相对较小。

(四)玻璃化

实践表明，当植物材料不断地进行离体繁殖时，有些培养物的嫩茎、叶片往往会呈半透明状、水迹状，这种现象通常称为玻璃化(图7-3)。它的出现会使试管苗生长缓慢、繁

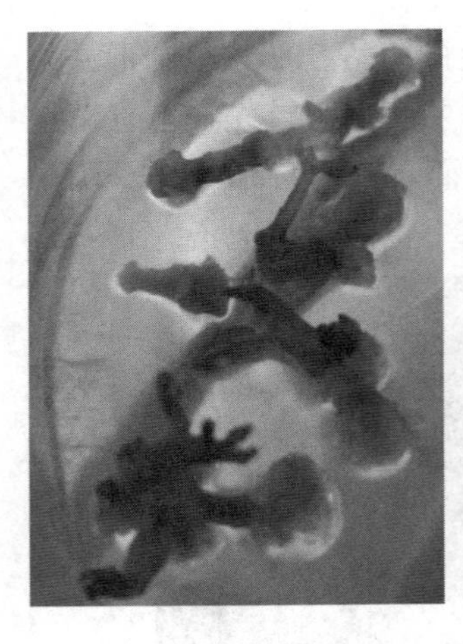

图 7-3　组培苗玻璃化

殖系数有所下降。玻璃化为试管苗的生理失调症。

出现玻璃化的嫩茎不易诱导生根，因此使繁殖系数大为降低。呈现玻璃化的试管苗，其茎、叶表面无蜡质，体内的极性化合物水平较高，细胞持水力差，植株蒸腾作用强，无法进行正常移栽。玻璃化现象产生的主要原因有：①材料差异：在不同的种类、品种间，组培苗的玻璃化程度有差异；②激素水平过高：若细胞分裂素浓度过高或细胞分裂素与生长素相对含量高，易引起玻璃化现象(Kevers *et al.*，1984)；③培养基水势、培养基中离子种类、比例不适；④环境温度、光照强度和通气性：温度过低或过高，光照时间强度不足及培养容器中空气湿度过高、透气性较差所造成的通气不良，易造成组培苗含水量高，从而发生玻璃化现象；⑤琼脂浓度降低、有杂质等(李瑶、徐根娣，1997)。

玻璃化具体解决的方法为：①增加培养基中的溶质水平，以降低培养基的水势；②减少培养基中含氮化合物的用量，在月季 MS 培养基中减少 3/4 的 NH_4NO_3或除去 NH_4NO_3能够大幅减少玻璃化现象的出现(张翠玉、廖晴，1991)；③增加光照；④增加容器通风，最好进行 CO_2 施肥，这对减轻试管苗玻璃化的现象有明显的作用；⑤降低培养温度，进行变温培养，有助于减轻试管苗玻璃化的现象发生；⑥降低培养基中细胞分裂素含量，可以考虑加入适量脱落酸。一些研究显示，碳源对玻璃化发生有影响，如用 4. 5% 的果糖代替蔗糖能够显著降低扁桃玻璃化苗的发生率，而用 3% 或 4% 的葡萄糖代替相同浓度的蔗糖则会使香石竹玻璃苗显著增加(Evans *et al.*，1986；郭达初，1990)。

(五)褐化

外植体褐变是指在接种后，其表面开始变褐，有时甚至会使整个培养基变褐的现象(图 7-4)。它是由于植物组织中的多酚氧化酶被激活，而使细胞的代谢发生变化所致。在褐变过程中，会产生醌类物质，它们多呈棕褐色，当扩散到培养基后，就会抑制其他酶的活性，从而影响所接种外植体的培养。

褐变的主要原因如下：

①植物品种　研究表明，不同植物品种的褐变现象是不同的。由于多酚氧化酶活性上的差异，因此有些植物品种的外植体在接种后较易褐变，而有些植物品种的外植体在接种后不易褐变。故在培养过程中应该有所选择，对不同品种分别进行处理。

②生理状态　外植体的生理状态不同，在接种后褐变程度也有所不同。一般来说，处于同期的植物材料褐变程度较浅，而从已经成年的植株采收的外植体，由于含醌类物质较多，因此褐变较为严重。一般来说，幼嫩的组织在接种后褐变程度并不明显，而老熟的组织在接种后褐变程度较为严重。

③培养基成分　浓度过高的无机盐会使某些观赏植物的褐变程度增加，此外，细胞分裂素的水平过高也会刺激某些花卉外植体的多酚氧化酶的活性，从而使褐变现象加深。

④培养条件不当　例如，光照过强、温度过高、培养时间过长等，均可使多酚氧化酶的活性提高，从而加速被培养的外植体的褐变程度。

图 7-4　组培苗褐化

为了提高植物组织培养的成苗率，必须对外植体的褐变现象加以控制。经过众多研究者的努力，可以采用以下措施防止、减轻褐变现象的发生。

①选择合适的外植体　一般来说，最好选择生长处于旺盛期的外植体，这样可以使褐变现象明显减轻。冬季芽不易生长，因此外植体宜选择早春和秋季的材料。在处理外植体时，若外植体过小，使得切面与体积的比率过大，褐化程度会增加(郭兆武等，2010)。

②创造合适的培养条件　无机盐成分、植物生长物质水平、适宜温度、及时继代培养均可以减轻材料的褐变现象。

③使用抗氧化剂　在培养基中，使用半胱氨酸、抗坏血酸等抗氧化剂能够较为有效地避免或减轻很多外植体的褐变现象。另外使用0.1%~0.5%的活性炭对防止褐变也有较为明显的效果。

④连续转移　对容易褐变的材料可间隔12~24 h的培养后，再转移到新的培养基上，这样经过连续处理7~10 d后，褐变现象便会得到控制或大为减轻。

(六)其他问题

除以上提及的植物组培当中存在的一些问题，黄化、变异、瘦弱或徒长，移栽成活率低和增殖率低等也是组培中常见的问题(表7-1)。

表 7-1　组培快繁种出现的问题及预防措施

问　题	产生原因	预防措施
材料死亡	①外植体灭菌过度 ②污染 ③培养基不适宜或配制有问题 ④培养环境恶化	①选择适当的灭菌剂灭菌浓度和适宜的时间 ②注意环境和个人卫生，严格操作 ③选用合适的培养基 ④改善培养环境，及时转移和分瓶
黄　化	①培养基中的Fe含量不足，各矿质营养不均衡 ②培养环境通气不良，瓶内乙烯含量升高 ③生长调节剂的种类不适或配比不当 ④糖用量不足或长时间不转移导致糖含量过少 ⑤pH值变化过大 ⑥培养温度不适或光照不足 ⑦添加抗生素不当	①合理添加营养物质 ②增加环境的透气性 ③选择适当的生长调节剂和浓度 ④增加糖用量，及时转接 ⑤调节pH值 ⑥调节温度和光照 ⑦选择适宜的抗生素或停止使用抗生素

（续）

问　题	产生原因	预防措施
变异或畸形	①生长调节剂的种类或浓度不当 ②环境条件不适 ③基因型缺陷 ④继代次数过多或继代时间过长 ⑤增殖途径不合适	①更换生长调节剂，改变使用浓度 ②改善环境条件，如温度、光照等的调节 ③选择不易发生变异的基因型品种 ④减少继代次数，缩短继代时间 ⑤选择不易发生体细胞变异的增殖途径
增殖率低下或过盛	①品种选择不当 ②生长调节剂的浓度或配比不合适	①选择适宜的基因型品种 ②调节生长调节剂的浓度和配比
组培苗瘦弱或徒长	①细胞分裂素使用过量 ②不定芽未及时转移或分割 ③温度过高或光照不足 ④通气状况不佳 ⑤培养基水分过高	①降低细胞分裂素的用量 ②及时转瓶和分割 ③调节光照和温度 ④改善通气条件，选择适宜的封口膜 ⑤适当增加琼脂的用量
移栽死亡率高	①组培苗的质量差 ②环境条件不适 ③培养基质不合适 ④管理不精细	①提高组培苗的质量 ②改善移栽的环境条件 ③选择适宜的基质 ④加强管理，注意肥、水和病虫害防治

不同培养阶段会有各种类型的问题出现，需要依据不同发育阶段特点以及培养环境的改变等因素采取相应的措施：

1. 初代培养常见问题产生原因及解决措施

（1）培养物水浸状、变色、坏死、茎断面附近干枯

产生原因：灭菌剂种类选择不当，灭菌剂浓度过高，灭菌处理时间过长，外植体选用不当，如外植体类型、外植体采集时间或采集部位等不合理。

解决措施：更换灭菌剂种类，降低灭菌剂浓度，缩短灭菌时间，更换外植体材料。

（2）培养物长期培养无反应

产生原因：基本培养基选择不适宜，生长素使用的种类或用量不当，培养温度不合适。

解决措施：更换基本培养基种类，调整培养基成分，尤其是盐离子浓度，改变生长素的种类或用量，调整培养室温度。

（3）愈伤组织生长过于旺盛、疏松，后期呈现水浸状

产生原因：生长素使用过量，温度过高，无机盐含量不当。

解决措施：降低生长素使用量，降低培养室温度，调整无机盐尤其是铵盐的含量，适当提高琼脂的用量以增加培养基的硬度。

(4)愈伤组织太紧密、平滑或凸起、粗厚、生长缓慢

产生原因：生长素或细胞分裂素用量过多，糖浓度过高。

解决措施：减少生长素或细胞分裂素用量，调整生长素和细胞分裂素的比例，降低糖的浓度。

(5)侧芽不萌发，皮层过于膨大，皮孔长出愈伤组织

产生原因：枝条过嫩，生长素、细胞分裂素用量过多。

解决措施：采用较老化的枝条，减少生长素、细胞分裂素的用量。

2. 继代培养常见问题产生原因及解决措施

(1)苗分化量少，速度慢，分枝少，个别苗生长细高

产生原因：细胞分裂素的用量少，温度偏高，光照不足。

解决措施：增加细胞分裂素的用量，提高培养室的温度，提高光照强度或增加光照时间，改单芽继代培养为丛生芽继代培养。

(2)苗分化量过多，生长慢，有畸形苗，节间极短，苗丛密集、微型化

产生原因：细胞分裂素的用量过多，温度不适宜。

解决措施：减少细胞分裂素的用量或暂停使用细胞分裂素，调节培养温度。

(3)分化率低，畸形，培养时间长的苗可出现再次愈伤组织化

产生原因：生长素的用量偏高，温度偏高。

解决措施：减少生长素的用量，调节培养温度。

(4)再生苗叶缘、叶面等处偶有不定芽分化出来

产生原因：细胞分裂素的用量过高，该再生方式不适宜。

解决措施：降低细胞分裂素的用量，采用其他再生方式或分阶段利用这一再生方式。

(5)丛生苗细弱，不适宜生根或移栽

产生原因：细胞分裂素的用量过多或错误使用赤霉素，温度过高，光照强度不够或光照时间过短，未及时转移，生长空间过小。

解决措施：减少细胞分裂素的用量或不用赤霉素，调节培养温度，增加光照强度或增加光照时间，及时转瓶，降低接种密度或更换培养瓶，更换封口膜种类。

(6)幼苗淡绿或部分失绿

产生原因：无机盐含量不足，pH 值不适合，Fe、Mg、Mn 等缺乏或比例失调，光照或温度不够。

解决措施：依据营养元素缺乏情况调节培养基中的含量，调节 pH 值，增加光照强度或延长光照时间，调节温度。

(7)幼苗长势弱，叶片脱落或黄化，有死苗

产生原因：瓶内气体状况恶化，久不转移导致营养缺乏，温度不适，生长调节剂的配

比不合适。

解决措施：及时转瓶，调节培养的温度，改变生长调节剂的用量和比例。

(8)叶粗厚，变脆

产生原因：生长素或细胞分裂素使用过量。

解决措施：降低生长调节剂的用量，避免叶片接触培养基。

3. 生根培养

(1)培养物久不生根，基部切口没有适宜的愈伤组织

产生原因：生长素种类选择不当或用量不适，生根部位氧气不足，生根程序不当，pH 不适宜，无机盐浓度和配比不当。

解决措施：选择适当的生长素种类和浓度，改进培养程序，适当降低无机盐的浓度，使用滤纸桥培养生根。

(2)愈伤组织生长过快、过大，根茎部肿胀或畸形，多根并联或愈合

产生原因：生长素的种类不适或用量不当，或者伴有细胞分裂素使用过量，生根培养程序不当。

解决措施：更换生长素的种类，降低生长素的用量，或搭配使用多种生长素，附加维生素 B_2 或 PG 等，改变生根培养程序。

二、数据分析

植物组织培养获得的数据如出愈率、污染率、分化率、增殖率、生根率和成活率等，需要通过以下计算获得：

$$出愈率=\frac{形成愈伤组织的材料数}{培养材料总数}\times 100\%$$

$$分化率=\frac{已分化外植体数}{接种外植体总数}\times 100\%$$

$$污染率=\frac{污染材料数}{培养材料总数}\times 100\%$$

$$增殖率=\frac{一个增殖周期扩繁的中间繁殖体数}{一次增殖转接材料总数}\times 100\%$$

$$生根率=\frac{生根苗数}{生根培养总苗数}\times 100\%$$

$$成活率=\frac{40d时成活植株总数}{移栽植株总数}\times 100\%$$

另一些数据通过测量或观察便可以获得，如愈伤组织大小、不定芽高度、生长量、叶片形态、根长、根数等(图 7-5)。数据的比较一般比较直观，某些则要进行显著性检验，多因子试验要通过方差分析以确定主要影响因子。

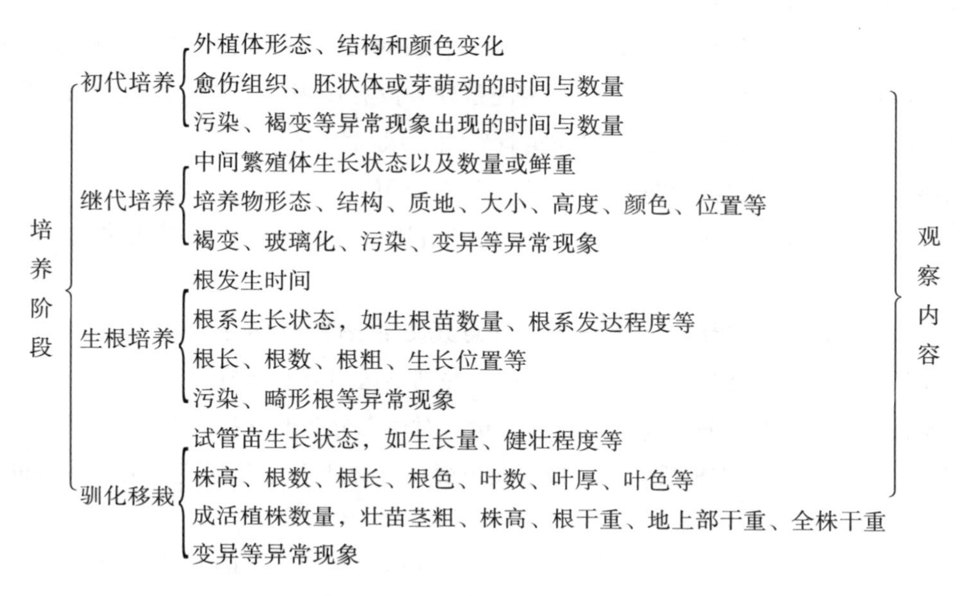

图 7-5 不同培养阶段组培苗观察内容

【问题探究】

1. 如何协调植物生长所需的透气性与污染之间的矛盾？
2. 如何避免组培过程中的细菌性污染？

【拓展学习】

方差分析

方差分析（Analysis of Variance，ANOVA），又称“变异数分析”，是 R. A. Fisher 发明的，用于两个及两个以上样本均数差别的显著性检验。由于各种因素的影响，研究所得的数据呈现波动状。造成波动的原因可分成两种：一种是不可控的随机因素；另一种是研究中施加的对结果形成影响的可控因素。方差分析是从观测变量的方差入手，研究诸多控制变量中哪些变量是对观测变量有显著影响的变量。

方差分析的基本原理是认为不同处理组的均数间的差别基本来源有以下两个：

（1）实验条件　即不同的处理造成的差异，称为组间差异。用变量在各组的均值与总均值之偏差平方和的总和表示，记作 SSb，组间自由度为 dfb。

（2）随机误差　如测量误差造成的差异或个体间的差异，称为组内差异，用变量在各组的均值与该组内变量值之偏差平方和的总和表示，记作 SSw，组内自由度为 dfw。

总偏差平方和 $SSt = SSb + SSw$。

SSw、SSb 除以各自的自由度（组内 $dfw = n - m$，组间 $dfb = m - 1$，其中 n 为样本总数，m 为组数），得到其均方 MSw 和 MSb。一种情况是处理没有作用，即各组样本均来自同一总体，$MSb/MSw \approx 1$。另一种情况是处理确实有作用，组间均方是由于误差与不同处理共同导致的结果，即各样本来自不同总体。那么，$MSb >> MSw$。

MSb/MSw 比值构成 F 分布。用 F 值与其临界值比较，推断各样本是否来自相同的总体。

应用方差分析对资料进行统计推断之前应注意其使用条件，包括：

（1）可比性　若资料中各组均数本身不具可比性则不适用方差分析。

（2）正态性　即偏态分布资料不适用方差分析。对偏态分布的资料应考虑用对数变换、平方根变换、倒数变换、平方根反正弦变换等变量变换方法变为正态或接近正态后再进行方差分析。

（3）方差齐性　即若组间方差不齐则不适用方差分析。多个方差的齐性检验可用 Bartlett 法，它用卡方值作为检验统计量，结果判断需查阅卡方界值表。

方差分析可分为单因素方差分析、两因素方差分析和多因素方差分析。单因素方差分析多用于完全随机设计的多组资料的均数比较中。对随机区组设计的多个样本均数比较应采用多因素方差分析。两类方差分析的基本步骤相同，只是变异的分解方式不同，对成组设计的资料，总变异分解为组内变异和组间变异（随机误差），即 $SS_{总} = SS_{组间} + SS_{组内}$，而对配伍组设计的资料，总变异除了分解为处理组变异和随机误差外还包括配伍组变异，即：$SS_{总} = SS_{处理} + SS_{配伍} + SS_{误差}$。整个方差分析的基本步骤如下：

①建立检验假设：

H_0：多个样本总体均数相等；

H_1：多个样本总体均数不相等或不全等。

检验水平为 0.05。

②计算检验统计量 F 值；

③确定 P 值并作出推断结果。

【小结】

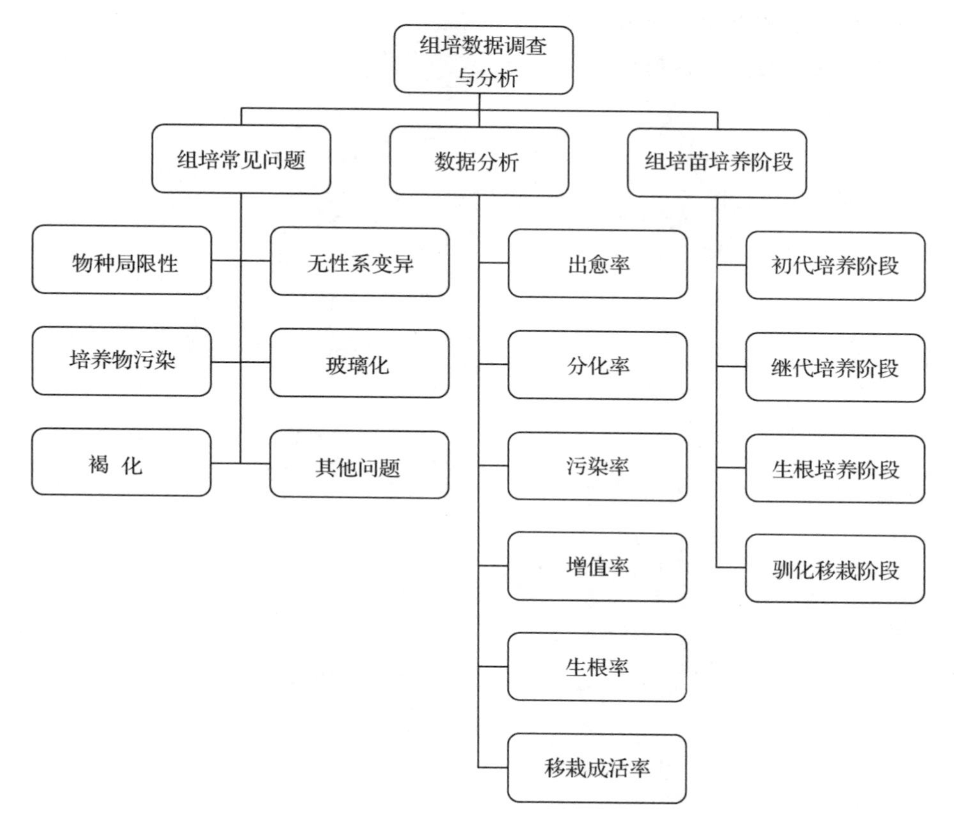

【练习题】

一、选择题

1. 在菊花的组织培养操作完成3 d之后，发现有的瓶内外植体生长正常，有的瓶内外植体死亡，你认为外植体死亡的原因不可能是(　　)。

A. 接种时培养基灭菌不彻底

B. 接种工具灼烧后，未等工具冷却即接种

C. 遇上组织形成初期没有给予充足的光照

D. 培养过程中保持温度、pH值的适宜，但未及时调整各种营养物质、生长调节剂的比例

2. 组培主要技术指标有(　　)。

A. 出愈率　　B. 分化率　　C. 增殖率　　D. 生根率

E. 移栽成活率　　F. 污染率

3. 组培污染的主要病原物有(　　)

A. 细菌　　B. 真菌　　C. 霉菌　　D. 支原体

二、简答题

1. 植物组织培养中常用的灭菌方法有哪些?
2. 组培苗黄化产生的原因有哪些?

项目八　花卉组培快繁

【学习目标】

终极目标：

掌握花卉组培快繁技术。

促成目标：

1. 掌握红掌、彩色马蹄莲、蝴蝶兰、非洲菊和大花蕙兰的组培快繁技术；
2. 熟悉试管苗的特点，清楚提高试管苗移栽成活率的措施；
3. 熟悉芽、茎尖和茎段等器官的培养方法与影响因素。

工作任务一　红掌组培快繁

【任务描述】

组培物种：红掌（*Anthurium andraeanum*），又名花烛、安祖花、幸运花、红苞芋等，为天南星科花烛属多年生常绿草本植物（图 8-1）。由于其花叶优美、花型独特、花色多样、花期长且全年开花，市场规模巨大。随着红掌的热销，其种苗的需求量也不断攀升，传统的繁殖方式无法满足市场需求，因此组培快繁技术成为红掌种苗工厂化生产的主要手段。

外植体：茎尖。

再生途径：丛生芽增殖型。

操作程序：腋芽的采集及消毒→丛生芽诱导增殖→壮苗生根→驯化移栽。

图 8-1　红　掌

实践成果：建立红掌组培无性快繁体系。

分析：本任务是利用红掌的茎尖（萌蘖腋芽）作为外植体直接诱导丛生芽，通过丛生芽增殖型再生途径完成红掌植株的再生过程。关键技术是外植体的彻底灭菌和茎尖诱导培养时的光照管理。

【任务实施】

一、茎尖培养

1. 材料预培养

选择性状良好、无病虫害、健壮的红掌植株置于人工气候室内预培养，用棉签蘸取

图 8-2 预培养产生的腋芽

70 mg/L 6-BA 溶液涂抹红掌的根茎部分，每周 1 次，连续 4 周后即可得到苗高 2～3 cm 的腋芽(图 8-2)。

2. 腋芽的采集及灭菌

(1)采集 从预培养的健壮母本植株上切取侧芽→去除叶片、叶鞘，保留完整茎尖。

(2)预处理 洗洁精水清洗 5～10 min→流水冲洗 1h 后备用。

(3)灭菌 70%酒精浸泡 30 s→无菌水漂洗 1～2 次→2.6%次氯酸钠浸泡 15 min→无菌水漂洗 3～5 次。

3. 丛生芽诱导

(1)接入丛生芽诱导培养基 在超净工作台上用无菌滤纸吸干茎尖表面的水分→直接接入丛生芽诱导培养基，即 MS 或改良 MS(NH_4NO_3、KNO_3含量均为 250 mg/L)并添加 6-BA 1.0～2.0 mg/L 和 NAA 0.1～0.5 mg/L(pH5.6～5.8)。

(2)丛生芽产生 接种后保持培养室温度为(25±2)℃，暗培养 7 d→转入光强 1000～2000 lx、光照 12 h/d 的条件下继续培养→接种 10 d 后可观察到愈伤组织→20 d 后愈伤组织膨大凸起，继而分化出不定芽→45 d 后形成大量丛生芽(少则 3～4 个，多则 6～7 个)。

4. 丛生芽增殖

(1)丛生芽切割转接 ①将高 1～1.5 cm 以上的芽苗分切成单株，去除 1.5 cm 以上的叶和底部老化的愈伤组织(通常为黄褐色)，芽苗基部保留约 0.5 cm 的愈伤组织块，转接到增殖培养基(MS 或改良 MS+6-BA 2.0～3.0 mg/L+NAA 0～0.3 mg/L)上培养。②低于 1 cm 以下的芽不必切下，与相连的大苗或愈伤组织团块(0.6～0.8 cm^3)一起接入增殖培养基(MS 或改良 MS+6-BA 1.0 mg/L+NAA 0.1 mg/L)上继续培养。

(2)增殖培养 培养条件与丛生芽诱导时条件相同，培养约 50 d 后丛生芽可增殖 5～6 倍。

5. 壮苗生根培养

(1)壮苗切割转接 选长 2～3 cm 的壮苗，切成单苗接种于生根培养基(1/2 MS+NAA 0.1～0.5 mg/L)上诱导生根。在生根培养基中添加 0.5 mg/L 的 IBA 可增加根的条数和根长，并缩短生根时间。

(2)生根培养 7～10 d 后幼苗基部开始出现白色根尖，随后逐渐伸长，30 d 左右生根达最佳，同时试管苗长至 3～4 cm 高，即可驯化移栽。生根培养时适当提高光照强度、延长光照时间，可增加试管苗的粗壮度，提高移栽成活率。

温馨提示

- 采集红掌侧芽时，最好选没开花的苗，脱毒成功率高。同时避免伤口对母株造成伤害，工具要消毒，取材后用杀菌剂涂抹伤口。
- 红掌为热带植物，茎段、腋芽等都带很多内生菌，每剥离一层茎尖外的叶片后，刀片最好重新灼烧冷却后再使用。同时，在接入丛生芽诱导培养基前，若内生菌严重，可先接种在添加了3种抗生素(500 mg/L氨苄青霉素、100 mg/L硫酸链霉素或1000 mg/L制霉菌素)的MS培养基中培养，约14 d后再接入丛生芽诱导培养基。
- 红掌离体培养时容易产生褐变，茎尖不宜切得太小。
- 苗床用漂白粉消毒后，待余味散尽再摆穴盘。
- 红掌对杀虫剂敏感，所以要准确控制杀虫剂的浓度。

二、驯化移栽

1. 驯化移栽前准备

(1)苗床搭建　在温室内搭建1 m高的床架(铺两层无纺布用于保湿)，用漂白粉对苗床进行彻底消毒。床架上搭建小拱棚，并盖上塑料薄膜。在距床1 m左右高的空中搭盖活动遮阳网(遮光度75%)，床架上悬挂干湿温度计。温室外使用固定遮阳网(遮光度50%)。

(2)穴盘和基质　根据移栽量需准备穴盘(72穴或128穴)和驯化基质(10 mm以下的草炭等)。穴盘用800~1000倍液百菌清浸泡过夜；将草炭搓碎后喷水，并用1000倍多菌灵消毒10 min，基质湿度达到捏可成团、松开易散即可。

(3)装盘　将消毒过的基质装入穴盘，基质轻压不陷坑有弹性为宜。

2. 驯化移栽

(1)炼苗　选择具3~4条根且根长为1 cm左右的红掌组培苗，将其置于温室内阴凉弱光处放置3~5 d，然后开瓶加少量水炼苗2 d左右。

(2)出瓶与消毒　在清水中洗净根部培养基，然后置于800~1000倍百菌清中浸泡5~6 min，取出后选择生长健壮、无变异的组培苗分级摆放在消过毒的泡沫盒中，注意保湿。

(3)移栽　用消毒过的锯条或方便筷在穴盘上打孔栽苗。每穴1株，深度以埋住根系不倒伏为准，轻轻压实。大苗(株高3~4 cm、叶3~4片、根3~4条)栽入72穴盘；小苗(株高2~3 cm、叶2~3片、根3~4条)栽入128穴盘。

(4)摆盘　先用6000倍新植霉素将苗床喷透，再将穴盘按顺序摆放好，立即用6000倍新植霉素溶液喷洒，然后在拱棚上覆塑料薄膜保湿。

3. 栽后管理

(1)温度和光照　温度以20~25℃之间为宜，不要超过35℃；空气相对湿度控制在95%以上。移栽初期，光照控制在800~1000 lx，10 d后逐渐提高，但不能直射。

(2)肥水　栽后 7～14 d 定期喷 6000 倍新植霉素溶液，2～3 次/d，保证基质湿润状态。14 d 后按 2 次/d、1 次/d 和 1 次/2 d 逐渐减少喷雾频率，以苗不萎蔫为准。喷雾时可用清水与新植霉素溶液进行轮换，同时喷雾时可在清水中加入一定浓度的阿维菌素。到 40 d 左右小苗长出新叶，出现吐水现象，说明小苗已长新根，可逐渐撤去塑料薄膜，1 个月后逐渐撤去无纺布和遮阳网，进入常规管理。

(3)上盆养护　当红掌试管苗长出新叶后即可进行上盆养护。上盆时不必施基肥，可每隔 7～14 d 追施 1 次稀薄液体肥料，供水还是以喷雾为主。

红掌茎尖组培和快繁操作任务实施图解如图 8-3 所示。

【知识链接】

一、红掌的特性和应用

红掌于 1876 年由法国植物学家 Édouard André 在哥伦比亚西南部采集到原种，比利时植物学家 Jean Jules Linden 率先栽培并开始销售，从此便作为商品风靡全球。

1. 形态特征

该种株高因品种不同而异，可达 1 m，一般株高为 50～80 cm，茎节间短，根肉质。叶自根茎抽出，长 20～40 cm、宽 12～18 cm，叶革质，具长叶柄，单生，叶色深绿，长圆心形，有光泽，全缘，叶脉凹陷。进入成年期以后，花依循一叶一花形式生长，自叶腋抽出，高出叶片，肉质佛焰状花序直立于苞片中，形如灯台，花序由两性花聚生形成表面密布刺突的柱状体，黄色，花两性，花被具四裂片，雄蕊 4，子房 2 室，每室有 1～2 胚珠。佛焰苞呈阔心形，色泽艳丽、革质，色彩丰富，有橙红色、大红色、粉色、白色、绿色等。其花形奇特，颜色多种多样，全年可开花，因佛焰苞片外被蜡质，花期较长可达数月之久，且无香味，更适合敏感者或大型、高档场所摆放；红色系红掌更寓意吉祥，有热情、大展宏图之意。

2. 生态习性和栽培

红掌原产于中南美洲热带雨林地区，生境多为潮湿半阴环境，常雾雨连绵，故性喜温热多湿但又排水通畅的环境，怕干旱和强光暴晒。在栽培种，光照强度 15 000～25 000 lx 的环境下可生长良好，但苗期需要的光照强度较弱，在 10 000～15 000 lx 之间即可，过强易出现黄化及生长缓慢，过弱易引起叶小而植株徒长。一般情况下，红掌最适生长温度为白天 25～28℃，夜晚不低于 15℃，当温度高于 32℃时，会造成叶灼、苞片褪色等降低花朵寿命与品质的现象。湿度则要根据气候条件调整，当温度低于 20℃时，相对湿度控制在 60% 以下；当温度在 20℃～28℃时，相对湿度应保持在 60%～80% 之间；当温度高于 30℃时，湿度最好控制在 80% 以上。红掌原为附生植物，具有肉质气生根，这一特性决定了红掌的栽培基质应具备良好的排水透气性，孔隙度要在 30% 以上，同时腐殖质含量要高，以保证有足够的氧气供植物呼吸作用，否则容易造成植株根系腐烂。

图 8-3　红掌茎尖组培与快繁操作任务实施图解

二、红掌组培快繁概况

自从1974年Pierik等人首次通过愈伤组织诱导不定芽的形成，快繁红掌成功以后，经过人们不断的完善和优化，红掌的组织培养技术已经广泛地运用于生产。国内外研究者都致力于采用组织培养技术繁育大量优质种苗，以满足市场需要，已形成了基本的流程（图8-4）。国外技术已经比较成熟，国内从事红掌组培研究的单位比较多，但存在建立再生体系慢、繁殖速率不高、种苗整齐度不均以及种苗易退化等问题。

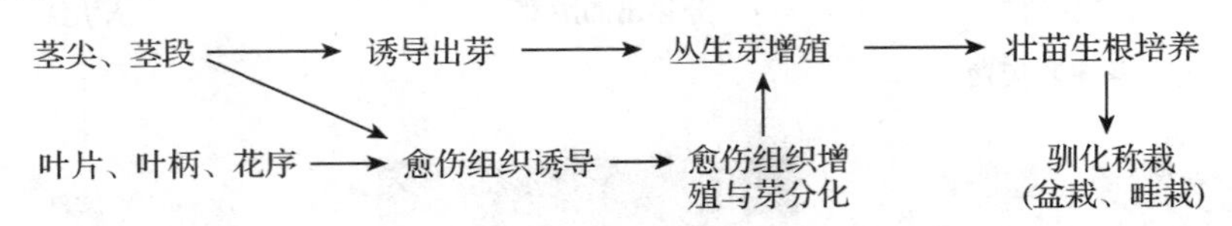

图8-4 红掌组培与快繁操作流程

1. 外植体的选择

红掌组织培养采用的外植体种类较多，主要有叶片、叶柄、茎尖、根尖、花序等。其中，叶柄最易诱导出愈伤组织，茎尖最易诱导出丛生芽，外植体最易消毒的是叶片。通常红掌离体器官再生的途径有两种：一是以茎尖为外植体的丛生芽增殖途径；二是除茎尖外的外植体的器官发生途径。换言之，外植体的类型直接决定着不定芽分化的方式，叶柄、叶片等外植体大多是通过形成愈伤组织再分化形成不定芽，同时也可能会出现由于“嵌合”性而导致的变异。总体而言，获取的外植体越幼嫩，快繁培育越容易成功。

2. 培养基成分和条件

培养基中无机盐和激素的种类、浓度及有机附加物都会对红掌组培效果产生较大的影响。低浓度铵盐有助于愈伤组织的发生和芽的诱导，常见的基本培养基有1/2 MS、改良MS（NH_4NO_3、KNO_3均为250 mg/L）、ZS（NH_4NO_3 412 mg/L、$FeSO_4 \cdot 7H_2O$ 9.3 mg/L，其他成分同MS）、B_5、N_6、P等。

有研究表明，红掌对激素的反应较为敏感，从愈伤组织诱导到不定芽的分化及生根各阶段，都要求较低的激素水平（1.0 mg/L左右），反之则抑制生长。2,4-D是诱导愈伤组织发生的主要因素，而在分化阶段培养基中不能添加2,4-D；6-BA既可以配合2,4-D诱导脱分化，又可以诱导愈伤组织分化，通常用量在1～3 mg/L。另外，在培养过程中存在激素累积效应，长期培养的愈伤组织容易退化，甚至丧失再生功能。一般红掌愈伤组织继代15～20代，便会出现不同程度的退化，需要重新建立培养体系。同时，光照是红掌愈伤组织发生的必要条件，以叶片和叶柄为外植体的培育可以直接在1000～1500 lx的自然散射光下进行；而茎尖和芽在初代培养前期暗培养10 d，后期可进入正常的光照培养期。

【问题探究】

1. 不同环境因子对红掌组培快繁有何影响？
2. 如何解决红掌内生菌严重的问题？

3. 如何控制红掌发生褐变?

【拓展学习】

植物组培中体细胞的无性系变异

在植物组织或细胞培养中，细胞及再生植株往往会出现各种变异，在这些变异中，有些是生理上的原因，为不遗传的变异，而另一些则是由遗传物质发生改变的结果，为可遗传变异。

一、变异机理

体细胞无性系变异的机理到目前为止还不十分清楚，可能的原因主要包括以下 4 个方面。

(1)预先存在的变异

①来源于不同组织、染色体倍性存在差异的细胞，又称为多细胞外植体(multicellularexplants)。

②嵌合体(chimera)：Harmann(1983)认为，嵌合体的存在主要是由于“构成组织的细胞遗传背景不同，或是分生组织中含有变异细胞”，在自然条件下，植物的体细胞中隐性基因发生显性突变。

(2)组培中发生的遗传变异　即在细胞脱分化、再分化过程中所产生的变异。

(3)转座子的活化　转座因子可分为转座子和逆转录因子，均可在离体培养中被激活。由于组织培养改变了细胞分裂的正常周期，使细胞处于高速分裂的状态，异染色质 DNA 复制延迟，从而使带有异染色质区的染色体发生断裂的频率提高。染色体断裂能够激活转座子，即组织培养能够激活或释放转座因子，转座因子在染色体组内移动，从而引起基因突变或染色体重组。

(4)DNA 扩增或减少　DNA 序列的扩增或减少与体细胞无性系变异有关，这种扩增或减少有可能增加或降低特定基因产物合成的数量，或打乱发育过程中的基因活性。在小麦、玉米、黑麦和烟草等植物中都发现核糖体 RNA 基因(rDNA)的数目可以随条件不同而增加或减少。

二、体细胞无性系变异的利用

尽管很早就有人注意到在离体培养过程中的体细胞无性系变异，在 19 世纪 80 年代，这些变异还总是被忽略，自 1971 年 Heinz 等人第一次在甘蔗的组织培养过程中报道了体细胞无性系变异后，此种现象并被证明广泛发生。体细胞无性系变异可能在早期即可显现，也可能一开始并不明显，通过栽培种植继而产生变异。花烛曾被报道过在离体培养间接器官发生途径中筛选出了一株花叶植株，并分别通过愈伤组织器官发生途径和腋芽增殖途径对其进行增殖，均分离到 3 种变异株，即花叶苗、黄化苗和天鹅绒绿色叶片苗，且均能够通过器官发生途径离体再生和繁殖，形成正常的根系，并保持一定的生活力，说明 3 种变异株系，特别是花叶嵌合变异株系，有希望在育种上作为母本材料或直接作为栽培品种应用。总的来说，植物组织培养过程中出现体细胞变异是一种很普遍的现象，且许多变异对植物性状改良是有益的，并可以稳定遗传。突变体在遗传、生理、生化等基础研究和植物改良上都具有重要的理论意义和应用价值。

工作任务二　彩色马蹄莲组培快繁

【任务描述】

组培物种：彩色马蹄莲(*Zantedeschia hybrida*)为天南星科马蹄莲属多年生球根花卉，佛焰苞的颜色丰富艳丽，有黄、红、粉、紫、黑、红黄复色等，花期长达3~4个月，是国际市场流行的高档盆花和鲜切花，市场需求量大(图8-5)。但传统繁殖方式分割块茎的繁殖系数低，容易感染细菌性软腐病等病害，因此通过组培技术手段可大大提高繁殖率，且能有效控制病害的发生。

图8-5　彩色马蹄莲

外植体：带芽眼的茎块。

再生途径：丛生芽增殖型、器官发生型。

操作程序：块茎催芽→带芽或芽眼的小茎块→取芽或芽眼接种→形成芽和愈伤组织→小芽丛转接→丛生芽增殖→生根转接→生根培养→驯化移栽。

实践成果：建立彩色马蹄莲组培无性系。

分析：本任务首先通过块茎芽眼培养芽和愈伤组织，然后经过丛生芽增殖培养和生根培养，培育出组培苗，最后进行驯化移栽。关键技术是打破休眠、控制污染，做到缩短培养时间，保证芽的高分化率。

【任务实施】

一、催芽处理

选择健壮的彩色马蹄莲植株，取其无伤痕、处于休眠状态的块茎，先用100 mg/L GA浸泡约1 h，然后将块茎置于大棚中或埋于土中，20 d左右芽眼萌动即可使用。

二、外植体的采集和灭菌

(1)采集　从催芽处理的块茎中选择正在萌芽的个体→用自来水刷洗掉泥土及最外层的褐色表皮。

(2)预处理　用洗洁精水清洗并浸泡约 20 min→流水冲洗 30～60 min→1500～2000 倍 50%多菌灵溶液中浸泡 2 h→流水冲洗 10 min。

(3)灭菌　超净台上围绕芽眼将块茎切成 1.5 m^3 小块→70%酒精浸泡 15～20 s→0.1%升汞 15～20 min→无菌水漂洗 1～2 次→2%次氯酸钠 15～20 min→无菌水漂洗 3～5 次。

三、丛生芽诱导

(1)接入丛生芽诱导培养基　在超净台上用无菌滤纸吸干表面的水分→将带芽或芽眼的小块切成 1 cm×1 cm×0.5 cm 大小→接入丛生芽诱导培养基(MS+BA 1～2 mg/L+NAA 0.1 mg/L)。

(2)丛生芽产生　接种后保持培养室温度为(25±2)℃，光强 2500 lx(12 h/d)→培养 30 d 后芽块周围形成芽和部分愈伤组织。

四、丛生芽增殖培养

(1)丛生芽切割转接　将有芽丛的愈伤组织切割成 0.5～1 cm 小块(去除 2 cm 以上的叶片，保留基部小叶和小芽)→接入增殖培养基(MS+BA 1～2 mg/L+NAA 0.5 mg/L)。

(2)增殖培养　培养条件与丛生芽诱导时条件相同，培养约 30 d 后丛生芽增殖系数可达 9 倍。

五、生根培养

当增殖培养的小苗长到 2～3 cm 高时，转入 MS 或 MS+NAA 0.1 mg/L 的生根培养基中培养，保持培养室温度为(25±2)℃，光强 2500 lx(12 h/d)，15～20 d 后生根。

六、驯化移栽

1. 基质选择

根据不同要求选择不同的基质(全蛭石、泥炭:珍珠岩:沙=1:2:2、泥炭:珍珠岩:沙=1:2:2 等)，进行全面消毒后填装苗床。填装要求松紧适宜，有弹性，在轻度按压松开后能恢复原样，并在苗床上搭拱棚。

2. 炼苗

将健壮瓶苗(根茎生长正常，茎部无愈伤组织，具 2～4 片叶，根系 2 cm 以上)放置于温室弱光处炼苗 5～7 d，再开瓶炼苗 1～2 d。

3. 移栽

在苗床内按照 10 cm×10 cm 株行距打孔，将炼苗结束后的彩色马蹄莲组培苗栽入孔穴内，四周轻轻压实。移栽结束后喷洒水和 1000 倍多菌灵溶液，将拱棚覆膜，上盖遮阳网。

4. 移栽后管理

(1)温度和光照　温度以 20～25℃之间为宜，不能低于 5℃或高于 25℃；空气相对湿度控制在85%~90%；遮光度控制在70%~90%之间，10 d后逐渐提高，但不能直射。

(2)肥水　栽后每周喷洒1次波尔多液。当新根长出后，逐渐加大通风。移栽成活的苗可转入盆栽、地栽进行种球培育或盆花、切花生产。

彩色马蹄莲芽眼组培与快繁任务实施图解如图8-6所示。

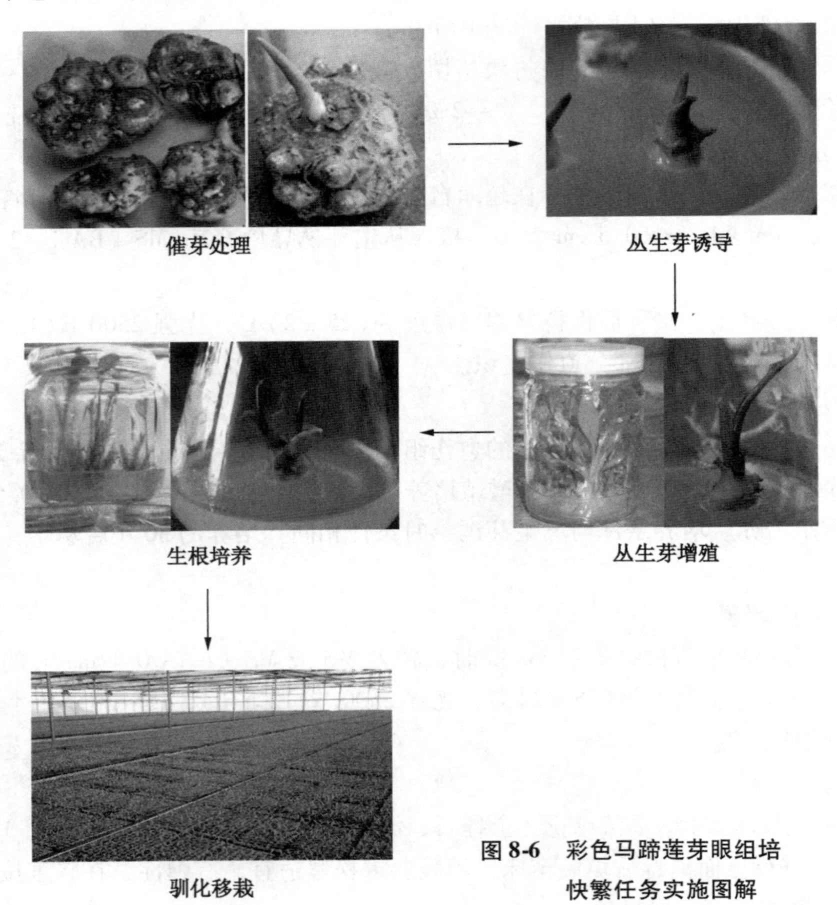

图8-6　彩色马蹄莲芽眼组培快繁任务实施图解

温馨提示

- 彩色马蹄莲块茎取自地下，带菌较多，先在50℃温水中处理10 min再进行常规灭菌，可有效降低污染率。
- 试管苗移栽以春夏季最好，成活率高。移栽的同时还应注意土壤通气性。
- 大多数彩色马蹄莲品种对栽培基质的变化不敏感，但移栽初期，可选择草炭:珍珠岩:沙=1:2:2的基质提高组培苗的移栽成活率，后期可考虑改用泥炭:珍珠岩:沙=1:2:2的基质，以获得良好的生长势。

【知识链接】

一、彩色马蹄莲的特性和应用

彩色马蹄莲(*Zantedeschia hybrid*)由6个野生种，即星叶点白花马蹄莲(*Z. albomaculata*)、星叶点黄花马蹄莲(*Z. jucunda*)、黄花马蹄莲(*Z. elliottiana*)、香水马蹄莲(*Z. odorata*)、黄金马蹄莲连(*Z. pentlandii*)、粉红马蹄莲(*Z. rehmanii*)杂交选育而成，品种间的形态、花色和生长适应性有明显差别。

1. 形态特征

彩色马蹄莲球茎顶端发育胚芽，向上着生茎叶。叶基生，叶片箭形或戟形，有光泽，全缘；叶柄长20~65 cm，下部有鞘。其最大的特征是花序具有大型的佛焰苞，状如马蹄。佛焰苞依品种不同颜色各异，有纯白、金黄、浅黄、粉红、紫红、橙红、绿等亮丽色彩。在佛焰苞的中央是由无数的小花构成的黄色、淡绿色圆柱形肉穗花序，雌花生于下部，雄花生于上部。雌花具雌蕊3枚，子房1~3室。浆果。

2. 生态习性和栽培

彩色马蹄莲性喜温暖潮湿及疏荫环境，既不耐寒，也不耐高温。生长适温为20℃左右，冬季最低室温要求在10℃以上。宜富含腐殖质、疏松肥沃、排水畅通的土壤。因此，自然生长的马蹄莲常见于河流或沼泽地中。彩色马蹄莲属于需肥较少的花卉。特别要求水质清洁，不含真菌。发根阶段有规律的浇水十分重要。生长适温为白天18~25℃，夜间13~16℃，基质温度不超过25℃，生根阶段理想温度是16℃。炎热季节需遮阴、通风，而冬季若无充足的光照，则会引起某些品种的着色不良、品质下降。

3. 生产和应用

彩色马蹄莲的肉穗花序包于红、黄、粉红、橘红、橙黄或红黄色佛焰苞内，同时绿叶常带月白色斑点或条纹，园艺价值较高，在国内外花卉市场深受欢迎，具有很大的发展潜力。

目前，彩色马蹄莲的商业产品的开发研究主要集中在新西兰、荷兰、美国等国家，其彩色马蹄莲的组培快繁技术已十分成熟，产量很大。国内首先于1988年在广西引种成功。彩色马蹄莲的生产在国内还存在着如外植体来源有限、污染率高、繁殖系数较小、移栽成活率不高等问题，加上科研投入有限，国内能够规模化生产彩色马蹄莲的公司较少，产量有限，远远不能满足市场的需要。长期以来，培养彩色马蹄莲所需的种球依靠进口，成本较高，用量大，且储藏和调运增加成本，限制了大面积的推广。利用组织培养方法获得再生植株，并在较短时间内快速增殖，获得大量组培苗是解决这些问题的有效途径。

二、彩色马蹄莲组培概况

在传统栽培中，彩色马蹄莲的繁殖主要通过播种法和分生法进行。播种法周期长，繁殖系数小，而且变异大，很难保持彩色马蹄莲原有的优良性状。而分生法一般仅在休眠期进行，取小块茎种植，第二年方可开花，周期长，繁殖系数较低，且长期采用这种无性繁殖方法，会使马蹄莲花叶病毒病发生严重，导致种系退化，产量和品质下降，这是目前生产上亟待解决的问题。利用组织培养方法获得无毒或少毒再生植株，并在短时间内快速增殖，获得大量组培苗是解决这一问题的公认有效途径。1981 年 Cohen D. 等成功地进行了马蹄莲的离体培养。我国对马蹄莲组织培养的研究起步较晚，最早于 1989 年由林荣等报道了马蹄莲离体培养成功。目前，彩色马蹄莲组培快繁的基本操作流程如图 8-7 所示。

彩色马蹄莲组织培养的几个关键方面进展如下：

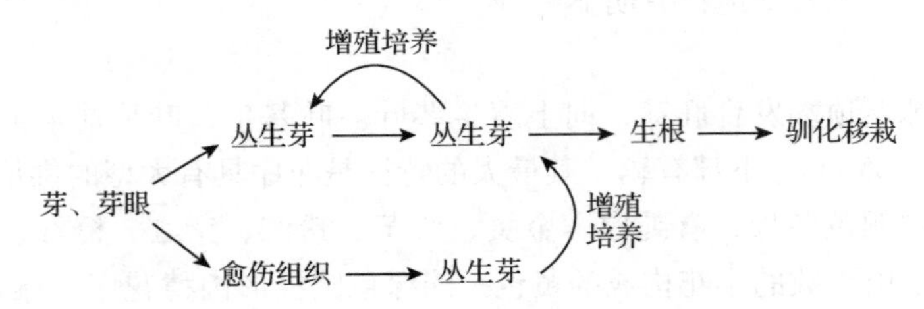

图 8-7　彩色马蹄莲组培与快繁操作流程

1. 外植体

迄今为止，经组织培养成功的植物，所使用的外植体几乎包括了植物体的各个部位，如根、茎(鳞茎、茎段)、叶(子叶、叶片)、花瓣、花药、胚珠、幼胚、块茎、茎尖、维管组织、髓部等。使用块茎进行彩色马蹄莲的组织培养是最为成熟和有效的，采用叶柄、茎尖进行组培研究的报道较少。但彩色马蹄莲采用的外植体是在潮湿土壤中生长的块茎，极易在块茎外部和内部携带及感染各种真菌、细菌等微生物，这是引起彩色马蹄莲块茎外植体在初代培养中污染率较高的主要原因，所以需要更多更细致的试验摸索其最佳的灭菌方法。只采用单一常规方法灭菌，因外植体灭菌效果不好，往往会对外植体诱导培养产生较大的影响。李群(2001)采用多重灭菌方法相结合，收到明显效果：①通过 48℃热水预处理 1 h，再用 0. 1% 升汞溶液灭菌 5 min，污染率可明显下降；②在 3 g/L 的代森锰锌溶液(杀菌剂)中振荡预处理小球外植体 24 h，冲洗后再用 70% 酒精浸泡 30 s，0. 1% 升汞溶液灭菌 5 min，然后放入 200 mg/L 的氯苄西林钠、250 mg/L 硫酸链霉素和 6. 25 mg/L 硫酸庆大霉素处理 24 h，可使污染率下降到 21. 34%。同时也有报道指出，采用休眠期块茎比生长期块茎的诱导培养成功率高 4 ~ 5 倍，消毒时间可缩短 50%。

2. 培养基

经长期的组培研究，MS 培养基适用于进行彩色马蹄莲的组培快繁。部分研究表明，1/2MS 培养基和 MS 培养基在组培过程的效果上存在差异，如孙新政等以红色马蹄莲块茎为外植体的组培研究中，在芽诱导和生根培养阶段分别采用 MS 和 1/2MS 培养基进行比较，其结果显示，1/2MS 培养基中的芽诱导率和生根效果均优于 MS 培养基。而陆方方等在针对黄色马蹄莲的组培研究中，将试管苗分别接种在 MS 和 1/2MS 培养基上，前者的平均生根数略高，且苗的生长也比后者健壮。培养条件对不定芽的诱导增殖也有一定的影响，按影响程度大小来说，蔗糖浓度 > pH > 基本培养基 > 光照周期。

3. 植物激素

在彩色马蹄莲的组培过程中，植物激素的种类和配比是形态建成的方向和关键。吴丽芳、熊丽以 MS 为基础培养基，以彩色马蹄莲球状块茎上的芽或芽眼作外植体的研究表明，BA 浓度高，利于愈伤组织的增殖，不利于芽的分化，随着 BA 浓度的降低，并适当增加生长素浓度，可促进愈伤组织分化成苗及生根。研究表明，在不定芽诱导上，细胞分裂素如 BA、KT 是不定芽诱导的关键因素，0.5～1 mg/L 的 BA 诱导效果较好，而以 3 mg/L 的 BA 增殖效果最好；在试管苗种球诱导培养上，BA 对彩色马蹄莲的试管苗种球诱导培养有显著的促进作用，在 0.5～4 mg/L 的 BA 浓度范围内，随着 BA 浓度的升高，种球的结球率与种球个体都呈增加状态，而以 2.5～3 mg/L 的浓度最好。

【问题探究】

1. 怎样促进彩色马蹄莲块茎芽萌动?
2. 彩色马蹄莲的丛生芽诱导关键技术是什么?

【拓展学习】

彩色马蹄莲组培过程中的常见问题

一、污染控制

除了采用常规的消毒方法，在培养基中添加有针对性的抗生素或者抑菌剂以实现较低的污染率。但有报道在多数情况下使用抗菌素只能抑制细菌的生长而不能杀死它，浓度太高对植物有一定的毒害作用，而且抗菌素一般不稳定，遇酸碱或加热易分解而失去活性，这些问题的存在使得抗菌素的使用受到一些限制。随着科技的发展，组织培养研究的不断深入，将会有更完善、更有效的控制污染技术在组织培养工作中得以推广应用。

二、褐变问题

防治褐变的手段一般根据实际情况而使用多种方法，除了选取适当的外植体，还包括选择合适的培养基和培养条件，以及在培养基中附加维生素 C 和活性炭。此外 ，蛋白水解产物、氨基酸、2-巯基苯并噻唑、硫脲、二氨基二硫代硫酸钠、氰化钾、多胺等物质都可作为抑制剂来防止褐变的发生。

三、玻璃化问题

最早由 Phillips 和 Mathews、Hacket 和 Aderson 在石竹茎尖培养时出现了半透明、状态异常的试管苗，由 Debergh 等首次进行系统研究并提出“玻璃化”一词。长期以来，国内外学者对玻璃化苗的解剖学特点、生理生化变化、形成原因及控制方法进行了深入的研究。一般认为，玻璃化发生的内在机制主要围绕水势平衡、激素平衡和矿质元素平衡等因素，而防治玻璃化发生的可能途径包括改善光照、选用透气封口膜、降低细胞分裂素的浓度等。

无论是褐变还是玻璃化现象，目前的防治措施都是治标不治本，从大量的研究报道得出的经验来看，选择适宜的外植体并建立最佳的培养条件，针对不同种类植物不同个体的适应性差异问题，进行个别因子的试验，是解决这类问题的主要策略。

工作任务三　蝴蝶兰组培快繁

【任务描述】

工作对象：蝴蝶兰（*Phalaenopsis aphrodite*）

技术路线：初代培养（花梗侧芽促发丛生芽）→继代培养（丛生芽增殖）→壮苗培养→生根培养→瓶苗。

外植体：带侧芽花梗截段。

再生途径：丛生芽增殖型。

实践任务：获得蝴蝶兰组培快繁无性系、获得合规商品瓶苗。

实践要求：计划完整具体可行，操作符合规范，瓶苗质量与污染率符合标准。

【任务实施】

一、操作前准备

1. 计划

学生分组操作。各小组根据任务与知识链接，制订方案，确定所需设备用品，制订操作流程，做好人员分工，教师检查任务项目，合格后可以实施。

2. 准备

（1）设备用具　配制升汞、医用究酒精等外植体灭菌用药剂；常规 MS 培养基及其制备所需的工具药剂；NAA、6-BA 等植物生长调节剂；活性炭、椰子汁、香蕉等辅助添加物；常规接种用工具；其他常用组培用具。

（2）植物材料　健壮的蝴蝶兰带花梗植株（已开放株）。

（3）初代培养培养基制备　制备 1/2MS + 6-BA 3.0 mg/L + NAA 0.2 mg/L + 2% 蔗糖培养基，同接种工具无菌水等灭菌待用。

二、外植体选择与处理

1. 选材

①选择市场适销、开花正常、无病虫害的健壮植株作为亲本。

②亲本选定以后立即对生物学特性做认真、详细的记录，编号、挂牌（植株和花梗必须分别挂牌）之后放置于亲本棚进行养护，待用。

2. 花梗外植体采集

①首先自基部以上 2 cm 切下整枝花梗，然后取基部以上 4～5 节不长花苞且苞片下有

1个营养侧芽的节段作为外植体。

②外植体整理：统一带回组培室用70%的酒精棉球全面擦拭花梗段，进行表面消毒，晾干后切分为约5 cm长放入超净工作台灭菌。

3. 外植体灭菌

70%酒精浸泡15 s→0.1%升汞+0.1%吐温-20浸泡10 min→无菌水漂洗5次。

三、初代培养

1. 初代接种

将外植体两端切口各切去0.5 cm，剩余花梗切成长约2 cm带芽的切段，置于无菌纸上吸干水分，在不伤芽的情况下小心剥去苞片，基部向下插在培养基上。封口摆架。

2. 培养条件

温度27~30℃；光照时间16 h/d；光照强度2000~3000 lx；时间为至花梗侧芽萌发长出2~4片叶片，需6~8周。

3. 初代培养转接种

当初代接种2~3周后出现褐化或其他次生代谢物堆积时，将培养花梗段转接到同配方新培养基上继续培养。

四、继代培养

丛生芽增殖培养

(1)培养基配制　1/2MS+6-BA 3.5 mg/L+KT 1 mg/L+2%蔗糖+香蕉汁10%，pH 5.5。

(2)转移接种　将萌发的芽切下并切去叶片后转移接种至增殖培养基上，接种量为每个培养瓶约10株，封口后培养。

(3)培养条件　同初代培养，时间7~8周，至多数丛生芽分化萌出，增殖系数3~6。

五、壮苗培养

(1)培养基配制　1/2MS+0.2 mg/L NAA+10%香蕉汁+2%蔗糖。

(2)挑选　选择生长健壮、长势比较好的丛芽，其他的则根据生产需要继续增殖或淘汰。

(3)转移接种　将已经长出3~4片叶的丛芽切分成单芽，去除部分叶片及气生根，基部向下插在壮苗培养基上，每瓶约25株，封口标记培养。

(4)培养条件　同初代培养，至苗具2~3叶、叶长2 cm时。

六、生根培养

(1)培养基配制　固体1/2MS+NAA 0.3 mg/L+6-BA 1.5 mg/L+10%香蕉汁+2%蔗糖。

(2)转移接种　淘汰夹杂于壮苗间的畸形或黄化苗，将健壮、长势良好的苗基部向下接种于生根培养基上，接种密度12株/瓶，封口标记培养。

(3)培养条件　同初代培养，3 周左右开始发根，2 个月后可作为商品瓶苗。

七、清理现场

每次实训完毕后安排值日组清理现场。要求设备用具归位，现场整洁，记录填写完整。

八、讨论与评价

每次实训后小组自检任务完成情况，小组间互评任务完成效果，教师点评。

【知识链接】

蝴蝶兰(*Phalaenopsis* spp.)为兰科蝴蝶兰属植物，是一种热带气生兰，为“洋兰”的一类。蝴蝶兰花形似蝴蝶，形态美妙，色彩丰富，花期长，在热带兰中素有“兰花皇后”之美称。蝴蝶兰种类丰富，分布广，东起菲律宾、新几内亚，南达澳大利亚北部，西至苏门答腊，北到我国台湾、云南、四川西部均有原种存在。有 70 多种，其中我国有 7 种，全部为附生兰。蝴蝶兰商品化大规模栽培十分成功，是近年来在国际花卉市场上最受欢迎的洋兰。

蝴蝶兰常规繁殖方法有分株和种子繁殖：分株繁殖可在成熟的大株剪取带 2～3 条气根的苗另行栽植，余下的茎基部经过一段时间，能长出新芽而形成新株，待新株长出 2～3 条气根后，春季可分株栽植。但蝴蝶兰单株性比较强，侧芽极少，在栽培过程中很少会产生分株，因此繁殖系数低，不能满足商业生产需求。而蝴蝶兰需经人工授粉才能获得种子，常规情况下种子发育不完全，没有胚乳，只有一层极薄的种皮，极难萌发，成活率低。随着市场的需求量越来越大，组织培养作为一种新的繁殖手段被重视与利用起来。作为工厂化生产蝴蝶兰的一种有效方法，利用蝴蝶兰花梗侧芽、叶片、茎尖等外植体，可增殖培养出大量植株。通过组培技术繁殖的蝴蝶兰苗生长、开花比较整齐一致，可完全保存母株的花色性状。

一、常用培养路线

由于蝴蝶兰成熟植物体所取得的，除顶端生长点外的外植体很难诱导脱分化与再分化，为实现增殖的主要目的，组织培养的总体思路主要有二：一是通过促使休眠芽萌发得到营养芽，再诱导营养芽丛生增殖，最后分离并分化为单个完整植株；二是通过诱导休眠芽、种子等发育得到幼嫩的小植株，之后取小植株上分裂能力强、快速生长中的组织诱导类原球茎，再分割类原球茎增殖，之后诱导分割下的原球茎成为独立小植株。

蝴蝶兰实生繁殖亦借助组培操作技术，通过无菌播种于培养基上，增加种子萌发几率，但属有性繁殖范畴，故无法保证能保留亲本的优良性状，现多用于育种，极少用于工厂化育苗。

二、其他培养方法

蝴蝶兰母本上不同部位外植体的成活率有差异，其中花梗侧芽的成活率最高，其次为花梗，叶片和根尖最差。若外植体从组培分化后的小苗上采取，则快速生长中的茎尖、刚

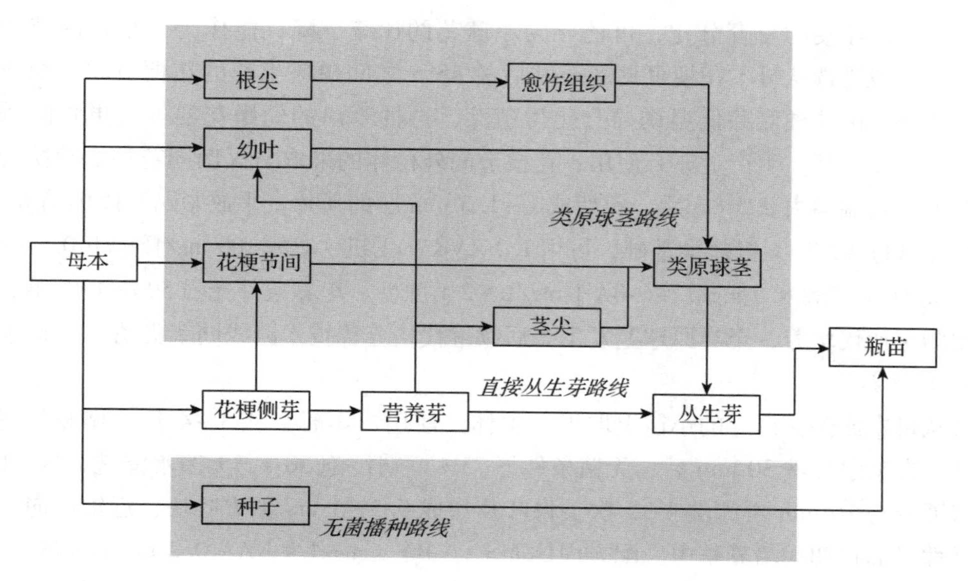

图 8-8　蝴蝶兰组培快繁无性系再生路线

抽葶花梗都有极高的成活率，但此法初期培养难度较大、时间较长，故应根据生产条件、技术水平及需求选择培养方法(图 8-8)。

1. 茎尖培养

茎尖是组培成功率较高的部位，但蝴蝶兰的茎尖深藏于叶片夹缝中，且常位于基质之下，分离和消毒都比较困难，且会牺牲母株，因此常用方法为先诱导花梗侧芽成为小苗，再利用小苗的茎尖进行培养。具体方法为：取组培无菌小苗，下剥切取约 0.3 mm 茎尖，接种到 MS + 6-BA 3 mg/L 固体培养基上，在温度(25 ±2)℃，光强 1500 lx，10 h/d 条件下培养。约 2 周可见茎尖膨大，呈浅绿色半球状；之后继续培养可见表面突起一个个瘤状物，部分表面细胞分化出根毛状物；8 周后，长成桑葚状类原球茎，约 0.5 cm 时可进行继代增殖。继代增殖时将类原球茎沿表面沟回切割成几小块，切块须大于 2 mm 且带有复数增殖点方能快速增殖发育。之后转入 MS + 6-BA 2 mg/L + NAA 0.5 mg/L + 2% 蔗糖 + 20% 椰汁固体继代培养基中增殖培养。培养条件同初代培养，至 8 周增殖至 0.5 cm 以上时，再继续继代增殖或切开丛生小植株同条件下进行壮苗培养。壮苗培养基固体 1/2MS + IBA1.5 mg/L + NAA 0.1 mg/L + 2% 蔗糖 + 活性炭 5 g/L + 20% 椰汁。4 ~ 8 周至植株健壮将其小苗转入 1/2MS + NAA 0.8 mg/L 的生根培养基，相同条件培养至符合瓶苗规格。切离丛生小植株时，基部未分化的原球茎及刚分化的芽应再接入诱导培养基中，作为种苗继续增殖分化。一段时间后，将长大合规的瓶苗移出种植。

2. 花梗节间的培养

蝴蝶兰花梗也具有分化为原球茎的能力，但随着组织的成熟能力逐渐降低，从第一花蕾可见起，随花梗的发育分化，可诱导为原球茎的比率下降，能作为外植体的节间也变短，因此一般挑选从母本花梗可见起至其后的45 d之间快速生长的花梗节间组织作为外植体。此外，由花梗侧芽低温诱导分化生殖芽，再抽葶出的幼嫩花梗具有更强的诱导能力，且可保证无菌，生产上亦有使用。花梗节间外植体的采取与灭菌同花梗侧芽接种，灭菌后花梗段两端各去0.5 cm后，斜切成1~1.5 mm厚的薄片，平放紧贴于固体培养基上。初代培养基以V&W无机盐为基础，可用1.2×V&W无机+肌醇100 mg/L+$VB_1$0.5 mg/L+B_6 0.5 mg/L+烟酸0.5 mg/L+6-BA 1 mg/L+2%蔗糖。培养条件光强500~1500 lx，其他同花梗侧芽初代培养，至类原球茎发生。后续继代培养等技术路线同茎尖诱导类原球茎。

3. 叶培养

可从母本或侧芽诱导的小苗上取得外植体。使用母本时，从3~4月龄蝴蝶兰植株上取幼叶，自来水冲洗30 min后，无菌条件下75%酒精浸泡30 s，无菌水漂洗2次，0.1%升汞溶液浸泡10 min再漂洗4~5次。将叶片切成0.5~1 cm见方叶块，近轴面向上平放或按极性竖插在初代培养基中。配方固体MS+6-BA 3 mg/L+NAA 0.2 mg/L+2%蔗糖+20%椰汁。于温度25~28℃、光强1600~2000 lx、10~12 h/d下培养6~8周，至每个叶诱导产生数个类原球茎。后续原球茎处理路线同茎尖诱导。

4. 无菌播种

将发育成熟的蝴蝶兰果荚在超净台上用75%酒精擦洗干净，用0.1%升汞消毒10 min，无菌水漂洗5次。纵切果荚，用刀片将果荚内种子刮出，撒落或涂布于培养基上。培养基用固体MS+6-BA 3 mg/L，播种15 d可见淡绿色膨大的胚，8周长至2 mm左右。转至固体MS+6-BA 1 mg/L的培养基中，再过8周长成2~3片叶小苗。再转至Kyoto培养基中，约8周后长成叶片间距6~8 cm的完整瓶苗。

三、注意事项

1. 群集效应

蝴蝶兰有极强的群集效应，在培养的过程中，特别是诱导出芽之后，单株芽苗培养生长发育速度及质量远逊于多芽株苗或接种密度较大的情况，应注意合理利用空间。

2. 生殖芽与营养芽的分化

花梗侧芽可萌发为营养芽或生殖芽，培养过程中需要根据培养目的进行控制，若需要茎尖、叶片诱导类原球茎或继续诱导丛生芽，则需诱导侧芽分化为营养芽，若需要花梗诱导类原球茎，则要诱导其分化为生殖芽。在培养过程中蝴蝶兰花梗侧芽的分化主要与温度相关，研究表明，培养温度保持在26℃以上时，花梗侧芽主要分化为营养芽，而温度高于15℃低于23℃时多数分化为生殖芽，实际生产中按需调控培养温度。

3. 褐化变质

蝴蝶兰培育过程较长，培养过程中外植体基部及附近培养基常会产生次生代谢物堆积而褐化的现象，并影响培养效果。解决的方法主要有5类，可联合使用：①及时转接到新同种培养基上，防止次生产物堆积；②培养基中加入1～5 g/L活性炭吸附次生代谢物，常需要与前一种方法共同配合使用；③增大外植体体积，减少外植体切分与修整过程中的创口面积，或减少创口与空气接触的面积；④控制6-BA浓度在2～5 mg/L范围；⑤在培养基中加入辅助活性物质，不但能够有效防止褐化，还能起到缓冲培养基pH与养分，提高培养质量与效率的作用，常用辅助物包括椰汁、香蕉泥、苹果汁、番茄汁、黄瓜汁等，椰汁效果最佳，加入量一般为培养基体积的8%～20%。此外，需要注意香蕉泥等加入后会改变固体培养基的硬度，一般需要适当减少琼脂等固型物的用量。

4. 无性系品质保持

(1)同个母本的使用期不要超过2年。

(2)一个外植体的增殖量保持在2000株以内；方能保证组培生产出来的种苗变异率低、抗病性强、遗传基因稳定。

5. 商品瓶苗接种量

作为商品瓶苗销售时，为了便于农户安排购买及种植计划，每瓶接种量以整十数为宜，但瓶苗销售过程中亦有淘汰率，为保证足量，一般每瓶接种12苗量较为合适。

四、瓶苗驯化移栽

当小植株长至4 cm左右，叶3～4片，根2～3条时可移栽。先将小植株带瓶移入温室内保持环境温度24～27℃、2000 lx自然光1～2周后，将瓶塞半开或完全打开炼苗3～5 d方可移栽。移栽时取出瓶苗，温水洗净其根部的培养基，并将根部或植株整体放于50%多菌灵的1000倍水溶液中消毒1～2 h，之后置于避光通风处晾干植株体至根部略发白，即可用消毒过浸湿并沥去多余水分的水苔包被根部，注意露出茎尖，栽植于穴盘中。刚定植的植株，控制温度白天20～25℃，夜间18～23℃。之后逐渐变动至白天25～29℃，夜间20～24℃为宜。初期湿度控制在85%左右，之后逐渐保持在70%。初期光照1500～2500 lx，可采用遮阳网处理，春秋用一层遮阳网遮光50%，夏季用双层遮阳网，遮光70%左右，冬季可适当减少遮阴。缓苗2周后逐渐提高光照强度至6000～8000 lx。蝴蝶兰根部忌积水，水分过多易引起根系腐烂，刚出瓶的小苗应勤补水，中苗或大苗应根据干湿程度浇水，一般情况下，在盆内基质表面已变干，水苔微发白时补水。春季可4～5 d浇水1次，保持盆内基质湿润。浇水时要让整个基质湿透，并充分沥水。浇水时间以上午或清晨为佳。幼苗移栽初期不可施肥，定植1个月后，可喷施稀薄液肥。

五、相关标准

(一)推荐使用的国家标准

(1)《蝴蝶兰种苗质量等级》(GB/T 28684—2012)　规定了蝴蝶兰种苗的术语和定义、质量要求、检验方法、检验规则、标志、包装和贮运等内容。适用于蝴蝶兰实生苗和分生苗的质量评定。

(2)《蝴蝶兰栽培技术规程》(GB/T 28683—2012)　规定了蝴蝶兰试管苗出瓶、小苗期、中苗期、大苗期、抽梗期、开花期的栽培管理技术，病虫鼠害防治，包装和贮运的方法。适用于以水苔为基质的蝴蝶兰设施栽培。

(二)其他地方或行业标准

(1)《蝴蝶兰试管苗生产技术规程》(DB44/T 128—2002) 广东省地方标准。

(2)《蝴蝶兰组织培养技术规程》(DB41/T 602—2009) 河南省地方标准。

(3)《蝴蝶兰组培苗快繁技术规程 》(DB34/T 2093—2014) 安徽省地方标准。

【问题探究】

1. 不同的蝴蝶兰组培路线在效率、难度、成本、操作性上各有哪些优缺点？

2. 生产中还有哪些添加辅助物的组培产品？效果如何？还有哪些辅助物可以使用？

【拓展学习】

蝴蝶兰根尖组培快繁

一、蝴蝶兰根尖组培快繁

蝴蝶兰组培根尖诱导难度较大，但仍可以通过愈伤组织或芽诱导原球茎。具体操作时栽培植株根系灭菌困难，可使用瓶苗的根系直接取得无菌外植体，具体做法为：取瓶苗，切取根尖长 1～1.5 cm，用解剖刀切去尖端约 1 mm，露出分生组织，接种于液体根尖诱导培养基中置于摇床上培养，配方 MS + 6-BA 10 mg/L + NAA 0.5 mg/L + 10% 椰汁 + 3% 蔗糖，另加入一块无菌泡沫海绵，调至 pH5.5。摇床速度 30 r/min，培养温度(27 ± 2)℃，光强 1000～2000 lx，10 h/d。3 周左右材料膨大且表面颜色明显变深，8 周后根分生组织部位开始有分化芽。再过 6 周，切下分化芽，转入固体或半固体原球茎诱导培养基中培养。

二、常用培养基配方

1. 花梗侧芽诱导萌发培养基

固体 1/2MS + 2,4-D 0.05 mg/L + 6-BA 2 mg/L + NAA 0.5 mg/L + 3% 蔗糖。

2. 原球茎诱导培养基

(1)固体 2/3MS + 6-BA 1～3 mg/L + NAA 0.5～1 mg/L + 3% 蔗糖 + 10% 椰汁。

(2)固体 2/3MS + % 蔗糖 + 100 g/L 香蕉泥。

(3)固体 1/2MS + 6-BA 2 mg/L + NAA 0.2 mg/L + 2% 蔗糖。

(4)固体 MS + 6-BA 4 mg/L + NAA 0.2 mg/L + 2% 蔗糖 + 4% 椰汁 + 6% 香蕉泥 + 5 g/L 活性炭。

(5)固体狩野培养基 + 2,4-D 0.1 mg/L + 6-BA 2 mg/L + NAA 1.5 mg/L + KT 0.1 mg/L + 10% 香蕉汁。

3. 丛生芽增殖培养基

①固体花宝 1 号(Hyponex1)3.5 g/L + 2.5% 蔗糖 + 烟酸 1 mg/L + VB_1 1 mg/L + 肌醇

100 mg/L + NAA 0.2 mg/L + 6-BA 5 mg/L + 10% 苹果汁。

②固体花宝 1 号 3 g/L + 3% 蔗糖 + 腺嘌呤 10 mg/L + 肌醇 100 mg/L + NAA 0.2 mg/L + 6-BA 5 mg/L + 10% 椰汁。

4. 壮苗培养基

固体 1/2MS + NAA 1 mg/L + 2% 蔗糖 + 10% 椰汁 + 3% 香蕉泥 + 活性炭 51 g/L。

工作任务四　非洲菊组培快繁

【任务描述】

组培物种：非洲菊(*Gerbera jamesonii* Bolus)又名扶郎花、太阳菊等，为菊科大丁草属多年生宿根草本花卉，是世界五大切花之一(图 8-9)。由于花朵硕大、色彩丰富艳丽而成为礼品花束、花篮和艺术插花等的理想材料，深受广大消费者青睐。但非洲菊属于异花授粉植物，自交不孕，种子寿命短，发芽率低(仅 30%~40%)，后代易发生变异；分株繁殖周期较长，繁殖系数低(1 株苗年繁 5~6 株)，而采用组培方法可大大提高繁殖率，而且能周年供应优质种苗，满足种苗的市场需求。

图 8-9　非洲菊

外植体：花托。

再生途径：器官发生型。

操作程序：花托采集与灭菌→诱导愈伤组织→分化芽苗→丛生芽转接→增殖培养→生根培养→驯化移栽。

实践成果：建立非洲菊组培无性快繁系。

分析：本任务是以花托为外植体，诱导出愈伤组织，分化成丛生芽，通过器官发生型再生途径成苗。关键技术是要将大小合适的外植体彻底灭菌，观察愈伤组织的形成与分化过程，掌握好转接时机。

【任务实施】

一、花托培养

1. 外植体选择和灭菌

(1)采集　在生长健壮、无病虫害的非洲菊植株上，选择直径 0.6~1 cm 的紧密包被的幼嫩花蕾，带着花梗切下。

(2)预处理　洗洁精水清洗并浸泡 15~20 min→流水冲洗 30~60 min 后备用。

(3)灭菌　在超净工作台上用 75% 酒精浸泡 30 s→0.1% 氯化汞(加吐温数滴)浸泡 8~

15 min→无菌水漂洗 4～5 次。

2. 愈伤组织诱导与分化

(1)接入诱导培养基　在超净工作台上用无菌滤纸吸干花蕾的水分→去掉花梗、苞片和管状花，将花托切成 0.5～0.7 cm 的小块→近花梗端向下接入诱导培养基(MS + 6-BA 2.0～8.0 mg/L + NAA 0.2～1.0 mg/L)。

(2)分化芽苗　接种后保持培养室温度 25℃、光强 2000 lx、光照 12 h/d 的条件下培养→接种 7d 后可观察到花托膨大形成愈伤组织，为黄绿色，后逐渐变浓绿→30～40 d 愈伤组织分化成丛生芽。

3. 增殖培养

将长势较好的丛生芽，切分成单芽或小芽丛接种于增殖培养基(MS-I-KT 3.0 mg/L + IAA 0.1 mg/L 或 MS + 6-BA 1.0 mg/L + NAA 0.1 mg/L)中进行增殖培养，形成新的丛生芽(有时基部会伴有少量愈伤组织)。一般 30 d 左右增殖 1 次。培养条件同愈伤组织诱导条件。

4. 生根培养

选择高 2～3 cm 的芽单芽切下，接入生根培养基(1/2MS 或 1/2MS + NAA 0.01～0.1 mg/L) 培养，25～30 d 后即可生根，生根率能达到 100%。培养条件同愈伤组织诱导条件。

二、驯化移栽

1. 驯化移栽前准备

(1)苗床搭建　在温室或大棚内进行驯化移栽，建造宽 1 m、深 15 cm 的苗床。

(2)基质　选择混合基质(草炭: 蛭石 =2:1)，用 1000 倍多菌灵消毒 10 min，基质湿度达到捏可成团、松开易散即可。

(3)装填　将消毒过的基质装填入苗床，并在其上搭建拱棚。

将根长为 0.5～1.5 cm、高 4～5 cm 的瓶苗转入温室或大棚炼苗 3 d，再开瓶炼苗 2 d。按常规要求出瓶，在 600～800 倍的多菌灵溶液中浸泡 5～10 min，移栽到苗床。苗床基质提前 1 d 浇透水。栽植时以露出根茎部为准，不可深栽。栽完后在拱棚上覆盖塑料薄膜和遮阳网。

2. 驯化移栽过程

(1)炼苗　选择根长为 0.5～1.5 cm、高 4～5 cm 的瓶苗转入温室或大棚炼苗 3 d，再开瓶炼苗 2 d。

(2)出瓶与消毒　在清水中洗净组培苗的根部培养基，然后在 600～800 倍的多菌灵溶液中浸泡 5～10 min。

(3)移栽　苗床基质提前 1 d 浇透水，移栽组培苗时以露出根茎部为准。栽完后拱棚覆盖塑料薄膜和遮阳网。

3. 栽后管理

完成移栽后，白天控制温度25～28℃，相对湿度70%～80%，每天向叶面喷雾2～3次，每3～4 d喷800倍多菌灵或1000倍代森锰锌，防止杂菌污染。7 d后小苗基本成活。14 d后揭膜逐渐通风，并用1/10MS营养液喷洒21 d后正常管理。

非洲菊花托组培和快繁操作任务实施图解如图8-10所示。

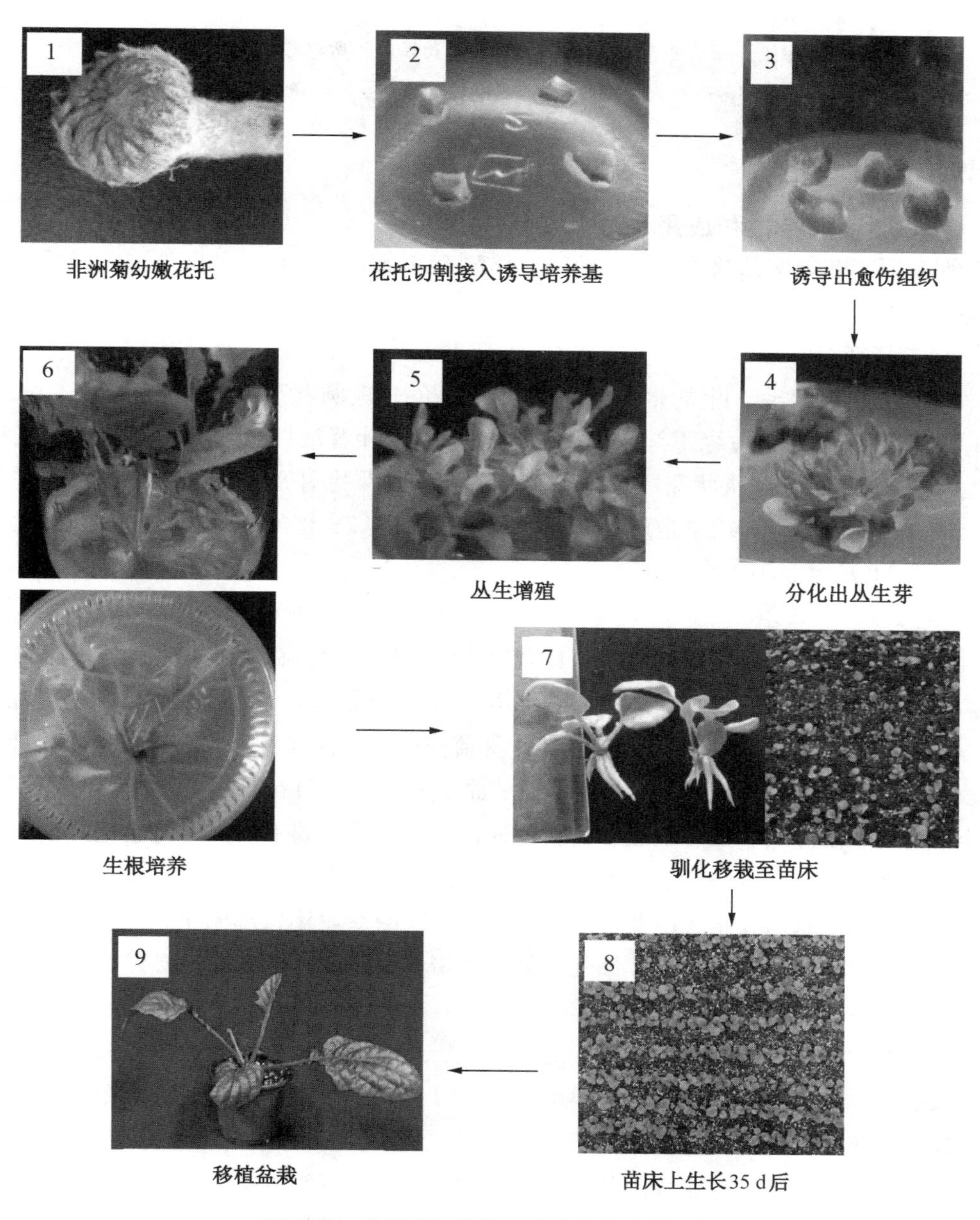

图8-10　非洲菊组培快繁操作任务实施图解

温馨提示

- 非洲菊全株着生细毛，利用 0.1% 升汞对材料灭菌可相对增加处理时间，但不要超过 15 min，时间过长会增加褐变与死亡率。
- 外植体消毒时用无菌水漂洗过程中最好用无菌镊子或玻璃棒经常搅动，以便更好地去除残留在花蕾表面的氯化汞。
- 非洲菊叶片基生，深栽易窝心，导致生长缓慢和烂苗，所以移栽的关键是“浅栽”。

【知识链接】

一、非洲菊的特性和应用

非洲菊原产非洲南部的德兰士瓦地区，1878 年 Rehmen 将其引种到英国，以后逐渐传播到世界各地。

1. 形态特征

非洲菊全株有细毛。叶基生，莲座状，亮绿色，矩圆状匙形或波状深裂，长 10 ~ 14 cm，顶端尖或略钝，边缘不规则羽状浅裂或深裂，叶背被白色茸毛。花莛单生或稀数个丛生，长 25 ~ 60 cm，头状花序单生于花葶之顶。瘦果圆柱形，长 4 ~ 5 mm。园艺品种极多，花型有单瓣、重瓣或半重瓣；花色变化丰富，有红、橙红、玫瑰红、黄、金黄、白等色。花期 11 月至翌年 4 月。

2. 生态习性和栽培

因非洲菊原产南非，喜冬季温暖、夏季凉爽的气候环境，在条件适宜的情况下可全年开花。性喜温暖、阳光充足和空气流通的环境，生长适温 12℃以上，最适生长温度在20 ~ 25℃，忌阳光直射，日照以 12 ~ 16 h 为佳；喜疏松肥沃、排水良好、富含腐殖质的砂质壤土，忌重黏土，根浅，不耐干旱，亦忌积水；适宜在 pH 5.8 ~ 6.5 的土壤中生长。

非洲菊的栽培方式一般有地栽和盆栽两种，依栽培基质的不同又分为土壤栽培与无土基质栽培。无土栽培具有高产、高效、高质量、无病害、生长易调控、对水土与营养无限制等优点。用无土栽培技术生产非洲菊更有利于生产的专业化、规模化、商业化和管理方式的程序化、自动化、系统化。非洲菊的无土栽培基质主要有珍珠岩、岩棉等。

3. 生产和应用

非洲菊的育种率先在英国被倡导，之后荷兰、丹麦、德国、美国、以色列和日本几个国家积极参与。在荷兰一次拍卖会上就有不少于 1150 个非洲菊切花品种，令人瞩目，并且仍有大量的非洲菊栽培品种被推广应用于切花、盆花或园林植物。非洲菊自 1998 年引进我国之后，发展迅猛，也是我国栽培面积最大的鲜切花花卉种类之一。近年来，非洲菊的主要栽培基地由原先的云南，向沿海、内地、北方扩展栽培，目前山东、上海、北京、内蒙等地都进行设施栽培，经济效益较好。随着非洲菊栽培面积的逐年增大，非洲菊的育种工作也得到良好的发展，虽然近年来在非洲菊的育种中投入了大量的人力物力，但是成果相对较少，不过云南省农业科学院在非洲菊育种上处于我国的领先地位，目前据农业部植物新品种保护办公室统计，已有非洲菊新品种授权 18 个，但与国外相比，我国的非洲菊栽培品种仍然非常少，培育非洲菊新品种的任务仍较为艰巨。

二、非洲菊组培概况

非洲菊在传统生产上常采用播种和分株繁殖，但用种子繁殖发芽率低且易发生变异，而分株繁殖速度又较慢，无法满足产业化生产的要求。因此 20 世纪 70 年代后，国内外相继开展了对非洲菊组织培养和快速繁殖的研究。目前，关于非洲菊的组织培养已有很多报道，其中涉及的范围相对较广，如针对不同品种、不同外植体、不同培养基种类、不同激素对愈伤组织形成、分化和生根的影响等方面。1973 年 Pierik 等首先报道了用非洲菊的花托和花萼诱导出芽。我国则是在 20 世纪 90 年代开始对非洲菊组培、快繁进行了探索，并对非洲菊的愈伤组织诱导、分化、增殖、生根以及驯化移栽进行了深入的研究。随着研究的不断深入，非洲菊的组培快繁技术体系日趋完善，现已初步建立了一套组培与快繁的培养程序，非洲菊组培的主要环节发展现状如图 8-11 所示。

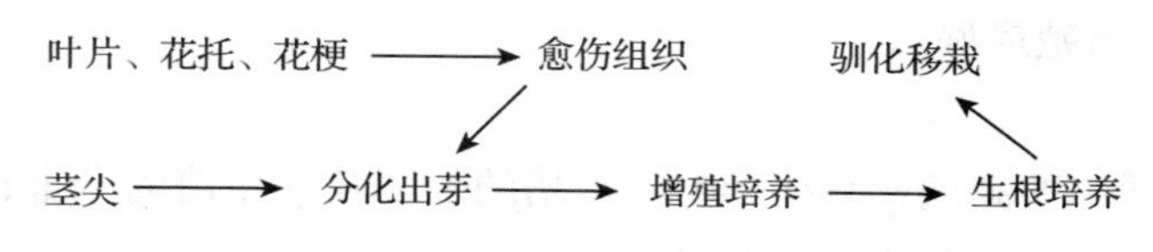

图 8-11　非洲菊组培快繁操作流程

1. 外植体

经过近些年的研究发现，非洲菊的花托、叶柄、叶片、茎尖等均可以诱导出愈伤组织，并分化出芽。但是不同品种、同一外植体的不同部位及外植体的大小，都会影响组培苗的诱导分化。以花托为外植体，取材相对比较容易，也比较容易分化形成芽；叶柄与叶片虽然取材与灭菌都比较容易，但是其诱导的愈伤组织较难分化出芽；茎尖虽然较易分化出芽丛，但是取材相对较困难，灭菌不易操作。目前国际上采用组培技术生产非洲菊种苗的外植体均用花托诱导产生不定芽，之后再用不定芽进行继代增殖，不定芽的增殖率在 2.3~5.0 倍。

此外，外植体的大小直接影响着愈伤组织产生的速度和数量以及芽的分化等。一般选择的外植体大小在 0.5~1 cm^2，外植体太大容易污染，过小则不容易启动或启动后仅仅产生愈伤组织。当以叶片为外植体时，切成 4 mm×4 mm 比较适合，外植体长与宽大于 4 mm 时，愈伤组织诱导率会下降；当以种子苗作为外植体时最好选取具有 5~6 片真叶的种子苗，且当真叶数目为 6 片时，非洲菊的平均诱芽系数最高；而叶柄的切段为 0.5~0.8 cm 最为适宜；茎段为 0.8~1.2 cm 最为适宜；有研究表明当以花托为外植体时，直径大于 2 cm 的花托外植体，在诱导过程中虽然可看到愈伤组织出现及增殖，有时也有细长的小花出现，但很快就会变成褐色，而且这类愈伤组织一般不分化出芽；只有直径 0.7～1.0 cm 的幼小花托上所诱导出的愈伤组织，可分化出一定数量的营养芽进而形成芽丛，生根率可达 100%。

2. 培养基

组织培养的基本培养基有 MT、MS、SH、White 等，但目前非洲菊组织培养大多是以 MS 为基本培养基，并且培养基状态多为固体，这可能与操作方便有关。张思温通过方差分析比较，认为 MS 基本培养基诱导分化作用显著地优于 1/2 MS、RM、N_5基本培养基；有试验证明，当培养基中不含任何激素时，无愈伤组织、芽、根的产生；在不含生长素的培养基中，芽的增殖、苗的生长受到影响。因此，基本培养基应按照不同培养目的添加植物激素。在诱导生根方面，较低浓度无机盐对诱导生根有利，因此，非洲菊生根培养基绝大多数以 1/2 MS 为基本培养基。

花托组培过程中，蔗糖浓度对愈伤组织的诱导与再分化有一定程度的影响。如果蔗糖浓度为 3%，花托的愈伤组织诱导率和再分化率较高，而在蔗糖浓度较低或较高时，愈伤组织呈透明或淡黄色水渍状，易褐化死亡，不利于花托分化成苗。铵态氮与硝态氮之比为 1:2 时对非洲菊芽的增殖最好。

3. 移栽炼苗

试管苗移栽成活率的高低，直接影响着组培的效率及商品苗的产量；而影响试管苗移栽成活率的关键因素是栽培基质的气相状况。

非洲菊叶片基生，栽植过深易窝心，生长缓慢且易发生烂苗，故移栽的关键为“浅栽”，即以埋住根系为准。当植株在生根培养基中长成高 4～5 cm、根长 3～4 cm 时便可驯化移栽。将培养瓶口逐渐打开，炼苗 1～2 d。小苗冲洗培养基后移栽于基质中。炼苗基质为：珍珠岩:蛭石:草炭 =1:1:3。用杀菌剂喷雾搅拌基质，进行杀菌消毒，并施用适量尿素，基质湿度以 60%～65% 为宜，即手握成团、落地散开。移栽初期保持较高的空气湿度，控制光照，昼夜温度保持在 15～30℃ 之间。6～7d 后，小苗已始发新根，可适当通风，酌情浇水，喷洒营养、多菌灵等。还有学者将移栽前的组培苗浅植在预先开好的浅沟里，移栽后马上用雾状喷头浇水，搭竹棚覆膜保湿，隔天喷一次水，如此 7d 即可长出新根，1 个月左右即可成苗，可移栽大田。

【问题探究】

1. 为什么世界上非洲菊组培生产主要采用的外植体是花托？
2. 非洲菊组培苗移栽时的关键技术是什么？

【拓展学习】

非洲菊组培过程中的常见问题

一、增殖率低

目前，非洲菊组培技术主要是采用花托诱导产生不定芽，再以芽生芽的方式进行继代增殖，不定芽的增殖率在2.3～5.0倍，相对繁殖系数略低。据吴丽芳研究报道，利用花托诱导无菌苗的叶片进行快繁的方法可以在短期内显著提高组培与快繁的增殖率，无菌叶片不需消毒、材料多、可在任何时间进行，从而解决了非洲菊新品种组培与快繁生产中繁殖速度慢的问题，具体方法是无菌叶片接种在MS+BA 2.0～4.0 mg/L+NAA 0.2 mg/L诱导培养基，在MS+BA 0.6 mg/L+NAA 0.2 mg/L培养基中继代增殖，可以明显提高繁殖系数。但需要注意的是非洲菊的增殖扩繁并非随接入量增多而增加增殖倍数，相反其增殖倍数还会明显下降。一般长势旺的品种，其叶片基准数以4～5片为宜，而长势较弱的品种，则以5～6片为宜。

二、玻璃化问题

玻璃化苗的产生通常会受到激素的种类、浓度的影响。研究表明，非洲菊在较高浓度的6-BA下增殖系数较高，但易出现玻璃化苗。一般2～4 mg/L 6-BA与2～5 mg/L KT组合诱导的试管苗几乎没有玻璃化苗。继代增殖培养添加0.2～1.0 mg/L 6-BA也不会产生玻璃化现象，但要不断降低细胞分裂素的含量，以利于减少玻璃化苗的产生。同时继代次数也不宜过多，超过三代就容易产生玻璃化苗，这主要与继代过程中细胞分裂素的世代积累有关。

除此之外，温度过高和湿度过高也会产生玻璃化苗。非洲菊在18～22℃下培养时试管苗的生长正常，而在23～28℃下诱导的试管苗，前期叶片上附有一层水膜，以后随着苗龄的增加水膜逐渐消失，当苗龄达30 d后，无玻璃化苗产生。非洲菊培养基含水量过高、瓶内湿度过大也会引起玻璃化苗的产生。

三、褐变现象

非洲菊组培过程中经常发生褐变。若要有效地抑制褐化的发生，需要采取一系列措施，如在采集外植体之前，先将取材的植株进行遮光处理，再取外植体；或是在培养过程中及时更换培养基，也可在培养基内加入一定量的PVP、维生素C等。有研究表明，添加0.5 g/L PVP对防止外植体褐变的效果较好，而当浓度高于0.5 g/L时，褐化情况有所加重。同时，初代培养时将接种材料在黑暗条件下培养，对抑制褐化发生也有一定的效果。

工作任务五　大花蕙兰组培快繁

【任务描述】

工作对象：大花蕙兰（*Cymbidium* spp.）。

技术路线：初代培养（植株新芽促发丛生芽）→继代培养（丛生芽增殖）→壮苗培养→生根培养→瓶苗。

初代培养亦会诱导出部分类原球茎，同样用于生产，即：初代培养（植株新芽诱导类原球茎）→继代培养1（类原球茎增殖）→继代培养2（诱导分化丛生芽）→壮苗培养→生根培养→瓶苗。

外植体：大花蕙兰新芽（茎尖）。

再生途径：丛生芽增殖型，混合类原球茎诱导增殖分化型。

实践成果：获得商品大花蕙兰组培快繁无性系，获得合规瓶苗。

时机季节：每年的2～4月大花蕙兰新芽自然萌发时，或人工大棚苗新芽萌发时。

实践要求：计划完整具体可行，操作符合规范，瓶苗质量与污染率符合标准。

【任务实施】

一、操作前准备

1. 计划

学生分组操作。各小组根据任务、给定条件，参考知识链接，制订方案，确定所需设备用品，制订操作流程，做好人员分工，教师检查任务项目，合格后可以实施。

2. 准备

（1）设备用具　配制升汞、医用酒精等外植体灭菌用药剂；常规MS培养基及其制备所需工具药剂；NAA、6-BA等植物生长调节剂；活性炭、椰子汁、香蕉等辅助添加物；常规接种用工具；其他常用组培用具。

（2）植物材料　健壮具新芽的大花蕙兰植株。

（3）初代培养培养基制备　制备固体MS + 6-BA 1.5 mg/L + NAA 0.1 mg/L + 2%蔗糖培养基，接种工具、无菌水等灭菌待用。

二、外植体选择与处理

1. 选材

①选择市场适销、开花正常、无病虫害的健壮植株，以保证F_1代的正常生长、开花；

②选择露在基质外面、未被埋覆的芽，以减少杂菌的污染；

③亲本选定以后立即对生物学特性做认真、详细的记录，并且编号、挂牌（植株和新芽必须分别挂牌）之后放置于亲本棚进行养护，待用。

2. 花梗外植体采集

①选取5～8 cm新萌出新芽（茎尖），从基部与老球茎连接处切断，简单清理表面。

②外植体整理：统一带回组培室后剥除新芽最外面的1～2枚叶片，再用70%的酒精棉球擦净新芽表面的附着物，待用。

3. 外植体灭菌

将新芽再剥除最外面的2～3枚叶片，用70%的酒精浸泡30 s，0.1%的升汞浸泡10 min，无菌水漂洗4～5次。若污染严重，则继续剥除至剩最后一枚叶片时用1%升汞再浸泡2 min后再用无菌水漂洗5次。

三、初代培养

1. 初代接种

把经过消毒的新芽置于无菌滤纸上晾干，在不伤害生长点的情况下小心剥除外侧叶片，将生长点剥出后用手术刀切下生长点，基部向下插在初代诱导培养基上培养。封口摆架。

2. 培养条件

温度(25±2)℃；光照时间16 h/d；光照强度2000～3000 lx；至花梗侧芽萌发长出2～4片叶，部分类原球茎形成，需4～6周。

四、继代培养

1. 丛生芽增殖培养

(1)培养基配制　固体1/2MS+6-BA 3.5 mg/L+NAA 0.2 mg/L+3%蔗糖+10%椰汁。

(2)转移接种　将萌发的芽切分下后转移接种，基部向下插在增殖培养基上，封口后培养。

(3)培养条件　同初代培养，时间7～8周，至多数丛生芽分化萌出，增殖系数2～4。

2. 类原球茎增殖培养

(1)培养基配制　固体1/2MS+6-BA 2 mg/L+NAA 0.1 mg/L+2%蔗糖。

(2)转移接种　将已经形成的类原球茎切分为2～3个，切口向下放增殖培养基上培养，每个兰类组培瓶接种35～45个类原球茎。

(3)培养条件　温度(25±2)℃；光照时间12 h/d；光照强度2000～3000 lx；至增殖出新原球茎需4～5周。

3. 类原球茎分化培养

(1)培养基配制　固体1/2MS+6-BA 2 mg/L+NAA 0.5 mg/L+2%蔗糖。

(2)转移接种　将已经形成的类原球茎直接放分化培养基上培养。

(3)培养条件　同增殖培养；至分化出健壮丛生芽苗需6～10周。

五、壮苗培养

(1)培养基配制　固体1/2MS+NAA 0.2 mg/L+5%马铃薯泥+2%蔗糖。

(2)挑选　选择生长健壮、长势较好的丛芽，新增殖类原球茎及较弱丛芽则根据生产需要继续增殖或淘汰。

(3)转移接种　将已经长出2～4片叶的无根苗进行切分，基部向下插在壮苗培养基上，每瓶接种25株，封口进行培养。

(4)培养条件　温度(25±2)℃；光照时间12 h/d；光照强度2000～3000 lx；培养4周。

六、生根培养

(1)培养基配制　固体1/2MS+NAA 0.1 mg/L+AC 0.5 mg/L+10%香蕉汁。

(2)转移接种　淘汰夹杂于壮苗间的畸形苗或黄化苗，将健壮长势良好的苗移出，基部向下接种于生根培养基上，接种密度为22株/瓶，封口标记培养。

(3)培养条件　同壮苗培养，3周左右开始发根，4～8周后可作为商品瓶苗。

七、清理现场

每次实训完毕后安排值日组，清理现场。要求设备用具归位，现场整洁，记录填写完整。

八、讨论与评价

每次实训后小组自检任务完成情况，小组间互评任务完成效果，教师点评。

【知识链接】

大花蕙兰是兰科兰属植物中大花附生种类的统称，别名西姆比兰、虎头兰、杂交虎头兰、蝉兰、新美娘兰。常绿多年生附生草本，假鳞茎粗壮，着生6～8枚带形叶片，花茎近直立或稍弯曲，有花6～12朵或更多。花大型，花色有白、黄、绿、紫红或带有紫褐色斑纹。是栽培十分广泛的洋兰之一，深受世界各国人民的喜爱。

大花蕙兰原产亚洲热带和亚热带高原，性喜凉爽高湿的环境，常生于林下溪边的半阴环境，生长适温为10～25℃，秋季形成花芽后需有一段冷凉时期才能开花，冬季应放在低温温室内管护，夜间温度10℃左右可安全越冬。多在2～3月开花。用蕨根、苔藓、树皮块等盆栽。要求根际透气和排水特别好，

一般常规繁殖方法为分株法：在植株开花后，新芽尚未长大之前，植株处于短暂休眠期。分株前适当控水，使基质较干燥，大花蕙兰根部发白，略感柔软，则不易在操作中折断大花蕙兰根部。之后抓住假鳞茎，小心不碰伤新芽，将母本分割成2～3株一丛，并剪除黄叶及腐烂老根。分株繁殖繁殖速度慢、周期长、增殖率不高，不能满足市场对大花蕙兰的需要，目前商业化生产大花蕙兰主要通过植物组织培养或无菌播种两种方式获得大花蕙兰商品苗，虽然大花蕙兰不同品种的繁殖特性有所不同，但仍不断有大花蕙兰品种组培成功，进入工厂化育苗生产。

一、大花蕙兰常用培养路线

大花蕙兰组培快繁的一般路线比较明确，共有两条：一是新芽(茎尖)直接诱导丛生

芽，从生芽增殖后壮苗生根得到商品瓶苗；二是新芽(茎尖)诱导类原球茎，分割类原球茎增殖新的类原球茎，再促使类原球茎分化为丛生芽后壮苗生根获得商品瓶苗。此两条路线在外植体初代培养时完全一致，这是由于兰类植物特别是大花蕙兰类组培时，同一外植体在诱导培养基上常会同时诱导出丛生芽及类原球茎的混合体或混合类型，根据情况分别占有一定比例，为节省材料，通常生产中两类材料都予以继代培养。其中类原球茎路线稳定，继代次数多，增殖率高，流程稳定，适合较大规模生产；而丛生芽路线则周期短，路线较为简捷，实际生产中可根据情况安排。此外，实生繁殖也使用无菌播种，类似于蝴蝶兰，可使种子大量萌发，但有性繁殖无法保证能保留亲本的优良性状(图 8-12)。

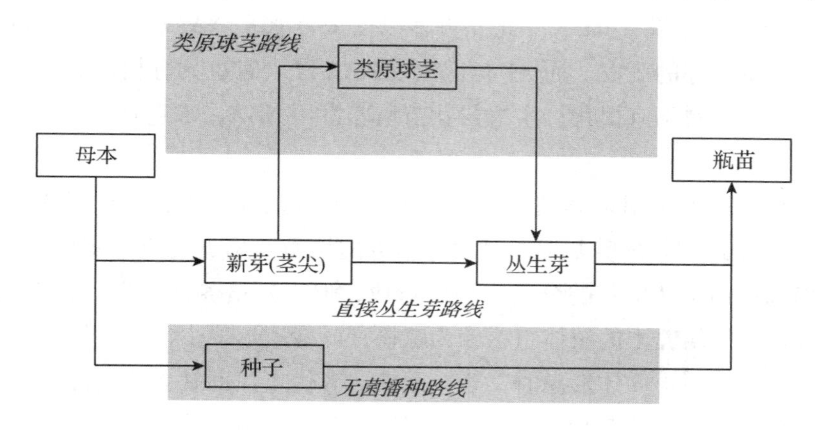

图 8-12　大花蕙兰无性系再生路线

二、大花蕙兰组织培养中的影响因素

1. 外植体处理

采取新芽(茎尖)时，应选择正在生长中的新芽，并且在未展叶前采取(图 8-13)；一

图 8-13　适合采取为外植体的大花蕙兰新芽(茎尖)

般情况所采芽段长度应为 5～8 cm，过长、过短或展叶均易导致材料灭菌不彻底，导致培养失败。在切分类原球茎时，随机切分简便快速，但切分不够均匀，若切块过小则不易培养；纵切法操作要求精细，耗时较长，但类原球茎增殖数多，个体间差异小；碾压和保持底部粘连的井字形切法可以缩短类原球茎增殖时间，但会降低增殖系数。

2. 激素水平

进行各种大花蕙兰类原球茎或丛生芽诱导时，常用激素包括 6-BA、KT、NAA、2,4-D、ZT 等。有不同报道指出，大花蕙兰根据品种不同，对 6-BA 及 KT 的敏感度不同，但基本都以此 2 种激素为诱导的关键物质。6-BA 一般使用浓度为 1～6 mg/L，常用浓度为 2～3.5 mg/L；KT 使用浓度小于 0.1 mg/L。此外再辅以低浓度水平 NAA（0.1～0.2 mg/L），能够促进类原球茎与丛生芽的萌发。而 ZT 与低浓度 NAA 配合时也具有相近的效果，虽增殖系数较低，但培养中材料不宜褐化。生根与壮苗培养常用 NAA，浓度 0.1～1 mg/L。

3. 培养基

大花蕙兰组织培养常用培养基为 MS、V&W、White、KC 等，其中以 MS 培养基或其 1/2、2/3 配比使用最多。培养基形态对大花蕙兰的增殖与培养也有一定的影响，据报道，使用固体培养基有助于丛生芽的分化与根的形成，但增殖培养速度慢，且不利壮苗形成。液体培养速度快，但培养中的植体组织较为疏松，叶绿素形成少。减少固型物质如琼脂等的用量，使培养基呈现半固体形态时，兼具固液二者优点，而缺点不明显：类原球茎增殖率高，叶绿素含量高，植体健壮，能够一定程度避免黄化与褐化，若能够每隔数天振荡半固体培养瓶，可获得更佳效果；另外，半固体培养基在类原球茎接种及转接种时可以将数个外植体一次接入，再轻晃培养瓶即可使之分散，节约时间，降低了污染几率。还有报道称使用 KC 培养基可在保证效果接近 MS 培养基的情况下简化培养基成分，提高配制效率并节省成本。

三、注意事项

1. 群集效应

大花蕙兰同蝴蝶兰一样在培养中表现出群集效应，根据所选用组培容器，适当增加每瓶接种数量，保持 2 mm 以上类原球茎切分，可提升培养效率。

2. 品种确认

初次采取外植体时，特别是种质来源不明确的大花蕙兰植株为外植体母本时，应当选择已开过花的母本植株采取，以便确认品种及花形、花色等状态；同时每批次采取时应集中采取一个品种，以免混杂；由于无法掌握种质来源、继代次数、遗传变异等信息，生产商品瓶苗时，原则上不使用其他组培室产出的组培苗进行外植体采取。用于繁殖的优良亲本，在进入生产前应当由具备相关资质的检验机构进行病毒检测，不允许将带毒株用于生产。

3. 辅助物质添加

培育过程中，尤其是壮苗生根阶段，添加5%～15%的马铃薯、香蕉泥或其提取液，能够显著增加培养效果，促进发育健壮，缩短生根时间，提高移栽成活率。辅助物质也能减轻大花蕙兰褐化发生的程度，但大花蕙兰培养过程中的褐化对培养效果影响较小。此外生根过程中加入活性炭有助于根系发育。

4. 无性系品质保持

①同一母本的使用期不要超过2年，选择母本外植体时每批只选一个品种，以免培养时品种混杂；

②一个外植体的增殖量保持在5000株以内，能保证组培生产出来的种苗变异率低、抗病性强、遗传基因稳定。

5. 商品瓶苗接种量

作为商品瓶苗销售时，为了便于农户安排购买及种植计划，每瓶接种量以整十数为宜，但瓶苗销售过程中也有损耗，为保证足量，一般每瓶接种20～22株较为合适。

四、瓶苗驯化移栽

当苗长出5～6片叶，根长到3cm左右时，即可于温室内炼苗，保持环境接近生根培养环境，温室内放置培养瓶2～5 d，之后开盖炼苗，2～3 d后即可将苗取出，用温水洗净根部培养基，用50%多菌灵1000倍液浸泡20 min，阴干后，根部包覆消毒水苔种植于温室苗床内或盆栽。栽培基质为松针＋水苔＋粗砂或树皮＋水苔＋腐叶土，苗床及盆底部垫以碎石、碎砖块等，每隔1周喷1次800倍的多菌灵溶液，起初温度保持在25℃左右，之后逐渐加大温差至10～25℃，湿度70%～80%，初次移栽遮光度为50%，生长健壮后，用稀薄的营养液喷雾，夏季正午遮光50%，冬季不遮光，其余时间遮光30%或不遮光。1年后上盆，栽培基质用泥炭＋树皮等，每周浇1次液肥。大花蕙兰喜微酸性软质水，对硬水比较敏感，需加以注意。

五、参考标准

①《大花蕙兰组织培养技术规程》(DB32/T 2902—2016) 江苏省地方标准。

②《墨兰与大花蕙兰杂交品种组培苗生产技术规程》(DB44/T 1788—2015) 广东省地方标准。

③《大花蕙兰设施栽培技术规程》(DB32/T 2901—2016) 江苏省地方标准。

④《大花蕙兰生产技术规程》(DB 440300/T 23—2002) 广东省地方标准。

【问题探究】

1. 大花蕙兰的组织培养与快繁在外植体处理、常用培养路线、激素配比及培养条件4个方面与其他兰类植物组培快繁有哪些异同之处？

2. 如何挑选适合组培快繁的大花蕙兰母本植株?

【拓展学习】

影响兰花组培苗成长的因子

对兰花组培苗生产而言，有以下重要的影响因子：

一、糖分

在组培瓶内的植株与幼苗等其光合作用能力极低，因此碳平衡很难为正值(光合作用得到的碳源比呼吸作用消耗的碳源较少)。因此证实兰花组培苗是利用培养基的糖分得到碳源，而无法以自身的光合作用能力得到净碳源。培养基中糖分的成分也是影响因子。例如，虎头兰在蔗糖中成长最佳，胜过其他麦芽糖、葡萄糖与果糖；石斛兰与 Aranda 组培苗喜好果糖胜于葡萄糖与蔗糖。

二、二氧化碳

日本学者 Kozai 等人的研究认为，对多数非兰科植物，增加二氧化碳可促进生长。虎头兰以花宝为培养基材料，证实增加二氧化碳可促使兰花成长。

三、乙烯

兰花组培苗在密闭的环境下成长，与外部环境的气体交换率极低，组培瓶顶部空间乙烯累积时，氧气浓度迅速下降。乙烯对组培苗的影响有利也有弊。乙烯浓度的负面影响包括阻碍植物成长与促进老化。为了避免乙烯浓度过高，可使用 Silver thiosulphate 或 Silver nitrate，加于培养基内以减少乙烯产生。也可以通过通风装置增加气体扩散能力，以促进小苗生长。

四、光强度

在密闭状况的组培容器内，光强度通常为 60 ~ 65 lx，对白色灯管而言，为 4800 ~ 5100 lx。有许多研究显示，在大量繁殖阶段增大光量可促进生长。

五、光照方向

日本研究人员曾经试验以侧光促进组培苗成长并控制植株高度。此种方式的最大优点是采用方型 GA-7 组培瓶，瓶子可以采取堆叠方式以节省空间。灯管置于组培瓶侧面，因此组培苗照射的光线不受堆叠影响，侧面照明的干物种与叶面积比传统对照值高 1.8 倍。

六、其他因子

密闭的组培瓶内部的相对湿度为 70% ~ 90%，组培瓶内的组培苗通常有较薄的角质层，气孔发育不全，在移植至自然界后很难控制体内水分，因此容易脱水而死。面对此种高湿问题，可利用气体透过膜加以改善。

【小结】

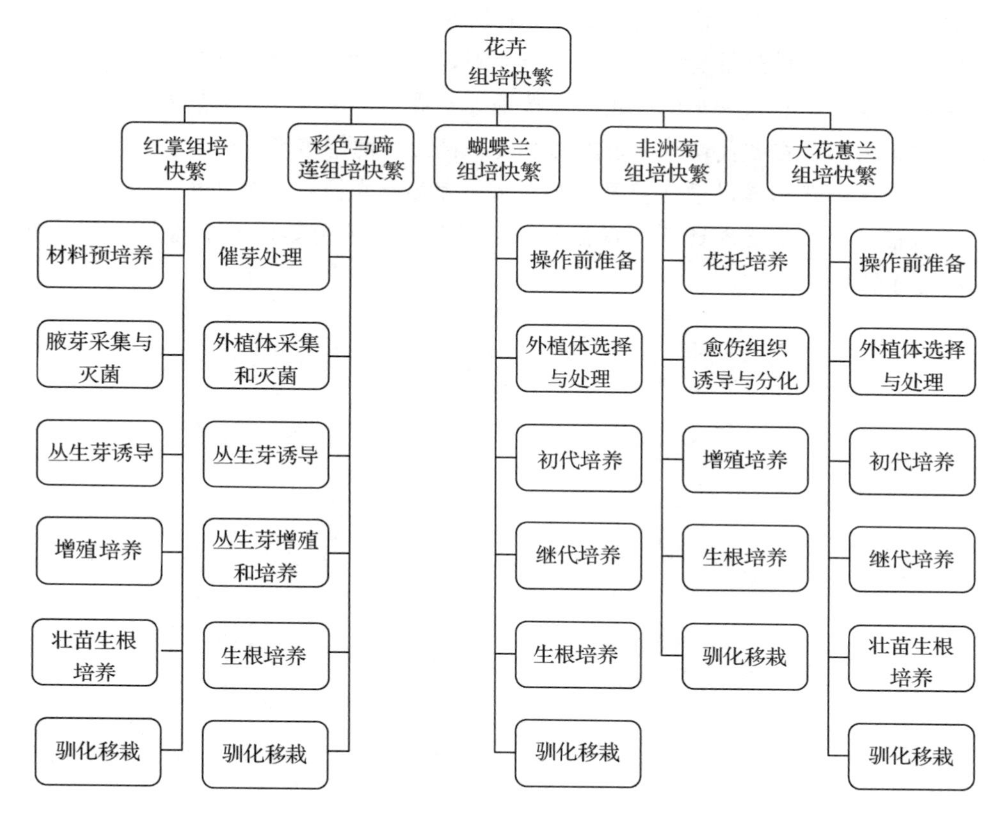

【练习题】

一、填空题

1. 红掌组织培养时，如果分别以茎段、花序、叶片和叶柄为外植体，愈伤组织诱导率最高的外植体是(　　)。

2. 如果(　　)浓度高，红掌初代培养诱导的愈伤组织质地就比较坚硬。

3. 对蝴蝶兰组培快繁影响最显著的环境因子是(　　)。

4. 彩色马蹄莲组培与快繁时常用的外植体是(　　)。

5. 彩色马蹄莲球状块茎灭菌时常采用的方法是(　　)。

6. 以花托为外植体，进行非洲菊组培与快繁时适宜的大小为(　　)。

7. 彩色马蹄莲进行组培与快繁时常用的外植体是(　　)。

8. 大花蕙兰茎尖诱导培养的结果是形成(　　)或(　　)。

二、判断题

1. 以非洲菊花托为外植体进行培养时，由于花托包被在花蕾内，因此灭菌时间可长

可短。 ( )

2. 温度和BA是影响蝴蝶兰花梗休眠芽萌发的关键因素。 ( )

3. 一般叶片、茎段组培的植株再生途径分别是器官发生型和丛生芽增殖型。 ( )

4. 芽的增殖途径有愈伤组织分化、直接诱导形成不定芽和定芽的发育。 ( )

5. 红掌茎尖和芽在初代培养的前期都需要一段时间的暗培养。 ( )

6. 大花蕙兰继代培养时通常把原球茎和丛生芽接种在同一培养瓶中。 ( )

7. 组培苗移栽基质要求透气、保湿和保肥，且容易灭菌。同时要根据不同植物的栽培习性来进行配制。 ( )

项目九　果树组培快繁

【学习目标】

终极目标：

掌握不同果树的组培快繁技术。

促成目标：

1. 了解不同果树的生物学习性，掌握适宜组培取材的部位及时期；
2. 掌握不同果树组培快繁各阶段培养基配方及培养条件；
3. 掌握不同果树组培苗炼苗移栽技术。

工作任务一　蓝莓组培快繁

【任务描述】

取材：适宜取材部位、时期。

消毒：灭菌药品、浓度、时间。

培养基：诱导、增殖、生根不同的阶段的培养基。

瓶外生根与移栽驯化：基质、生根剂、移栽环境控制。

要求：增殖系数高，苗壮，移栽后生长健壮。

【任务实施】

一、外植体取材

蓝莓各个器官均可作为组织培养的外植体，如种子、休眠枝条、成龄的茎段或茎尖。生产上多用成龄植株的 1 年生健壮、无病虫害的枝条。外植体取材料时间多为 10 月后、4 月前的冬季或早春晴天上午。

二、外植体消毒

将枝条去除叶片、留叶柄，剪成 3 ~ 5 cm 含单芽的茎段。用流水冲洗 1 ~ 2 h，于超净工作台中用 75% 酒精消毒 30 s，无菌水冲洗 3 次。再用 2. 6% 次氯酸钠浸泡 6 min，最后用无菌水漂洗 4 次，在无菌滤纸上吸干表面水分后，剪成长 0. 5 ~ 1 cm、带腋芽的茎段接种于诱导培养基。

三、培养基

可用于蓝莓组培的培养基有 MS、1/2MS、White、WPM 等，而以下列王振龙等(2014) 推荐的培养基效果较好：

初代诱导培养基：改良 WPM + ZT 1. 0 ~ 2. 0 mg/L。

增殖培养基：改良 WPM + ZT 1. 0 mg/L。

壮苗培养基：改良 WPM + ZT 0.5 mg/L。

室外生根剂：海澡素 667 mg/L。

改良 WPM 培养基配方（Wolfe D E *et al.*，1983）：用 $Ca(NO_3)_2 \cdot 4H_2O$ 684 mg/L、KNO_3 190 mg/L、$C_{10}H_{13}FeN_2NO_3$ 73.4 mg/L 和盐酸硫胺素 0.1 mg/L，代替原 WPM 培养基中的 K_2SO_4、$CaCl_2$、$FeSO_4$和 Na_2-EDTA。

四、培养条件

光照强度 1500～3000 lx，光照时间 12～14 h/d，温度 23～25℃。

初代培养 30～40 d 后腋芽萌发形成丛生芽，将丛生芽剪成 1.5 cm 长的茎段，转入增殖培养基，30～40 d 后可分化出 10～30 个新梢，增殖系数可达 20 以上。每 40～50 d 增殖一次。增殖阶段苗较弱，需进行壮苗：将丛生芽剪成长 1.5 cm 长的茎段或新梢，接种到壮苗培养基上。

五、室外生根与移栽驯化

蓝莓瓶内生根速度慢，生根率低，且生长势弱，根较细，移栽难于成活，故蓝莓组培一般采用瓶外生根。将壮苗后的无根瓶苗移入温室阴凉处，炼苗 3～5 d。取出瓶苗，用自来水清洗基部残留的培养基，滤干水分，放于 667 mg/L 海澡素液中浸泡 5～10 min。将苗剪成 2 cm 左右，速蘸 100 mg/L IBA 溶液后，扦插于穴盘里经灭菌处理的水苔草中。将穴盘置于遮光 50% 以上的荫棚中，浇透水并喷施 1000 倍异菌脲、甲霜恶霉灵溶液，以后每 7～10 d喷 1 次，连续 2～3 次。棚内湿度保持在 70%～90%，温度 18～25℃。20～30 d 后长出白色新根，新叶展开，再养护 10～20 d 即可移入营养钵，进行常规栽培管理。

【知识链接】

一、蓝莓组织培养采用的其他培养基及其效果

虽然蓝莓组织培养常采用改良 WPM 培养基，但因品种不同，所需的培养条件也会有差异，有人采用不同培养基培养不同的品种，也取得了较好效果。马艳丽(2005)研究得出，对于高丛蓝莓，用改良 MS 培养基，最高再生率可达 75%；廉家盛等(2010)研究得出，B5 培养基最适合"美登"蓝莓不定芽增殖生长，而对兔眼蓝莓用改良 knops 培养最合适，可达到将近 85% 的增殖率。

二、蓝莓组培苗生根问题

虽然蓝莓组培苗瓶较难生根，但也有不少研究取得了较好的生根效果。王平红等(2010)以改良 1/2 WPM 作为基本培养基添加 0.6 mg/L IBA，试管苗在 45 d 左右开始生根，其中添加 0.2% 活性炭的处理生根率可达 90%；孙书伟(2009)以 1/2 WPM 为基本培养基，对'蓝丰'、'伯克利'组培苗的生根技术进行了研究，结果表明'蓝丰'在 0.1 mg/L IBA 培养基上的生根数量和生根率最好，28 d 的生根率达 100%，而'伯克利'在添加 0.05 mg/L IBA 的培养基上，32 d 时生根率达 100%，取得了理想的效果；关丽霞(2001)建立了蓝莓组培苗瓶内浅层液体生根技术体系，使生根率达到了 96.5% 以上；张凤生等

(2009)用1/2MW + NAA 0.5 mg/L 作为生根培养，生根率高达97%，且根系条数多而粗壮。

【问题探究】

1. 为何蓝莓组培生产中常用试管外生根？
2. 蓝莓组培最好的改良 WPM 培养基与常规 WPM 培养基有何差异？
3. 蓝莓瓶苗生根前为何要进行壮苗培养？

【拓展学习】

蓝莓组培中玻璃化现象及防止技术

目前，蓝莓已能采用组织培养技术进行工厂化种苗繁殖，但是在培养过程中常发生玻璃化现象，呈现玻璃化的试管苗茎叶表面无蜡质，体内的极性化合物水平较高，细胞持水力差，蒸腾作用强，无法进行正常移栽，从而成为工厂化生产的一大障碍。

毕云等(2014)对蓝莓组培玻璃化防止技术的研究结果表明，降低细胞分裂素的浓度，提高琼脂的用量，培养基中加入0.5 g/L 活性炭对克服蓝莓组培苗玻璃化有明显的效果；增加蔗糖的用量对蓝莓玻璃化没有明显的防止作用；蓝莓组织培养中能有效防止玻璃化的适宜培养基为改良 WPM + ZT 2.0 mg/L + NAA 0.1 mg/L + 蔗糖 25 g/L + 琼脂 6 g/L + 活性炭 0.5 g/L。

孙阳等(2008)的研究结果认为，玉米素浓度及培养温度对蓝莓组培苗玻璃化有显著影响，温度在28℃和玉米素浓度在0.3 mg/L 条件下，玻璃化程度最重，但品种间的玻璃化程度也有明显差异。培养温度在20～23℃之间变温处理、ZT 浓度在0.1 mg/L 对防止玻璃化效果最好。

工作任务二　草莓组培快繁

草莓(*Fragaria × ananassa*)属蔷薇科草莓属多年生宿根草本植物，为重要的浆果植物。

草莓栽培分布很广，其总产量在浆果类中仅次于葡萄，居世界第二位。草莓果实柔软多汁，含丰富的糖、酸、矿物质、维生素等。草莓主要以匍匐茎和分株的方式繁殖，这种方式效率低，不利于优良品种的推广。在长期的无性繁殖状态下，病毒感染成为草莓生产的瓶颈。采用草莓脱毒快繁技术不仅能在短时间内提供大量整齐一致的优良种苗，而且可以克服传统繁殖方式导致的病毒累积而产生的退化现象。

【任务描述】

外植体：匍匐微茎；花药。

再生途径：丛生芽发生型；器官发生型。

操作程序：

①花药培养(图 9-1)

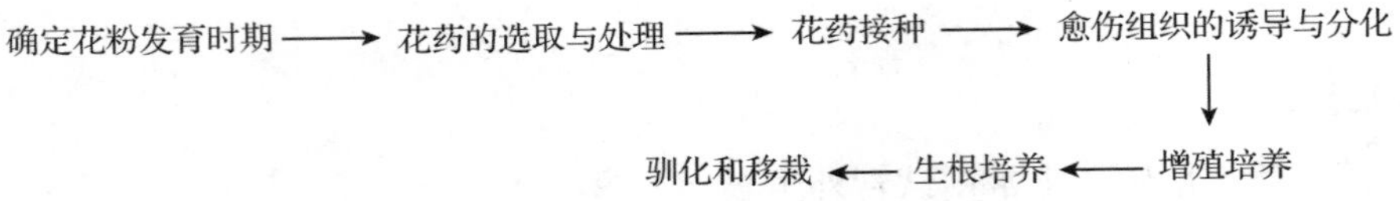

确定花粉发育时期 ⟶ 花药的选取与处理 ⟶ 花药接种 ⟶ 愈伤组织的诱导与分化
↓
驯化和移栽 ⟵ 生根培养 ⟵ 增殖培养

图 9-1 花药培养程序

②热处理 + 微茎尖培养(图 9-2)

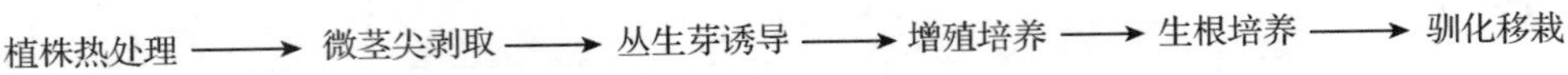

植株热处理 ⟶ 微茎尖剥取 ⟶ 丛生芽诱导 ⟶ 增殖培养 ⟶ 生根培养 ⟶ 驯化移栽

图 9-2 热处理结合微茎尖培养程序

【任务实施】

一、花药培养

1. 花粉发育时期检测

在春季现蕾期，取大小不等的花蕾数个，剥开花蕾，每个花蕾取 1 ~ 2 枚花药置于载玻片上，滴加 1 ~ 2 滴 0.5% 醋酸洋红溶液，用镊子或解剖针将花药压碎，使花粉从药囊中游离出来。弃去药壁残渣，盖上盖玻片。在酒精灯上来回轻烤几次，破坏染色质，促使细胞核着色，同时驱赶气泡，注意不可过热。待制片冷却后在显微镜下观察。若花粉只有 1 个核，称为单核期，若细胞核靠向一侧，即为单核靠边期。记录花粉处于单核靠边期时的花蕾形态特征作为花蕾采集标准。

2. 取材与处理

取直径大小约 4 mm 的花蕾，置于洁净培养皿中，内放一层滤纸，滴蒸馏水数滴保湿。将处理放入 3 ~ 4℃冰箱中低温保存 3 ~ 4 d。经预处理的花蕾先在 70% 酒精中浸泡 30 s，取出放入 0.1% 升汞或 6% 次氯酸钠浸泡 5 ~ 8 min，用无菌水冲洗 3 ~ 5 次。

3. 接种

用镊子剥去花冠，露出花药，取出不带花丝的花药接种在 MS + 6-BA 1.0 ml/L + IBA 0.2 mg/L + NAA 0.2 mg/L 或 GD + 2,4-D 1.0mg/L 诱导培养基上。

4. 愈伤组织诱导与分化

接种后花药置于温度 25 ~ 28℃，光照强度 1500 ~ 3000 lx，光照 10 h/d 条件下培养。一般花药培养 20 d 左右即可诱导出米粒状乳白色愈伤组织，愈伤组织形成后可转入 MS + 6-BA (0.5 ~ 1.0) mg/L + IBA 0.05 mg/L 分化培养基中培养。有些品种将愈伤组织转移至 1/2MS + GA 0.5 mg/L + 6-BA 0.5 mg/L + 三十烷醇 4mg/L 培养基中，愈伤组织经培养后很快转绿，以后微带淡紫红色，15 d 后在表面分化出半球形小突起，转为绿色，20 d 后分化出幼叶、幼茎，并有不少突起物，以后陆续分化出新梢。部分品种不经转移，在接种之后 50 ~ 60 d直接分化出绿色小植株。

5. 增殖培养与生根培养

将丛生芽分株后转移到 MS +6-BA 1.5 mg/L + NAA 0.2 mg/L 增殖培养基上，温度 25 ~ 28℃，光照 14 h/d，光照强度 2000 ~ 3000 lx。一个月左右，苗高达到 3cm 左右时接种到 1/2MS + IBA 0.2 mg/L 生根培养基上诱导生根。

二、热处理结合微茎尖培养

1. 热处理

将组培苗或盆栽苗置于高温处理箱内，白天温度设置为 40℃，处理 16 h，夜间温度设置为 35℃，处理 8 h，箱内湿度 60%~80%，28 ~ 35 d 可达到脱毒目的。不同品种的热处理方式不同，而且处理的温度和时间根据病毒的种类而定。

2. 外植体取材与处理

取草莓生长健壮的母株或匍匐茎上的顶芽，用自来水流水冲洗 2 ~ 4 h，然后剥去外层叶片，在无菌条件下，用 0.5% 次氯酸钠溶液表面消毒 5 min，并不停地搅动促进药液的渗透。在无菌条件和解剖显微镜下剥取茎尖分生组织，以带有 1 个叶原基的茎尖为好。0.2 mm 的茎尖无病毒率可达到 100%，但接种后的成活率下降，并延长培养时间。通常选取的微茎尖大小为 0.2 ~ 0.3 mm。

3. 丛生芽诱导

茎尖分离后，迅速接入培养基 MS + 6-BA 0.25 mg/L + NAA 0.25 mg/L 或 White + IAA 0.1 mg/L 中。培养条件为温度 25 ~ 28℃，光照时间 16h/d，光照强度 1500 ~ 2000 lx。经 2 个月左右的时间生长分化出芽丛，一般每簇芽丛含 20 ~ 30 个小芽为宜。注意在低温和短日照下，茎尖有可能进入休眠，所以必须保证较高的温度和充足的光照时间。

4. 增殖培养

把芽丛分割成含 2 ~ 3 芽的芽丛小块，转入 MS + 6-BA 0.3 ~ 0.5 mg/L + IBA 0.1 mg/L + GA 0.1 mg/L 培养基中，培养条件与丛生芽诱导时相同。

5. 生根培养

将 2 cm 左右芽苗转到 1/2MS + NAA 1mg/L 或 IBA 1 mg/L 中，使发根整齐，由于草莓地下部分生长加快，发根力较强，也可将具有两片以上正常叶的新茎从试管中取出进行试管外生根。

【知识链接】

一、草莓生物学特性与生态习性

草莓植株矮小，有短粗的根状茎，逐年向上分出新茎，新茎具有长柄三出复叶。聚伞花序顶生，花白色或淡红色。花谢后花托膨大成多汁聚合果，红色或白色，球形、卵形或椭球形，其中着生多数种子状小瘦果(图 9-3)。草莓喜温凉气候，生长的最适温度在 15 ~ 22℃，不耐严寒、干旱和高温。草莓为喜光植物，但又有较强的耐阴性。光照强时植株矮小、果小、色深、品质好。中等光照时，果大、色淡、含糖量低，采收期较长。光照弱不

图 9-3　草莓植株

利于草莓生长。根系由新茎和根状茎上的不定根组成。根状茎 3 年后开始死亡，以第二年产量最高。

二、草莓脱毒快繁操作流程

草莓脱毒快繁的操作流程如图 9-4 所示。

三、草莓病毒的种类和鉴定方法

1. 草莓病毒的种类与症状

已知的草莓病毒有 20 多种，其中最常见的有斑驳病毒、皱叶病毒、镶脉病毒和轻型黄边病毒。斑驳病毒在 EMC 指示植物上表现出不整齐的黄色

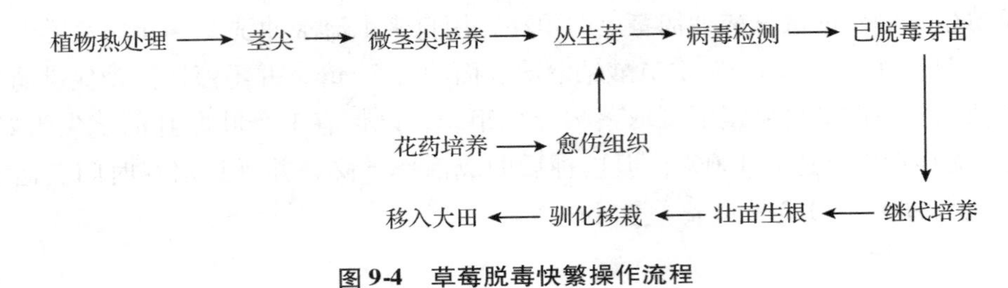

图 9-4　草莓脱毒快繁操作流程

小斑点，叶脉透明，小叶褪绿扭曲，在 UC5 上表现为不规则黄色斑纹，通常在 7～14 d 出现；皱叶病毒在指示植物 UC5 上叶片皱缩，扭曲变形，叶柄或匍匐茎出现褐色坏死斑，花瓣产生褐色条纹，需 30～50 d 才表现出来；镶脉病毒在指示植物 UC6 上沿叶脉产生带状褪绿斑；轻型黄边病毒在指示植物 EMC 产生红叶，数日即枯。

2. 草莓病毒的鉴定方法

因草莓的病毒在通过汁液接种时不感染，所以通常采用小叶嫁接法来进行鉴定。首先从被鉴定的草莓上采集长成不久的新叶，除去两边的小叶，中央的小叶带 1～1.5 cm 的叶柄，把它削成楔形作接穗。而指示植物则除去中间的小叶，在叶柄的中央用刀切入 1～1.5 cm，再插入接穗，用线把接合部位包扎好。为了防止干燥，在接合部位涂上少量的凡士林。为保证成活，在 2 周内，可罩上塑料袋，置于半见光的场所。约经 2 周时间，撤去塑料袋。若带有病毒，嫁接后 1～2 个月，在新展开的叶、匍匐茎或老叶上会出现病症。常用于草莓病毒检测的指示植物为森林草莓（EMC、Apline、UC4、UC5、UC6）和深红草莓（UC10、UC11、UC12）。

四、草莓脱毒快繁的影响因素

1. 花粉发育时期

不同发育时期花粉诱导草莓花药愈伤组织的效果不同，大多研究认为单核中晚期有利于草莓愈伤组织的形成，也有研究认为单核靠边期和双核期花粉诱导率较高。

2. 花药剥离与接种质量

花药剥离时应注意不要损伤花药，也勿将花丝带入，否则会在培养的过程当中产生二倍体组织，而影响愈伤组织和单倍体植株的形成。接种密度不宜过大，否则会影响愈伤组织诱导率，并且增加污染的概率。

3. 茎尖大小

茎尖大小直接影响茎尖培养的效果。茎尖过大，超过0.5 mm，成活率较高，但是脱毒率低，高庆玉等(1993)对草莓脱毒技术的研究显示，茎尖为0.5 mm时，脱毒率仅为20%；茎尖过小，小于0.3 mm，脱毒率较高，但是成活率低。所以，茎尖培养截取茎尖大小为0.3 mm左右时效果最佳，脱毒率可达到60%以上，这在许多研究中均有证明(高庆玉等，1993；刘铸德、张春辉，1995；王常云等，1998)。

4. 培养基

碳源种类和浓度对草莓的花药培养和茎尖培养均有影响。草莓花药培养中使用3%~5%的乳糖效果要优于蔗糖。添加高浓度的蔗糖会抑制体细胞愈伤组织产生而促进花粉发育。徐启红(2008)和曹善东(2003)对草莓的茎尖培养，以白砂糖为碳源获得较好的效果。无机盐浓度会影响草莓花粉发育的类型和方向，当草莓花药培养在NO_3^-含量较高的培养基时会诱导胚状体发生，但是在MS和White培养基上则无法诱导。添加有机物对草莓花药培养有一定的促进作用，但是添加的种类和浓度因品种不同而有所差异。

培养基中的激素成分对诱导花粉细胞的增殖和发育起着重要作用。因植物种类不同，花药离体培养对激素的要求有2种不同的情况：一些植物的雄核发育途径是直接形成花粉胚，在这些植物中，一般不需要激素，在基本培养基上就可以产生完整的单倍体植株；大多数植物花粉粒首先形成愈伤组织，然后在同一培养基上或略加改变的培养基上由愈伤组织分化出孢子体，此时为了诱导花药进行雄核发育，必须加入生长调节物质。草莓花药培养一般选用较高浓度的生长素或者生长素浓度远高于细胞分裂素，但是生长调节剂总体较其他植物的花药培养要低，否则会刺激二倍体愈伤组织的形成。在生根培养时，适当地添加生长素可以使根粗壮，且植株长势良好，但是浓度应控制在0.1 mg/L以内，ZT不适用于草莓的快繁(许淑琼，2002)。

五、草莓无病毒苗的繁殖

1. 防止蚜虫危害

草莓无病毒苗的繁殖重要的是要防止无病毒苗的再度污染。由于草莓病毒主要是蚜虫传播的，所以要做好蚜虫防治工作。传播草莓病毒的蚜虫主要有草莓茎蚜、桃蚜和棉蚜。其中分布最广泛的是草莓茎蚜，草莓茎蚜的身体着生有钉状的毛，可以寄生在寄主全株的各个部位上。可使用马拉松乳剂、氧化乐果乳剂等接触杀虫剂，防治期在5~6月和9~10月，特别是9~10月防治一次，可防止蚜虫越冬。

为保证种苗无病毒，原种种苗的生产阶段应在隔离网室中进行。传播草莓病毒的蚜虫较小，可以通过大于1 mm的网眼，故应采用0.4～0.5 mm规格的网眼，其中以300目防虫网为好。

2. 繁殖程序及提高繁殖率的措施

草莓无毒苗的繁殖程序可分5步，包括病毒鉴定生产出无毒苗、原种种苗培养、原种种苗繁殖、良种种苗繁殖、生产用苗繁殖和栽培苗繁殖。前四步在隔离室中进行，最后一步露地进行。为提高无病毒母株的繁殖株数可采用赤霉素处理和摘蕾的方法。赤霉素处理用5 mg/L的浓度，每株5 mL，在5月上旬和6月上旬分两次进行。摘蕾可减轻母株的营养负担，促使匍匐茎的大量发生，田间地每株可繁殖150～200株。

3. 生产管理工作

母株必须保证每株有大于3.3 m^2的营养面积。还要注意匍匐茎排列位置，不要交错重叠，否则不利采苗，采苗也要适时进行。无论秋季还是春季种植，繁殖床必须要进行土壤消毒，小面积可用蒸汽剂料混合消毒，防治草莓萎缩病、根腐病、萎凋病等的发生。隔离繁殖圃通常施缓效性肥料，每公顷用45 t肥；为促使匍匐茎的发生，要经常灌水。

【问题探究】

1. 为什么选择单核靠边期的花粉作为草莓花药培养的外植体?
2. 花药培养与微茎尖培养的不同点是什么?

【拓展学习】

花粉与花药培养

花药培养其外植体是植物雄性生殖器官的一部分，就培养方法和技术来讲，属于器官培养的范畴。花粉培养是将处于一定发育阶段的花粉从花药中分离出来，再加以离体培养。有时花粉培养也称为小孢子培养。从培养方法和技术方面来讲，花粉培养属于细胞培养的范畴。

一、花粉孢子体发育途径

花粉是产生花粉植株的原始细胞，其第一次有丝分裂在本质上与合子的第一次孢子体分裂相似，把花粉形成植株的途径称为花粉孢子体发育途径，也称为雄核发育途径。

花粉离体培养时，雄核发育最适宜的时期是第一次有丝分裂即将开始、正在进行或刚刚结束时。在烟草中进行的研究表明，在诱导期(由开始花药培养到第一次异常分裂)中配子体细胞质发生退化现象。期间出现一些类似溶酶体的多泡体，可能因这些多泡体引起细胞质的退化。到了诱导期结束时，就各细胞器而言，在营养细胞中只剩下少数线粒体和结构上已变得简单的质体，核糖体已几乎完全不见了。在营养细胞完成第一次孢子体分裂之后，细胞质内重新出现核糖体和其他细胞器。因此，本来要发育成配子体的营养细胞改变了发育方向，变成沿孢子体途径发育。

雄核发育早期根据小孢子最初几次分裂的方式可分为 4 种途径：

①单核小孢子进行一次均等分裂，形成两个等同的子细胞，两个子细胞都参与孢子体的发育。

②单核小孢子先进行一次正常的非均等分裂，然后通过营养细胞的进一步分裂形成孢子体。生殖细胞或者完全不再分裂，或者分裂 1~2 次后即退化。

③花粉胚主要由生殖细胞单独形成，营养细胞或是不再分裂，或只分裂几次即停止。营养细胞最终变成一个类似胚柄的结构，附着在由生殖细胞起源的胚的胚根一端。

④与②相似，形成一个营养细胞和一个生殖细胞，但两个细胞都进一步分裂并参与孢子体形成。

无论早期发育途径如何，每个反应花粉粒最终都变成一个多细胞的花粉粒。有的物种一个花粉粒只形成一个植株，其他能够通过花药培养产生雄核起源孢子体的物种，由花粉粒破裂释放的细胞团能进一步增殖形成愈伤组织，再由愈伤组织分化产生植株。

二、花药与花粉的预处理

在接种前对花药与花粉进行预处理可以显著提高花粉的存活率，以及愈伤组织和胚状体的诱导率。预处理的方式有低温处理、热激处理、药剂处理、射线处理和离心处理等。低温处理是将接种材料在 0℃以上低温处理一段时间后再接种。热激处理是指花药接种后，先在较高温度下培养一段时间，再转至正常温度下培养。另外，高糖浓度，以及用甘露醇、秋水仙素和二甲基亚砜对接种材料进行预处理，对花粉或花药培养均有促进作用。

三、花药培养基本程序

以烟草花药培养为例：

①摘取将完成第一次有丝分裂的花蕾，置于 7~8℃低温下预处理 12 d。

②将花蕾用次氯酸钠溶液消毒 10 min，用蒸馏水漂洗数次。剥开花蕾，取出花药。

③花药用醋酸洋红压片以确定花粉发育时期。接种之前必须去除花丝，否则将在切口上形成愈伤组织。

④花药可以在固化培养基上培养，也可以采用液体培养基进行漂浮培养。在前一种情况下，可用 MS 培养基补加 2% 蔗糖，以 0.6%~0.8% 琼脂固化。

⑤接种后在 25℃下培养，有无光照均可。2~3 周后，在载玻片上滴加一滴醋酸洋红，剖开培养的花药，即可看到幼龄的花粉胚。4~5 周后形成小植株，此时转入光下培养。

⑥取下小植株，去除其余的花药组织。在小植株长到 3 cm 以后转入生根培养基，生根培养基成分与花药培养基相同，但琼脂减至一半，光照强度 5000 lx，光照时间 12 h/d。

⑦植株长到合适大小时，取根尖用醋酸洋红或斐林试剂染色，以保证单倍染色体个数。

工作任务三　香蕉组培快繁

【任务描述】

取材：适宜取材部位、时期。

消毒：灭菌药品、浓度、时间。

培养基：诱导、增殖、分化、生根不同阶段的培养基。

炼苗移栽：炼苗条件、移栽管理。

要求：褐变少，增殖系数高，苗壮，移栽后生长健壮。

【任务实施】

一、外植体取材

香蕉组织培养中已获得再生植株的外植体有球茎、吸芽、茎尖分生组织、叶鞘、花序、未成熟果实等(吴坤林，2006)，但目前生产上最常用的仍为吸芽。

二、外植体消毒

外植体用流水冲洗干净，用刀将假茎或吸芽修成(4～5)cm×(6～7)cm 大小并带顶芽的块。将修整好的材料带入接种室，在超净工作台上剥去假茎叶鞘，修剪成 3～3.5 cm 长的吸芽或顶芽，用75%酒精浸泡 1 min，无菌水冲洗 1 次，用0.1%升汞溶液浸泡 15 min，再用无菌水冲洗 4～5 次。以茎尖为中心纵切成 2～4 块，接入愈伤组织诱导培养基。

三、培养基

初代诱导培养基：MS+6-BA 3～5 mg/L+NAA 0～1 mg/L+蔗糖 3%，pH 5.8～6。

增殖培养基：MS+6-BA 2～3 mg/L+NAA 0.05～0.2 mg/L+ 蔗糖 3%，pH 5.8～6。

生根培养基：1/2MS+IBA 2 mg/L+NAA 0.2 mg/L+蔗糖 2% +活性炭 0.5%，pH 5.8～6
或 1/2MS+NAA 0.1～0.2 mg/L+活性炭 0.5%。

四、培养条件

吸芽及顶芽外植体可于弱光下培养直接诱导出不定芽。花蕾外植体诱导愈伤组织则需暗培养 30～35 d，诱导出愈伤组织后再进行光照培养。适宜的培养环境为：光照强度 1000～2000 lx，光照时间 10～12 h/d，温度 25～28℃。

培养出丛生芽后，转入增殖培养基中，20～30 d 继代一次。当芽增殖到预期数量后，将高于 2.5 cm 的不定芽单个切开，转入生根培养基中培养，约 14 d 后开始长根，25～35 d 后，当小苗长有 2 片以上绿叶、苗高达 4 cm 时即可出瓶。

五、炼苗与移栽

1. 炼苗

将培养瓶置于炼苗场地，不开瓶盖放置 2～3 d，然后将瓶盖拧松后放置 1～2 d，再将瓶口全部打开炼苗 2～3 d。

2. 沙床假植

将炼过的瓶苗用清水洗净培养基及部分老死的黑根，并用多菌灵等杀菌剂浸泡 20～30 min，假植于河沙和椰糠混合的基质上，用塑料薄膜覆盖，4～7 d 后移去薄膜。

3. 大棚育苗

用 75% 的遮阳网搭建苗圃，将灭过菌的基质装入营养钵中，根据种植时期确定下苗日期，一般种植时间往前推 45～60 d，把沙床苗按照大小分级种植于营养钵中，浇足定根水，杀菌剂喷雾，覆盖塑料薄膜。当苗长至 20～25 cm（有叶 4～6 片）时即可出圃定植。

【知识链接】

一、香蕉组培苗的脱毒

香蕉束顶病和花叶心腐病是香蕉生产中毁灭性的病害，因此香蕉组培苗的脱毒尤为重要。孙茂林等（1993）总结出香蕉组培苗的主要脱毒措施如下：

①从自然或人工隔离田块中无病害的植株上取外植体。

②经过 3～4 次继代培养后，随机选取 3 瓶进行血清反应，检测上述两种病毒，若查出带毒，则应淘汰。

③培育袋苗时，苗床应远离香蕉园，若周围有香蕉，则应彻底清除病株，并定期喷药防治蚜虫，以防病毒再次浸染。

二、香蕉组培中的褐化问题

香蕉组织培养中，在外植体诱导培养阶段褐化较为严重，可致外植体大量死亡（图 9-5）。研究表明，成年外植体、在生长旺盛季节取材、培养光照过强等是造成褐化的主要原因。因此，于生长缓慢季节取材、取幼嫩材料、降低培养光照强度等措施可使褐化减轻。通过添加抗褐化剂如盐酸半胱氨酸、抗坏血酸、活性炭等，也有一定减轻褐化效果的作用（单芹莉等，2009）。在接种时不进行外植体切割，培养 1 周后再切割转瓶，可取到较好的抑制褐化效果。

正常愈伤组织

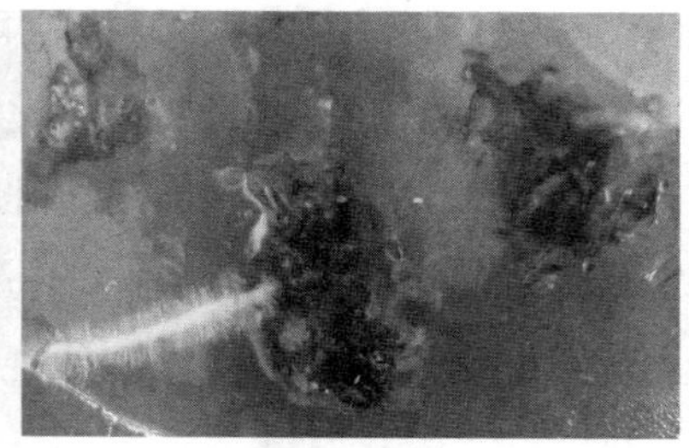

褐化愈伤组织

图 9-5　香蕉组织培养中正常的愈伤组织及褐化愈伤组织

三、香蕉组培中激素的应用

杨秀坚等(2005)的研究结果表明，NAA 和6- BA 两种植物生长调节剂对普通香蕉、粉蕉、贡蕉组织培养的影响主要是由其在外植体内相互竞争造成的，当6-BA 的比例占优时有利于诱导成芽和芽的分化，而 NAA 的比例占优时则有利于组培苗的伸长生长和生根。NAA 和6-BA 在3 个品种组织培养各阶段的最佳组合为：普通香蕉(巴西蕉，AAA)诱导成苗为6-BA 5.0 mg/L + NAA 0.02 mg/L，继代增殖培养为6-BA 4.0 mg/L + NAA 0.1 mg/L，生根培养为6-BA 0.02 mg/L + NAA 0.8 mg/L；粉蕉(ABB)诱导成苗为6-BA 10.0 mg/L + NAA 0.04 mg/L，继代增殖培养为6-BA 2.0 mg/L + NAA 0.2 mg/L，生根培养为6-BA 0.02 mg/L + NAA 0.8 mg/L；贡蕉(AA)诱导成苗为6-BA 7.5 mg/L + NAA0.02 mg/L，继代增殖培养为6-BA 4.0 mg/L + NAA 0.1 mg/L，生根培养为6-BA 0.02 mg/L + NAA 0.8 mg/L。

【问题探究】

1. 如何有效防止香蕉组织培养中愈伤组织的褐化?
2. 如何检验香蕉组培苗是否已脱毒?

【拓展学习】

香蕉组培快繁中的间歇光照培养

香蕉组培快繁一般要求光照10~12 h/d，光强1000~2000 lx，电费开支成为组培生产成本的重要组成部分。湛江市农业科学研究所陈雄进等(2010)采用间歇光照培养法对香蕉组培进行研究取得了理想的效果。

该技术的核心是，将培养架设计为5层，长2.0 m，宽0.5 m，用5 mm厚透明玻璃作支持物。层间安装一套40 W日光灯，间隔层之间实行4次间歇轮换光照培养，每次持续光照2.5 h，用定时自动开关控制。研究结果显示，从第三代的100瓶基数开始培养，至第九代后一次性全部生根，间歇光照培养比连续光照培养多生产7870瓶，增幅达20%，电耗节省了2866元，幅度达21.1%，总增收节支14 226元，幅度达33%。尽管间歇光照培养未移至室外炼苗前的苗弱，但移至室外炼苗后，培养成的商品苗形态正常，与连续光照培养的苗无明显区别。该技术降低了能耗及生产成本，增加了产量，具有较好的应用前景。

【小结】

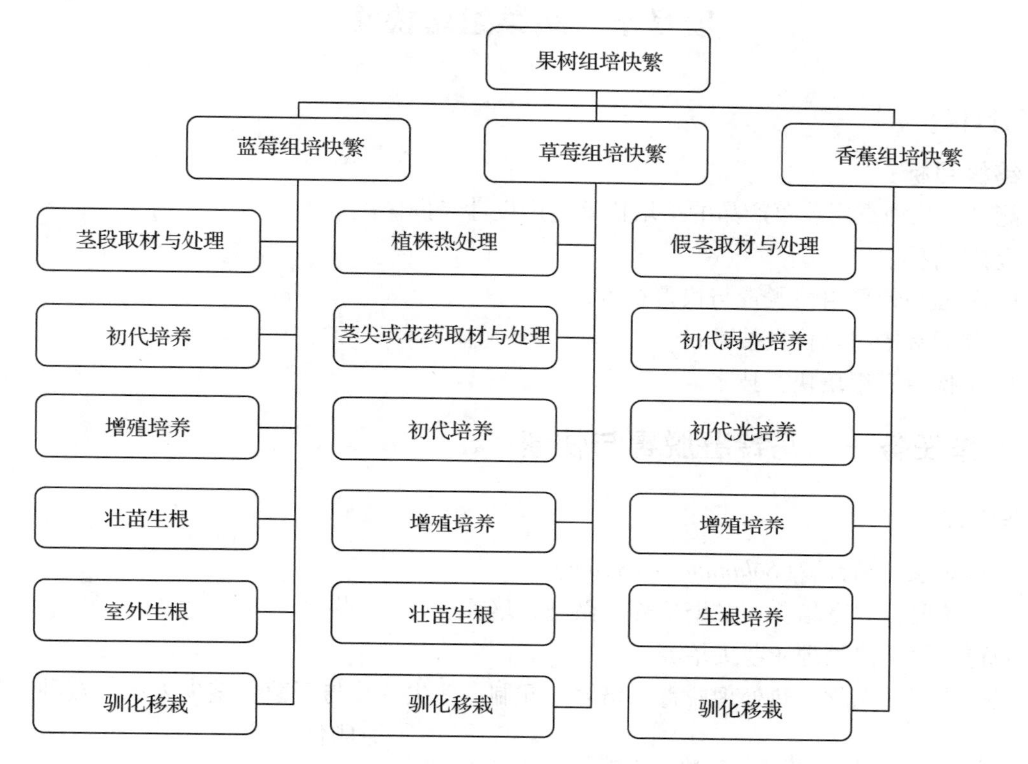

【练习题】

一、填空题

1. 蓝莓组织培养中组培苗瓶内生根较难，因此常采用(　　)生根。
2. 蓝莓组织培养常用的培养基为(　　)培养基。
3. 蓝莓组织培养常用的外植体是(　　)。
4. 香蕉组培苗炼苗后最好先经(　　)假植后再移入营养钵。
5. 以香蕉花蕾为外植体进行组织培养时，诱导愈伤组织需先进行(　　)培养，然后再进行光培养。

二、判断题

1. 蓝莓外植体取材以夏季最好。 (　　)
2. 蓝莓组织培养只能用改良 WPM 为基本培养基。 (　　)
3. 蓝莓组培苗通常用室外生根，但有的品种瓶内生根效果也较好。 (　　)
4. 叶片是香蕉组织培养理想的外植体。 (　　)
5. 增强光照能减轻香蕉愈伤组织褐化程度。 (　　)
6. 外植体多酚含量越高，组培中褐化程度可能越低。 (　　)

项目十　蔬菜组培快繁

【学习目标】

终极目标：

能进行几种重要蔬菜产品的组培快繁生产设计与操作。

促成目标：

1. 掌握马铃薯组培脱毒与快繁技术；
2. 掌握香椿组培快繁技术；
3. 掌握芦笋组培快繁技术。

工作任务一　马铃薯脱毒与快繁

【任务描述】

工作对象：马铃薯(*Solanum tuberosum*)。

工作阶段：脱毒培养；扩繁培养、微型薯培养。

脱毒手段：热处理+茎尖培养。

工作流程：选材→热处理脱毒→培养基配制→茎尖选择与灭菌→茎尖采取→接种→培养→脱毒苗鉴定→脱毒苗继代扩繁→扩繁脱毒苗壮苗生根→驯化移栽 / 茎节扩繁→微型薯诱导→定型。

工作要求：能熟练进行马铃薯组培操作，能进行简单脱毒处理与微薯生产。

【任务实施】

一、操作前准备

1. 计划

学生分组操作。各小组根据任务制订方案，确定洗涤方法和所需设备用品，制订操作流程，做好人员分工，教师检查任务项目，合格后可以实施。

2. 准备

(1)设备用具　人工气候箱；配制漂白粉、次氯酸钠、医用究酒精等外植体灭菌药剂；MS 培养基及其制备所需工具药剂；NAA、B9 等植物生长调节剂；解剖针等接种用工具；解剖镜等。

(2)植物材料　当地种植优良的马铃薯品种。

二、脱毒培养

1. 选材培养及热处理

挑选健壮、完整、无伤的马铃薯块茎，小心清理表面多余泥土等杂物，勿伤种皮。将

表 10-1 马铃薯热处理脱毒操作

对象病毒	温度 1（℃）	温度 1 处理时间（h）	温度 2（℃）	温度 2 处理时间（h）	总处理时间	备注
PVS/PVX	35	24			2～10 周	重复脱毒过程
PLRV	40	4	18	20	2～6 周	变温处理
PSTV	35	24			2～12 周	可重复脱毒

马铃薯块茎放入人工气候箱培养数天，使芽点萌动发出，至芽长约 1.5 cm 时，根据脱毒对象进行热处理(表 10-1)。

湿度控制在 75%，定期喷洒内吸杀菌剂或抗生素。

2. 茎尖培养

(1)培养基制备　配制固体 MS + NAA 0.05 mg/L 培养基，装入大试管或做滤纸桥，封口后同接种工具灭菌待用。

(2)选材　取热处理后健壮的顶芽或腋芽作为材料。

(3)外植体表面灭菌　切取约 1.5 cm 长的芽，医用酒精浸泡 30 s，再用 10% 次氯酸钠或漂白粉溶液浸泡 10 min，无菌水漂洗。

(4)茎尖采取　于超净工作台上，配合解剖境，用解剖针由外至内层层挑起芽上幼叶与叶原基并剥除，待生长点露出，用尖头解剖刀小心切取 0.2 mm 左右带有生长点的茎尖，茎尖越小脱毒几率越高。

(5)接种　迅速将切取的茎尖接种至试管内，封口，标记。

(6)培养　送入培养间，于温度 25℃、光照时间 16 h、光照强度 3000 lx 下培养。

三、鉴定

茎尖培养分化出 3～5 茎节后，将植株送检，以确定小苗脱毒状态与效果，可采用血清法、电镜法及植株测试法鉴定。

四、脱毒苗扩繁继代培养

(1)继代培养　配制固体 MS +2% 蔗糖培养基→切分带有茎节的脱毒苗茎段为外植体→接种于培养基上→封口标记→摆架培养。培养条件：温度 25℃，光照时间 24 h，光照强度 4000 lx。

(2)壮苗　配制固体 1/2 MS + B9 10 mg/L 培养基→取扩繁苗→接种于培养基上→封口标记→摆架培养。培养条件：温度 18℃，光照时间 24 h，光照强度 5000 lx。

(3)生根　配制固体 MS + IAA 0.5 mg/L + AC 0.1 g/L 培养基→壮苗切分为 2 cm 长株丛→接种于培养基上→封口标记→摆架培养。培养条件：温度 25℃，光照时间 12 h，光照强度 4000 lx。

五、驯化移栽

将具3片叶以上的生根苗进行驯化，时间5 d，平均温度25℃，最低温>10℃，遮阴70%，用消毒珍珠岩或泥炭作为移栽苗床，移栽后每3~5 d喷洒1/4MS溶液作为营养液，环境湿度80%，遮阴50%，其余环境条件同驯化，成苗后转入销售或生产管理。

六、微型薯生产

扩繁苗也可通过液体培养及诱导，直接生产微型种薯。一般采取扦插或雾化培育模式。

七、清理现场

安排值日组，清理现场。要求设备用具归位，现场整洁，记录填写完整。

八、讨论与评价

小组自检任务完成情况，并分析讨论操作存在的问题；教师抽检、点评；最后小组间互评任务完成效果。

【知识链接】

马铃薯于17世纪传至我国，目前已经在我国大面积种植，从最早的只在高寒贫瘠土地种植，到现在已经成为许多地区的主要作物，从最初的只为解决粮食不够问题，到现在已成为四大主粮之一。目前，我国马铃薯种植面积居世界第一，种薯使用量世界第一，但由于病毒侵染引起的马铃薯退化却制约着产业的升级与发展。

目前在马铃薯作物各品种上已发现了多种病毒、类病毒以及植原体，已报道的就有25种之多，但仅少数病毒危害严重，如马铃薯Y病毒(PVY)、马铃薯卷叶病毒(PLRV)、马铃薯A病毒(PVA)和X病毒(PVX)以及马铃薯纺锤块茎类病毒(PSTVd)等。在所有的这些病毒和类病毒中，我国分布广泛的有PSTVd、PLRV、PVY、PVX以及苜蓿花叶病毒(AMV)，而马铃薯Y病毒坏死株系(N株系)、烟草脆裂病毒(TRV)以及番茄黑斑病毒(TBRV)只在局部地区发生。

一、马铃薯组培脱毒方法

1. 茎尖培养脱毒

原理是利用病毒的热敏性及在植物体内分布的不均匀性，即根尖和芽尖的快速分生组织中，病毒感染速度不及分生组织快速分裂生成新生细胞的速度，则这些细胞组织含病毒量少或不含病毒。

2. 病毒唑处理

抗病毒化学药剂能够不同程度地脱除植物病毒，主要是利用抗病毒化学药剂来抑制病毒核酸与蛋白质的合成，或是改变寄主的代谢方式。

3. 热处理脱毒

原理是在高于正常的某一温度范围(35~40℃)下，植物组织中的很多病毒可被部分地或完全钝化，从而抑制病毒的增殖，减缓病毒在植株体内的扩散速度，但很少伤害甚至不伤害寄主组织。

脱毒方法可联合使用，也可单独使用。

二、影响马铃薯茎尖培养成活的因素

1. 茎尖大小及芽的选择

一般来说离体茎尖越大，越易成活，但病毒越难去除。由于对大多数植物来讲，叶原基是茎尖成活的必要条件，因此，在培养中必须保留1~2个叶原基。同时，生长点附近的组织要尽量少，这样的茎尖长0.1~0.3 mm，既保证了一定的成活率，又能排除大多数病毒。芽的选择也直接影响离体茎尖的成活率，通常壮芽的成活率更高。

2. 培养基成分和培养条件

马铃薯茎尖培养常用Morel、MS、MA、农事和革新等培养基。国内主要采用革新和MS培养基。基本培养基中提高铵盐和钾盐浓度，有利于茎尖成活。一些附加成分，特别是植物生长调节剂的种类和浓度对于茎尖生长发育的影响很大。少量的细胞分裂素有利于离体茎尖成活和生长，常用的有6-BA、GA_3，但浓度过高或使用时间过长会产生不利影响。生长素对茎尖生长和发育具有重要作用，尤其以NAA效果显著，常用来控制茎尖成活和苗分化。因不同品种对激素的反应不同，所以使用的激素种类和浓度不能一概而论。此外，在培养过程中，一般马铃薯茎尖组织有几种生长发育类型，应根据不同的类型改变生长调节剂（主要是生长素）的浓度及处理时间，结合适宜的培养条件来提高茎尖成活率。此外，硬度也会影响成活率，一般较为坚硬的培养基效果较差。

三、影响病毒去除的因素

1. 茎尖大小和病毒种类

马铃薯茎尖培养脱毒的效果与茎尖大小直接相关。由于病毒浓度在茎尖附近呈递减分布，因此茎尖越小脱毒效果越理想，但茎尖就越难成活。此外，由于不同病毒在茎尖分布不同，脱毒的效果也与病毒种类有关。各种病毒的脱除从易到难为：PLRV、PVA、PVY、马铃薯奥古巴花叶病毒（PAMV）、PVM、PVX、PSTVd 。此顺序也不是绝对的，会因品种、培养条件、病毒株系不同等而有所变化

2. 化学治疗剂的使用

化学治疗剂能提高培养基中去除病毒的能力。如在培养基中加入碱性孔雀绿、2,4-D和硫尿嘧啶等病毒抑制剂，能显著提高产生无病毒植株的百分率。

四、参考标准

1. 国家标准

（1）《马铃薯脱毒试管苗繁育技术规程》（GB/T 29375—2012）　规定了马铃薯茎尖脱毒与组织培养、脱毒试管苗扩繁的技术要求和操作规程。本标准适用于马铃薯脱毒试管苗的培育、扩繁。

（2）《脱毒原原种繁育技术规程》（GB/T 29376—2012） 规定了马铃薯脱毒原原种繁育的技术要求和操作规程。本标准适用于实验室、温室、防虫网室中马铃薯脱毒原原种的繁育。

（3）《脱毒种薯》（GB 18133—2000） 规定了马铃薯脱毒苗和各级马铃薯脱毒种薯的质量指标及检验方法。适用于马铃薯脱毒苗及脱毒种薯生产、销售过程中的质量鉴定。

2. 行业标准及地方标准

（1）《马铃薯脱毒种薯繁育技术规程》（NY/T 1212—2006） 规定了马铃薯脱毒技术、脱毒马铃薯基础种薯生产技术。适用于马铃薯脱毒技术和基础种薯生产。农业行业标准。

（2）《马铃薯脱毒快繁技术规程 》（DB64/T 728—2011） 宁夏省地方标准。

（3）《马铃薯种薯（苗）质量标准和检验规程》（DB51/T 821—2008） 四川省地方标准。

（4）《马铃薯脱毒种薯生产技术规程》（DB51/T 818—2008） 四川省地方标准。

（5）《脱毒马铃薯微型种薯生产技术规程》（DB32/T 2402—2013） 江苏省地方标准。

（6）《马铃薯脱毒原种、一级、二级种薯生产技术规程》（DB52/T 803—2013） 贵州省地方标准。

（7）《马铃薯脱毒原种和良种生产技术规程》（DB14/T 687—2012） 内蒙古省地方标准。

（8）《马铃薯脱毒原原种繁育技术规程》（DB14/T 686—2012） 内蒙古省地方标准。

（9）《马铃薯脱毒苗污染控制技术规程》（DB64/T 769—2012） 宁夏省地方标准。

（10）《脱毒马铃薯种薯生产技术规程》（DB54/T 0086—2015） 西藏省地方标准。

（11）《马铃薯脱毒基础苗培育技术标准》（DB64/T 727—2011） 宁夏省地方标准。

（12）《“黔芋 1 号”马铃薯脱毒种薯生产技术规程》（DB52/T 605—2010） 贵州省地方标准。

（13）《脱毒马铃薯栽培技术规程》（DB52/T 499—2006） 贵州省地方标准。

【问题探究】

1. 3 种脱毒方法中，哪种是最主要的？
2. 如何改进茎尖接种操作提高脱毒效率？

【拓展学习】

马铃薯无病毒种薯繁育工艺技术流程

马铃薯无病毒种薯繁育工艺技术流程如图 10-1 所示。

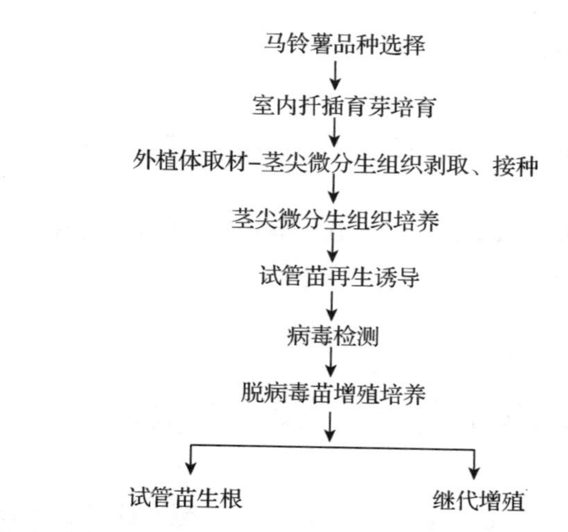

图 10-1　马铃薯无病毒种薯繁育工艺技术流程

工作任务二　香椿组培快繁

【任务描述】

工作对象：香椿（*Toona sinensis*）。

技术路线：初代培养（愈伤组织诱导培养）→继代培养（分化培养 + 丛生芽增殖）→生根培养→驯化移栽→成苗。

工作成果：获得香椿组培无性系；获得符合规格的栽培用成苗。

工作要求：操作熟练、污染率低。诱导增殖效率及成活率达标。

【任务实施】

一、操作前准备

1. 计划

学生分组操作。各小组根据任务制订方案，确定所需设备用品，制订操作流程，做好人员分工，教师检查任务项目，合格后可以实施。

2. 准备

（1）设备用具　配制升汞、医用究酒精等外植体灭菌药剂；常规 MS 培养基及其制备所需工具药剂；NAA、KT、6-BA、IBA、GA_3等植物生长调节剂；常规接种用工具；其他一般组培用具。

（2）植物材料　当地健壮的香椿植株。

（3）初代培养培养基制备　制备固体 MS + NAA 0.5 mg/L + 6-BA 1.0 mg/L + KT 0.1 mg/L + 3% 蔗糖培养基，同接种工具灭菌待用。

二、外植体选择与处理

1. 选材

选择生长旺盛季节，尤其是春末初夏快速生长期植株，剪取5~8 cm长新萌复叶。

2. 外植体灭菌

流水冲洗30 min→医用酒精浸泡15 s→0.1%升汞+0.1%吐温-80浸泡5 min→无菌水漂洗6次。

三、初代培养

1. 初代接种

将幼嫩复叶叶片剪切为0.5 cm见方作为接种片，竖接接种至初代培养基，摆架培养。

2. 培养条件

温度25℃；光照时间12 h/d；光照强度3000 lx；至形成愈伤组织约10 d。

四、继代培养

1. 丛生芽分化培养

(1)培养基配制　配制固体MS+NAA 0.02 mg/L+6-BA 2.5 mg/L培养基，同工具灭菌待用。

(2)转移接种　将愈伤组织转移接种至分化培养基上，封口标记摆架培养。

(3)培养条件　同初代培养，至丛生芽分化出，时间约1个月。

2. 丛生芽增殖培养

(1)培养基配制　配制固体MS+GA_3 2 mg/L+6-BA 0.2 mg/L培养基，同工具灭菌待用。

(2)继代接种　切取1 cm长分化出的丛生芽，接种至增殖培养基，摆架培养。

(3)培养条件　同初代培养，至多数丛生芽分化出且芽高>5 cm，时间约1个月。

五、生根培养

1. 培养基配制

配制固体1/2MS+IBA 1 mg/L+CCC 8 mg/L+1%蔗糖培养基，同工具灭菌待用。

2. 生根接种

取无根丛生芽，平切除去丛生芽基部2 mm组织，竖接法将切面平贴培养基压入，封瓶摆架培养。

3. 培养条件

接种后10 d光照时间可降低至10 h/d，之后恢复；其余同初代培养，至生根数量>4条/苗，或最短根长>5 cm，时间约1个月。

六、炼苗

(1)环境条件　春季至夏初，温室内，遮光30%，低温>10℃，湿度80%。

(2)操作顺序　温室内先摆放1周后开瓶炼苗3~5 d。

七、移栽

用消毒珍珠岩或蛭石、泥炭作为移栽苗床，温水洗去培养基后移栽，遮阴30%~50%，湿度>80%，每5 d喷洒1次0.05%平衡肥液，每周喷施抗菌药剂，1~2月苗可移栽正常管养。

八、清理现场

每次实训完毕后安排值日组，清理现场。要求设备用具归位，现场整洁，记录填写完整。

九、讨论与评价

每次实训后小组自检任务完成情况，小组间互评任务完成效果，教师点评。

【知识链接】

香椿又名椿甜树、红香椿、香椿头等，为香椿属多年生木本植物。香椿作为木本蔬菜的食用价值、药用价值表现突出，需求量逐年增加，近年香椿周年栽培技术逐渐成熟并推广，但香椿生长周期长，采收期有限，不耐贮运，市场供需矛盾突出，由于生产上一般利用当地资源，常规的种子繁殖、扦插育苗、分株繁殖等繁殖倍数低、周期长，效果不理想，也无法满足市场对香椿种苗的大规模需求，而组织培养诱导丛生芽进行优良无性系再生系统营建，可实现种苗的工厂化生产，并有利于香椿优良种质资源的保存及品种选育。

香椿组培快繁兴起于20世纪80年代后期，对香椿的组培技术进行了探索与实践。覃兰英等报道了用幼年香椿实生苗茎段在基本培养基MS上附加IAA和BA培养，接种2~3周后基部成功长出芽丛。杨其光等取成年树的1年生休眠条，经冷藏和6-BA水溶液催芽后，在木本植物培养基上培养出丛状萌芽。王春林等认为用新生枝顶芽或休眠芽生长点作外植体容易获得组培苗。河北林学院康明等采集不同地区香椿大树上的枝条作为不同种源的试验材料，建立了芽增殖、壮苗、生根及小苗移栽等一整套很适合原始材料稀少的香椿良种组培快繁的方法。吴丽君等通过对香椿用材品种茎段的离体培养发现，香椿组培快繁效率高的诱导培养基为MS+6-BA +NAA，适宜于分化丛生芽的理想培养基为MS+6-BA+NAA+GA_3，芽增殖系数高；适合生根的培养基为MS+NAA+GA_3等。

一、香椿常用培养路线

①茎段、叶片→愈伤组织→丛生芽→继代增殖丛生芽→生根苗→瓶苗→栽培种苗。

②茎段、茎尖→丛生芽→继代增殖丛生芽→生根苗→瓶苗→栽培种苗。

两种路线的区别在于外植体特性及经济考量，愈伤组织路线选用已分化的再生能力较弱的植株部位作为外植体，须经愈伤组织诱导，经历脱分化后再分化为丛生芽，时间较长，但材料易得，易采时间长，且时间有利于瓶苗移栽。直接分化丛生芽路线选择分化能力较高的部位作为外植体，可直接形成丛生芽，但取材季节与数量有限，培养后季节对移栽生产环境要求高，在实际生产中可因地制宜地选择合适的技术路线。

二、影响香椿组培的主要因素

根据文献报道，香椿组培过程中易出现玻璃苗，褐化现象一般，植物激素的种类、组合、浓度在不同培养阶段对组培效果有最主要的影响。

初代培养诱导愈伤组织阶段皆须使用细胞分裂素与生长素类，6-BA 与 NAA 使用最多，细胞分裂素浓度略高于生长素；诱导愈伤组织分化时生长素浓度应大大低于细胞分裂素，增殖培养时可不加入生长素，代之以赤霉素，效果更好；生根培养时，不加入细胞分裂素，生长素使用 IBA 效果优于 NAA。

除激素外，外植体采集时期及外植体成熟程度也会产生影响，以生长旺盛期采集到的半木质化茎节、芽或幼嫩的叶片效果最佳；香椿作为木本植物对矿质元素需求较高，前期培养中 MS 等培养基一般采用全配方足量使用，以保证培养效果；选择合适的外植体，及时转接继代，或使用防止酚类富集的培养基可以较有效地防止褐化现象。

三、参考标准

(1)《香椿培育技术规程》(LY/T 2123—2013)　规定了香椿的栽培区域、品种选择、繁殖方法及材林的培育和菜用林栽培管理技术。适用于香椿材用林培育和菜用林栽培管理。是林业行业标准。

(2)《香椿育苗技术规程》(DB51/T 1156—2010)　规定了香椿育苗技术措施。适用四川省境内的香椿育苗。是四川省地方标准。

(3)《香椿芽培育技术规程》(DB51/T 1513—2012)　四川省地方标准。

【问题探究】

1. 对比其他植物与香椿在诱导、分化、增殖、生根培养阶段的培养基成分、浓度关系有何异同？

2. 如何在香椿组织培养过程中防止玻璃化及褐化现象的产生？

【拓展学习】

叶片组培快繁

一、定义

叶片培养包括叶原基、叶柄、叶鞘、叶片、子叶在内的叶组织的无菌培养。

二、特性

叶片是分化程度很高的专门器官，通常直接再分化为新植株困难，须经脱分化形成愈伤组织，之后再分化出新植株，且需要多种激素联合作用，难度高于茎节与芽的诱导。

三、优点

材料来源广泛，数量多，易培养，尤其对木本植物，生成的愈伤组织完整，数量多，较迅速等。

四、应用

研究叶片生理生化进程，繁殖稀有名贵木本植物品种的有效手段。

五、再生能力

双子叶植物 > 单子叶植物，子叶 > 真叶，幼叶 > 成熟叶。

六、影响因素

植物激素的种类、组合、浓度；叶龄、极性、机械损伤、叶脉。

七、常规方法

1. 材料选择及灭菌

选择健康洁净的植株，取其较幼嫩叶片，冲洗干净，用70%酒精漂浸泡10 s，再在饱和漂白粉液中浸3～15 min或在0.1%升汞中浸3～5 min，以前者为佳。用无菌水漂洗数次，无菌纸上吸干水分，待接种用。有表面附属物的叶片应延长灭菌时间或先行去除部分附属物。

2. 接种

将叶片切成约0.5 cm见方小块或圆片或薄片(如叶柄和子叶)，注意选择切块位置，带小叶脉为佳，依照植物叶片极性表面向上，背面向下平放或近轴端向下竖接入培养基，选择适当激素组合，摆架培养。

3. 培养条件

每天12 h光照，光强3000 lx，25℃。

工作任务三　芦笋组培快繁

【任务描述】

工作对象：芦笋(*Asparagus officinalis*)。

技术路线：初代培养(诱导丛生芽)→继代培养(丛生芽增殖培养)→生根培养→驯化移栽→成苗。

工作成果：获得芦笋优质无性系；获得符合规格的栽培用成苗。

工作要求：操作熟练，步骤清晰，污染率、增值率与成活率达标。

【任务实施】

一、操作前准备

1. 计划

学生分组操作。各小组根据任务制订方案，确定所需设备用品，制订操作流程，做好人员分工，教师检查任务项目，合格后可以实施。

2. 准备

(1)设备用具　配制升汞、医用酒精等外植体灭菌药剂；常规 MS 培养基及其制备所需工具药剂；NAA、KT、6-BA、IBA 等植物生长调节剂；常规接种用工具；其他一般组培用具。

(2)植物材料　当地健壮的芦笋植株。

(3)初代培养基制备　制备 MS + 6-BA 1.0 mg/L + 3% 蔗糖培养基，同接种工具灭菌待用。

二、外植体选择与处理

1. 选材

选择生长旺盛季节，4~6 月芦笋雄株新出土茎尖，切取待灭菌。

2. 外植体灭菌

流水冲洗 30 min→医用酒精浸泡 1 min→0.1% 升汞 + 0.1% 吐温-80 浸泡 10 min→无菌水漂洗 8 次。

三、初代培养

1. 初代接种

将茎尖纵切片，将带有芽尖的片段作为接种片，接种至初代培养基，摆架培养。

2. 培养条件

温度 25℃；光照时间 10 h/d；光照强度 2000 lx；至形成丛苗，约需 1 个月。

四、继代培养

1. 培养基配制

配制固体 MS + NAA 0.5 mg/L + 6-BA 0.5 mg/L 培养基，同工具灭菌待用。

2. 继代接种

切取不定丛芽尖的带芽切段，接种至增殖培养基，摆架培养。

3. 培养条件

同初代培养，至多数丛生芽分化出且芽高 >4 cm，时间约 1 个月。

五、生根培养

1. 培养基配制

配制固体 MS + IBA 1 mg/L + KT 0.28 mg/L + NAA 0.05 mg/L，同工具灭菌待用。

2. 生根接种

取增殖丛芽芽尖 0.3 cm 切段，接入生根培养基，封瓶摆架培养。

3. 培养条件

同初代培养，至生根数量 >4 条/苗且根系强壮时，时间约 1 个月。注意必须是从茎底发出的实根而非愈伤组织发出的不定根。

六、过渡培养及炼苗

①配制 MS 无激素培养基，转接生根苗培养 15～30 d。

②自然光温室中摆放 5 d 后开盖 5～10 d 炼苗，午间遮光 30%，温度不低于 10℃，湿度 80%。

七、移栽

用消毒泥炭∶蛭石 =5∶3 或纯椰糠基质作为移栽苗床，温水洗去培养基后移栽，遮阴 30%～50%，湿度 >80%，每周喷洒 1 次 0.05% 平衡肥液并喷施抗菌药剂，1～2 个月苗可移栽正常管养。

八、清理现场

每次实训完毕后安排值日组，清理现场。要求设备用具归位，现场整洁，记录填写完整。

九、讨论与评价

每次实训后小组自检任务完成情况，小组间互评任务完成效果，教师点评。

【知识链接】

芦笋又名石刁柏，属百合科天门冬属植物，雌雄异株，雄株的产量比同期生长条件相同的雌株高出 20%。其嫩茎质细肉嫩，清爽可口，营养丰富，还具有很高的药用价值。芦笋在传统栽培中均采用种子繁殖，但由于它的遗传性属杂合型，株间差异大，种子繁殖难以保持种性的稳定，常导致减产、品质劣化。而组织培养能较好地保持良种的优良性状，繁殖系数高，可以培育出全雄植株。

一、芦笋常用培养路线

①茎段→愈伤组织→丛生芽→继代增殖丛生芽→生根苗→瓶苗→栽培种苗。

②茎段、茎尖→丛生芽→继代增殖丛生芽→生根苗→瓶苗→栽培种苗。

③花药→胚状体→丛生芽→继代增殖丛生芽→生根苗→瓶苗→栽培种苗。

直接产生不定芽路线与愈伤组织路线与香椿组培类似，不同的是芦笋主要使用嫩茎及茎尖作为外植体，诱导相对容易。花药胚状体路线取材时间短，诱导最困难，技术要求高，但可以获得优良的全雄株无性系，也是进行染色体倍数操作的基本方法。

二、芦笋组培中的特殊问题

基因型不同的芦笋品种其离体培养具有很大的特异性，雌株与雄株在各阶段培育过程中使用的配方差别较大，需要特别注意外植体的选择；不同品种间的培育特性也有较大差异，需要根据实际品种选择培养技术路线的细节。

芦笋生根阶段除茎底部诱导出的实根外，愈伤组织上也能诱导出实根，但愈伤组织上根系不能为丛芽提供养分与水分，若进行移栽，死亡率极高。

芦笋组培苗在移栽前后除驯化外常还需要一个过渡培养阶段，增加侧芽发生量与健壮程度，若不经过此阶段直接驯化移栽，成活率会大大下降。

三、参考标准

(1)《芦笋工厂化育苗技术规程》(DB42/T 905—2013)　湖北省地方标准。

(2)《芦笋集约化育苗技术规程》(DB37/T 2547—2014)　山东省地方标准。

(3)《芦笋育苗技术规程》(DB13/T 1075—2009)　河北省地方标准。

【问题探究】

1. 芦笋组培快繁技术路线与香椿、马铃薯组相比有何异同？
2. 哪些是芦笋组培快繁过程中的关键环节？

【拓展学习】

花药组培单倍体小植株

花药组培单倍体小植株过程如图 10-2 所示。

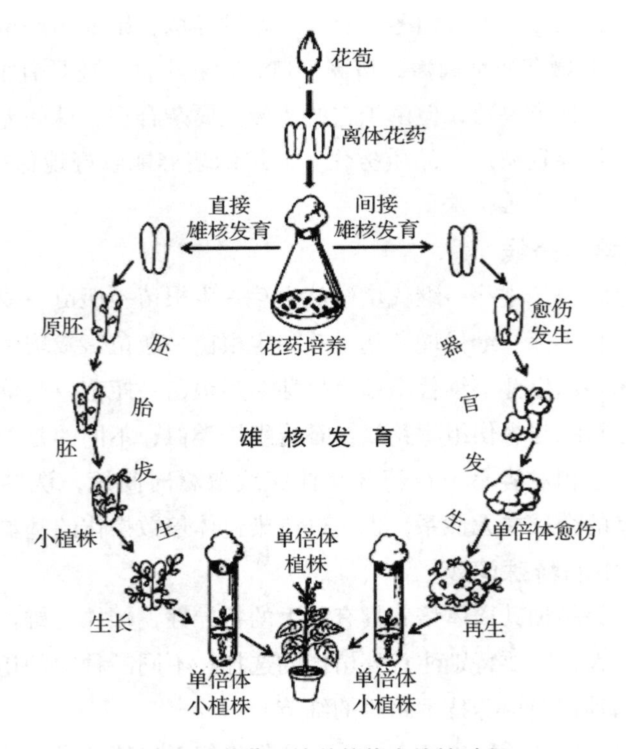

图 10-2　花药组培单倍体小植株过程

【小结】

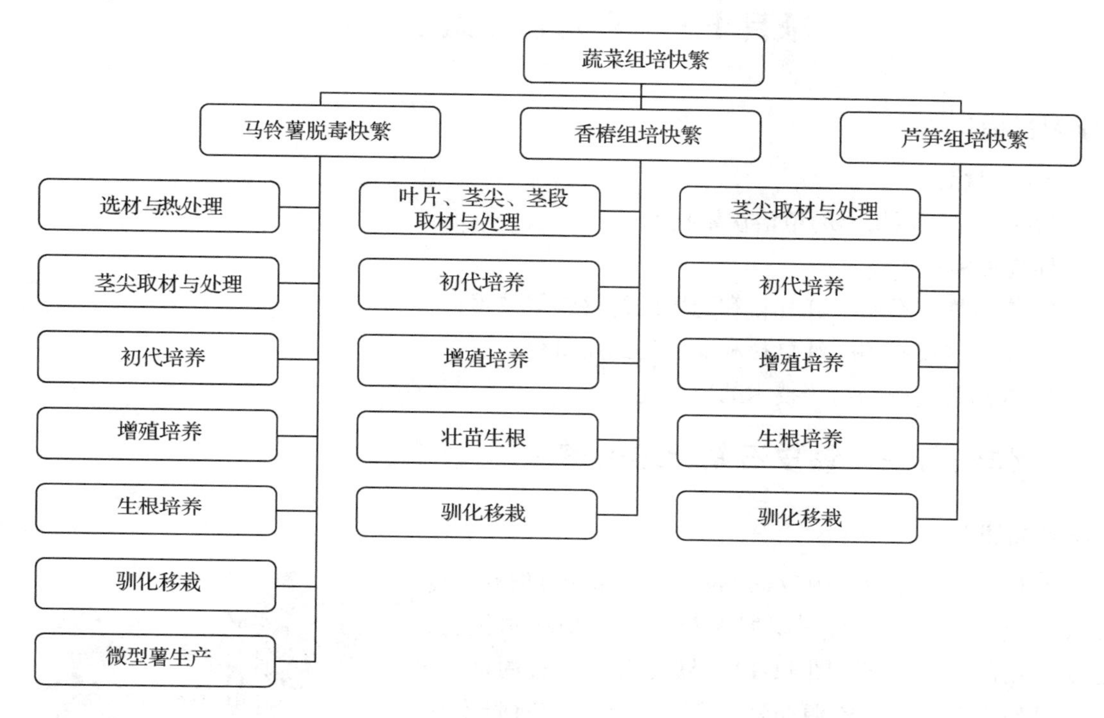

【练习题】

判断题

1. 影响马铃薯脱毒的因素不包括化学药剂的使用。 ( )
2. 培养基成分与激素配比影响茎尖脱毒苗的成活率。 ( )
3. 茎尖外植体切取越大越好。 ( )
4. 马铃薯脱毒后可培育种苗或种薯。 ( )
5. 马铃薯脱毒培养室多种脱毒方法联用效果更好。 ( )
6. 取香椿叶片为外植体时应保留部分叶脉。 ( )
7. 香椿叶分化程度深，脱分化较芽困难。 ( )
8. 香椿可以通过茎尖培养直接再生植株。 ( )
9. 芦笋组培时可随意选择雄株或雌株作为外植体。 ( )
10. 芦笋组培苗适应力强，直接移栽成活率高。 ( )

项目十一　药用植物组培快繁

【学习目标】

终极目标：

掌握常见药用植物的组培快繁技术。

促成目标：

1. 掌握铁皮石斛、红豆杉和龙胆的组培快繁技术；
2. 了解铁皮石斛、红豆杉和龙胆的药用价值；
3. 提高药用植物组培技术的应用能力。

工作任务一　铁皮石斛组培快繁

【任务描述】

组培物种：铁皮石斛(*Dendrobium officinale*)俗称铁皮枫斗、黑节草，为兰科石斛属多年生附生型草本植物，也是常用的名贵中药(图 11-1)。铁皮石斛生长周期长，自然繁殖率低，野生资源非常有限。由于人们对野生铁皮石斛长期、过度地采集，导致铁皮石斛自然资源日益枯竭。为了保护这一珍稀中药品种，更好地开发利用铁皮石斛资源，变野生为家种，应大力发展规模化人工栽培，切实保障铁皮石斛资源的可持续利用。但是，铁皮石斛种子极小，在自然状态下发芽率极低(小于 5%)，分株、扦插等常规繁殖方法繁殖率又较低，并且长期无性繁殖容易造成病毒继代感染，导致品种退化。因此，利用植物组培技术快繁种苗，是实现铁皮石斛集约化栽培的最佳选择。

图 11-1　铁皮石斛

外植体：种子、茎段。

再生途径：原球茎发生型、丛生芽增殖型。

操作程序：①种子培养：无菌播种→培育原球茎→原球茎增殖→原球茎分化芽苗→生根培养→驯化移栽。②茎段培养：茎段采集与处理→不定芽诱导→丛生芽诱导和增殖培养→生根转接→驯化移栽。

实践成果：建立铁皮石斛组培无性系。

分析：原球茎发生型和丛生芽增殖型是组培快繁的两种植株再生类型。本任务是以种子和茎段为外植体，分别通过原球茎发生型和丛生芽增殖型完成铁皮石斛植株再生过程。

以种子为外植体的原球茎发生型再生方式的繁殖效率高，但后代易发生变异，其技术关键是铁皮石斛果实的选择与采集时间，以及原球茎切分转接操作要领；以茎段为外植体的丛生芽增殖再生方式，在操作上可参照其他作物的茎段培养。铁皮石斛组培与快繁持续时间较长，操作环节较多，要求操作人员有整体意识，做到操作认真，及时观察记录，科学分析和有效解决实际问题，以保证按时、保质完成组培任务。

【任务实施】

一、种子培养

(一)果实采集与灭菌

1. 采集果实

在10~11月铁皮石斛蒴果的成熟期，选取生长良好、蒴果外表呈褐色、发育成熟但未开裂的果实，从果柄处剪下，用湿润的纸巾包好，放入密封容器内，准备灭菌。

2. 果实灭菌

用75%酒精棉球仔细擦洗果实表面，尤其是果壳表面沟纹，用无菌水冲洗3次，再用0.1%升汞灭菌3 min，最后用无菌水漂洗3次。

(二)播种

在无菌滤纸上将处理过的果实切开小口，轻轻抖动果荚，将黄色粉状种子均匀撒播于MS+6-BA 0.2~0.5 mg/L+NAA 0.05~0.5 mg/L或1/2 MS的种子萌发培养基上。来不及播种的铁皮石斛果实暂放于4℃的冰箱中保存，但不宜超过1个月，否则容易发霉腐烂或降低发芽率。

(三)原球茎诱导

播种后，先暗培养3 d，再转入光下培养。培养条件要求温度25~28℃，光照8 h/d，光强约1500 lx。1周后种子变得鲜绿，15 d后胚几乎充满整个种子，呈球形，30~40 d后种子部分发育成原球茎，此时原球茎体积大、色绿、饱满，适宜增殖。

(四)原球茎增殖

将原球茎均匀、密集地转接到增殖培养基上。培养基配方为MS+NAA 0.1~0.5 mg/L+6-BA 0.5~1.0 mg/L+10%马铃薯汁。培养条件要求温度(25±1)℃，光照12 h/d，光强1500~2000 lx。转接后1个月左右形成新的原球茎。如此反复切割增殖，在短时间内就会获得大量原球茎。每35~50 d增殖1代。切分原球茎时采用掰开法，即将大丛的原球茎用解剖刀顺势分成小丛(>0.6 cm)，尽量不用解剖刀直接切割，这样造成的损害最小。原球茎恢复生长快，增殖快，增殖倍率更高。

(五)原球茎分化

将原球茎转移到MS+NAA 0.1~0.5 mg/L+10%马铃薯汁的分化培养基上，20 d后原球茎开始分化出绿色芽点，随后逐渐长成带少许细根的芽苗。培养40 d后芽苗高2~2.5cm，叶色淡绿，此时应及时转接到生根培养基上。培养条件同原球茎增殖。

(六)壮苗与生根

将芽苗转接到MS + NAA 0.2 ~ 0.5 mg/L + AC 0.1% + 香蕉泥10%的生根培养基上。接种后芽苗迅速分化出浅绿色根，培养60 d后形成的丛生苗高4 ~ 5 cm，根长3 ~ 5 cm，具4 ~ 5片叶，叶片增大变厚，叶色由浅绿变为深绿。培养条件要求温度23 ~ 25℃，其他条件同原球茎增殖。

温馨提示

- 当铁皮石斛蒴果的外表转为褐色，但果实并未开裂时采集果实。如采集时间过早，种子胚发育不完全，影响发芽率；采集时间太迟，蒴果破裂，种子不易消毒，组培难以成功。
- 铁皮石斛的果实随采随灭菌、播种，否则会影响发芽率。
- 解剖铁皮石斛果荚时，要小心细致，刀片和镊子不要触碰种子。
- 无菌播种时，种子不能埋入培养基内，以免引起窒息死亡。播种密度以每瓶的种子大致都能接触到培养基为度，太密会影响发芽率及发芽后的正常生长。
- 原球茎增殖转接时，最好不用解剖刀直接切割原球茎；分离的原球茎丛块较小(<0.3 cm)且每瓶接种小丛块数少时，原球茎生长缓慢，甚至死亡。

二、茎段培养

(一)外植体处理

选择温室盆栽、生长旺盛、茎节粗壮的铁皮石斛1年生幼嫩茎段，流水冲洗0.5 h，去除叶片及膜质叶鞘，用少量加酶洗衣粉水溶液浸泡30 min，并用软毛刷轻轻刷洗表面，之后用清水冲洗。在超净工作台上用75%酒精浸润30 s，再用5%~10%次氯酸钠浸泡8 ~ 10 min，最后用无菌水漂洗3 ~ 5次。外植体灭菌期间注意经常摇动材料杯，使外植体充分灭菌。取出灭菌后的短茎段置于无菌滤纸上吸干表面水分。

(二)腋芽萌发

将铁皮石斛的短茎段切成长1 ~ 1.5 cm、带1 ~ 2个腋芽的小茎段，每一切段至少保留1个节，接种于MS + 6-BA 2 ~ 5 mg/L + NAA 0 ~ 0.8 mg/L的诱导培养基(pH 5.4 ~ 5.8)上。培养条件要求温度(25 ± 2)℃，光照12 h/d，光照强度1500 ~ 2000 lx，室内相对湿度70%。培养30 ~ 50 d后可在节上长出1 ~ 2个新芽。

(三)丛生芽诱导与增殖

将新芽切下，转至MS + BA 0.5 ~ 2.0 mg/L + NAA 0.1 ~ 0.5 mg/L的丛生芽增殖培养基中。培养15 d后，带有一个芽的茎段开始有明显的变化，茎节部的腋芽开始突出，并逐渐长大。以后逐渐有新的小芽长出和膨大。约30 d时出现黄绿色斑点，随后黄绿色斑点逐渐变绿。再生长1个月后形成丛生芽。反复切割芽丛接种到增殖培养基中培养，可获得大量丛生芽。培养条件同“一、种子培养”。

(四)壮苗与生根

将丛生芽切分成单个芽苗后转接到MS壮苗培养基上。培养40 d后可发育成高3 cm以上、具2~3片叶的健壮无根苗。将壮苗培养后的无根芽苗转接到MS + NAA 0.2~0.5 mg/L + AC 0.1%的生根培养基中。培养40~60 d后在苗基部便可长出多条肉质、绿色气生根，形成完整植株。培养条件同“一、种子培养”。

三、试管苗驯化移栽

铁皮石斛喜温暖、多雾、微风、清洁、散射光环境，忌阳光直射和暴晒。在移栽过程中要创造条件，为铁皮石斛提供最佳的生长环境。铁皮石斛原产区大多处于温带和亚热带，全年气候温暖、湿润，冬季气温在0℃以上。最好选择在大棚内移栽，而且要移栽在高架床上，这样容易满足铁皮石斛生长的最佳环境要求，而且很多自然因素容易控制。

(一)驯化移栽前准备

1. 设施条件要求

要求棚宽6 m、长30 m、棚肩高1.7 m以上、脊高2.8 m以上，棚顶覆盖无滴塑料薄膜和遮光度75%的固定遮阳网，在棚内距苗床1 m左右高的空中搭盖遮光度75%的活动遮阳网，大棚四周和入口处张挂32目均防虫网。若有条件，棚内安装自动或手动控制的喷雾系统。这样可以防晒、防雨、防虫、保温、保湿、透气，还能大大减少劳动量。床架上悬挂干湿温度计。

2. 搭建高架苗床

棚内搭建高架苗床。可用角钢、砖头、木条或方条等材料作为框架，然后铺设孔径为0.3~0.5 cm的塑料垫作为栽培基质的支撑面，床宽1~1.5 m，畦长度自定，床下架空高度50~60 cm。搭建高架床的目的是使水分和透气容易控制，从而为铁皮石斛组培苗生长提供最佳水分条件，保证通风透气。

3. 准备基质

铁皮石斛试管苗的移栽基质要求疏松透气、排水良好、不易发霉、无病菌害虫、预先消毒。可选用树皮、刨花、锯末、椰糠、水苔、碎砖等。苗床上铺5~10 cm厚的基质，下层先铺1/3的颗粒较大的基质(ϕ1~3 cm)，顶层再铺1/3颗粒较细的基质(ϕ1 cm以内)，然后摊平，基质上细下粗的目的是给根系创造一个疏松、透气且不易板结的小环境，有利于提高组培苗的移栽成活率。移栽前用0.3%高锰酸钾或1000倍多菌灵药液对基质进行表面喷洒消毒。

(二)驯化移栽

1. 炼苗

当铁皮石斛组培苗高3 cm以上时，将瓶苗置于大棚内炼苗2~3周，让瓶苗逐渐适应自然环境。通过炼苗，达到炼苗标准：生长健壮，叶色正常，根长3 cm以上，肉质茎有3~4个节间，长有4~5片叶，叶色正常，有4~5条根，根皮色白中带绿，无黑色根，无畸形，无变异。

2. 移栽

当日平均气温在15~30℃时即可移栽。开瓶取苗。将污染苗、裸根苗或少根苗分别放置，分别洗净培养基。裸根或少根的组培苗在移栽前需将根部置于100 mg/L的ABT生根粉溶液中浸泡15 min，诱导生根；污染苗在清洗后用1000倍多菌灵溶液浸泡10 min。洗净的试管苗在通风荫凉的大棚内晾干，待根表面发白后移栽。移栽密度一般为500株/m^2，株行距为4 cm×5 cm。移栽时不要弄断石斛的肉质根，忌阳光直射和暴晒。

3. 移栽后的管理

(1)温湿度管理　移栽铁皮石斛试管苗应满足冬暖夏凉的条件要求。铁皮石斛试管苗生长的适宜温度为20~30℃。夏季温度高时，大棚内需通风散热，并通过经常喷雾来降温保湿，每天喷雾3~5次，每次喷雾2~5 min；冬季气温低时，大棚四周要密封好，以防冻伤试管苗。

刚移栽的组培苗对水分很敏感，缺水则生长缓慢、干枯、成活率低，而喷水过多则渍水烂根，温度高、湿度大时还易引发软腐病的大规模发生。移栽后1周内，每天定时喷雾4~5次，空气湿度保持在90%左右，1周后植株开始发新根，空气湿度保持在70%~80%。移栽床干湿交替有利于诱发气生根的生长，达到先生根后萌芽的目的，成活率为80%左右。

(2)养分管理　大棚移栽期间的施肥以叶面肥为主。由于石斛为气生根，因此要喷施适宜的叶面肥作为营养液，以供给植株充足的养分，促进早发根长芽。叶面肥可以选择硝酸钾、磷酸二氢钾、腐殖酸等，以及进口三元复合肥和稀释的MS液体培养基等。移栽1周后，新根陆续发生，这时应喷施1%的硝酸钾或磷酸二氢钾，以后每7~10 d喷施1次，连喷3次。长出新芽后每隔10~15 d喷施0.3%的三元复合肥等。一般施肥后2 d停止浇水。若空气对流太大，则视基质干湿度适当喷雾补水。

温馨提示

- 一年生幼嫩枝条的中部茎段适宜作外植体。
- 铁皮石斛的中部茎段一般粗细不明显，因此在切段接种时，要注意极性，即形态学上端朝上，形态学下端朝下。

【知识链接】

一、铁皮石斛组培概况

从20世纪70年代起，国外有关机构便开始了铁皮石斛的研发工作，尤其在铁皮石斛的组织培养与快速繁殖技术方面进行了大量研究，而我国石斛组织培养研究起步较晚，直到1984年徐云鹛等才首次报道获得霍山石斛试管苗，之后对于石斛组织培养再生植株及相关影响因素的报道较多。目前，已建立比较完善的铁皮石斛试管种苗生产技术体系，繁殖效率高且生产成本低，大大提高了种苗的繁殖速度，且不易发生退化，保证了种苗质量。

二、铁皮石斛组培与快繁操作流程

铁皮石斛植株再生途径包括原球茎发生型、丛生芽增殖型、愈伤组织发生型和胚状体发生型等途径。工厂化育苗主要采取前两条途径(图 11-2)。以种子作为外植体，与茎尖、茎段相比，繁殖效率高，但后代容易发生变异，因此要注意原球茎增殖不宜超过 10 代。

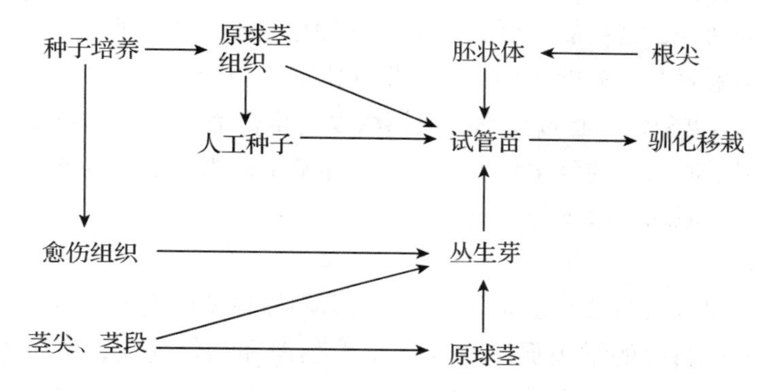

图 11-2 铁皮石斛组培与快繁操作流程

三、影响铁皮石斛组培与快繁的因素

影响铁皮石斛组培与快繁的主要因素包括外植体、取材部位、培养基、胚龄、植物激素、有机附加物、碳源、温度等。

1. 外植体与取材部位

铁皮石斛组织培养可采用的外植体材料有种子、种胚、茎尖、茎段、腋芽、叶片、根尖等，都能成功培育出试管苗。实践证明，由种子诱导的愈伤组织分化能力较强，由种胚培养的原球茎的质量也较高。因此，铁皮石斛生产上多以种子为外植体，经愈伤组织或原球茎途径快速繁殖优质试管苗。

如果从 1 年生铁皮石斛的健康枝条上分基部、中部、上部切取茎段组培，则以中部茎段再生芽数最多，芽的平均长度最长，芽生长状况佳，上部次之，基部最差，这可能与铁皮石斛 1 年生嫩茎中部较粗壮、腋芽饱满、营养积累充足有关，同时说明取材部位也会影响铁皮石斛的培养效果。

2. 培养基

铁皮石斛种子在 MS、N_6、1/2MS、1/2N_6、SH、KS、VW、Kundson、White 等培养基上均可萌发，生产上主要采用 MS 培养基。原球茎增殖和分化培养基可以采用 MS、1/2MS、N_6。1/2MS、B_5诱导丛生芽效果较好，生根与壮苗培养基宜采用 1/2MS、VW、B_5、N_6培养基。对于硝酸盐对原球茎的生长和增殖的影响，观点不一，莫昭展等认为过高的硝酸钾、硝酸铵含量不利于原球茎增殖，而宋经元等则认为硝态氮、铵态氮能促进原球茎增殖，硝态氮和铵态氮的影响不存在互作关系。这可能是因为铁皮石斛的基因型不同，所要求硝酸盐的浓度有所差异。培养基中卡拉胶的浓度会影响原球茎的分化。浓度太低，培养基偏软，增殖的原球茎因自身重量增加沉入培养基内，颜色由原来的浅黄或浅绿色慢慢退化成白色或无色透明状，从而失去增殖、分化的能力；而浓度太高，培养基会太硬，则影响原球茎的生长速度。

曾宋君等发现，在改良 N_6 + NAA 0.2 mg/L 培养基上以白糖、片糖为碳源时，胚萌发和成苗的效果比蔗糖好，这可能是因为白糖、片糖中含有适合胚萌发和成苗的矿质元素。张治国等的研究结果表明，蔗糖 2% 时原球茎分化率为 100%，增殖率达最高，而当蔗糖为 3% 时，原球茎不再分化，且增殖率随蔗糖浓度的增高而下降。这可能是因为培养基的渗透压过高，抑制了原球茎的分化和生长。在培养基中适当添加活性炭，可以防止组织褐变，促进胚胎发生、原球茎增殖与生根。

3. 有机添加物

在培养基中添加适量的马铃薯提取物对铁皮石斛原球茎的萌发、分化和增殖有促进作用；椰子汁对铁皮石斛芽的增殖促进效果优于香蕉泥和马铃薯泥，增殖率高，而且苗粗壮，叶色浓绿，生长整齐；香蕉泥可以促进石斛幼苗的生长、分化，使根系生长得粗壮。马铃薯泥和香蕉泥会使培养中后期铁皮石斛芽出现黄化现象，需要及时转瓶。此外，加入白萝卜提取液、水解酪蛋白(CH)和椰乳(CM)，对铁皮石斛试管苗有明显的壮苗效果。也有人认为培养基中添加香蕉泥对原球茎的分化与增殖有一定的抑制作用。

4. 植物激素

在种子萌发阶段，向培养基中添加一定浓度的 NAA 可促进种子的萌发，浓度以 0.2~0.5 mg/L最适合胚的萌发和生长，过高则起抑制作用；2,4-D 对胚的萌发起抑制作用；6-BA 对胚萌发后的生长起抑制作用；KT、IAA 对胚萌发和成苗的影响不大，当浓度超过 1 mg/L 时，对胚萌发和成苗起抑制作用。

在原球茎增殖阶段，适宜的 NAA、KT、6-BA 浓度对原球茎的增殖起促进作用。唐桂香等发现，以 1/2 MS 为基本培养基，BA 1.0 mg/L 和 NAA 0.1 mg/L 有利于原球茎诱导增殖；蒋林等研究表明，1/2MS + NAA 1.0 mg/L + KT 0.2 mg/L 比较适合原球茎的增殖；张铭等发现 ABA 能显著提高铁皮石斛原球茎的质量，浓度以 0.5 mg/L 为最佳。

在原球茎分化阶段，培养基中添加 BA 和 NAA 后可加快原球茎分化。张治国等的试验研究表明，在原球茎分化前期(40 d)，高浓度的 BA 和低浓度 NAA 组合能够加快原球茎分化，2 mg/L BA 和 0.2 mg/L NAA 组合最好；而在分化后期(60 d 后)，高浓度 NAA 和低浓度 BA 有利于分化苗整齐和生长，以 0.2 mg/L BA 和 2 mg/L NAA 组合最好。蒋波等报道以 1/2 MS + BA 2.0 mg/L + NAA 0.2 mg/L 或 BA 3.0 mg/L + NAA 0.2 mg/L 为培养基有利于植物组织培养过程中原球茎的分化；唐桂香等研究发现，BA 对原球茎诱导芽影响大，而 NAA 对原球茎诱导芽影响小。

诱导不定芽时，NAA 和 6-BA 的适宜浓度范围分别是 0.1 ~ 0.5 mg/L 和 0.5 ~ 2.0 mg/L。在生根与壮苗阶段，NAA、IAA、IBA 等激素有助于试管苗生根壮苗，浓度范围在 0.5 ~ 2.0 mg/L 之间。

5. 胚龄

不同胚龄种子的萌发率各不相同。叶秀嶙、曾宋君等的试验结果表明，胚龄在 60 d 以下时，萌发率极低，且萌发时间长，而随着胚龄的增长，其萌发期逐渐缩短，萌发率逐渐升高，成苗率也逐渐升高，但到达一定的胚龄后，差异并不明显。因此，一定要注意种子的采收时间。无菌播种的铁皮石斛蒴果以成熟未开裂前采收最好，种子易采收及消毒，且发芽率高。若等到果实成熟开裂时采收，不仅种子难以收集与消毒，也降低了种子发芽率。

6. 温度

培养温度影响着铁皮石斛原球茎的增殖、分化和生长。原球茎增殖阶段，温度较高或较低，都不利于原球茎的增殖。温度过高，原球茎增殖缓慢，原球茎的生长不适应，部分原球茎死亡；较低的温度同样表现为原球茎的增殖速度降低。苗分化率的多少与温度密切相关，温度越高（≥25℃），分生苗的数量也越多。生根苗在较低温度下（≤25℃）生长健壮。

【问题探究】

1. 如何提高铁皮石斛试管苗的移栽成活率？
2. 铁皮石斛工厂化育苗时可否用半透性膜袋代替传统培养容器？

【拓展学习】

种子培养

种子培养是指对成熟或未成熟种子的无菌培养。利用种子培养可以打破种子休眠，特别对一些休眠期长的植物，可以作为大量生产试管苗的好材料；可使远缘杂交产生的杂种败育种子正常萌发产生第二代植株；具有植株分化容易和操作方便等特点。此外，兰科植物无菌播种后可诱导原球茎。种子培养方法如下：

一、种子消毒

种皮厚或不饱满的种子宜用 0.1% 升汞消毒 10 ~ 20 min；幼嫩的或发育不全的种子宜用饱和漂白粉上清液消毒 15 ~ 30 min；若种子上有茸毛或蜡质，应先用 95% 酒精或吐温 -40 处理，以提高消毒效果；对于壳厚难萌发的种子，可去壳培养。

二、培养基

若以促进种子萌发为目的的种子培养，培养基的成分要求较简单，可不加或少加生长激素。当然，对某些发育不全的无胚乳种子培养，培养基中应适当添加生长素。种子培养的培养基的糖浓度可稍低，一般为1%~3%。

三、接种培养

将无菌种子按每瓶3~5粒或更多均匀地撒播于培养基上。先暗培养，发芽后尽快转移到光下培养，形成无菌幼苗。培养条件一般要求1000~2000 lx光强，光照10 h/d，温度20~28℃。

工作任务二　红豆杉组培快繁

【任务描述】

组培物种：红豆杉(*Taxus chinensis*)属裸子植物，主要分布于我国的云南、四川、西藏和东北，是一类具有重要开发价值的树木，它产生的紫杉醇通过临床实验被认为是最有希望的抗癌药物。自然状态下，紫杉醇的含量极低，仅占树皮干重的十万分之一，靠自然资源解决这一问题十分困难。同时，由于自然状态下红豆杉生长速度很慢，过量的人工采伐使野生资源受到了极大的破坏，在一些产地已濒临灭绝，保护其野生资源和扩大药源已成为当前急需解决的矛盾。用播种育苗和扦插繁殖虽可在一定程度上缓解矛盾，但仍无法满足需求，也不能从根本上解决问题。利用植物组织培养和细胞培养的方法来解决资源和药源的矛盾，已成为国内外学者关注的问题。

外植体：带芽茎段。

再生途径：丛生芽增殖型。

操作程序：茎段采集与处理→不定芽诱导→丛生芽诱导和增殖培养→生根转接→驯化移栽。

实践成果：建立红豆杉培无性快繁体系。

【任务实施】

一、材料

较为适宜的组培外植体为新生的嫩枝，取材时间以每年的7、8月为宜。

二、培养程序

1. 愈伤组织诱导用培养基

培养基的基本成分采用B5或MS的微量元素、有机物和铁盐，外加KNO_3 2500 mg/L、NH_4NO_3 825 mg/L、KH_2PO_4 240 mg/L、$MgSO_4 \cdot 7H_2O$ 370 mg/L、$CaCl_2 \cdot 2H_2O$ 660 mg/L。添加的激素种类及数量为NAA 0.8~1.0 mg/L、BA 0.3~0.5 mg/L，调节pH值为5.8~6.0；琼脂粉和蔗糖用量分别为5.6~6.0 g/L和30 g/L。配置好的培养基用培养瓶分装，经高温、高压灭菌后备用。

2. 材料消毒与接种

取新生的嫩枝(带有针叶)放入加有0.02%洗洁精的自来水中浸泡10 min，浸泡过程中需经常搅动，浸泡结束后用自来水冲洗 10 min 以上。将嫩枝转入一个干净的三角瓶中。以下所有操作必须在超净工作台上进行无菌操作：首先往三角瓶中加入 75% 的酒精，加入量应为嫩枝体积的 10 倍以上，浸泡杀菌 30 ~ 60 s，倒掉酒精，用无菌蒸馏水漂洗一次；再将嫩枝转入事先已高压消毒的三角瓶中，加入 15 倍于嫩枝体积的 0.1% 升汞溶液，浸泡杀菌 5 ~ 8 min，浸泡过程中要不断摇动，以使升汞与嫩枝充分接触。为了达到彻底杀菌的效果，有人建议在升汞溶液中加入 0.02% 的表面活性剂，这样可能更好一些，但要相对缩短杀菌时间。倒掉升汞溶液，用无菌蒸馏水冲洗 4 ~ 6 次，每次 1 ~ 2 min，以彻底除去升汞。

将嫩枝从三角瓶中分批取出，用无菌滤纸吸去材料表面的水分，将嫩枝切成 0.5 ~ 0.8 cm 的小段，并切取部分针叶、嫩枝切段和针叶同时用作外植体，接种在诱导愈伤组织的培养基上。接种时要让针叶的腹面接触培养基，嫩枝的植物学近地端接触培养基。将接种好的培养物放置于培养室中培养，温度(25 ±2)℃，光照强度 1500 ~ 2000 lx，光照时间 10 h/d。

3. 愈伤组织诱导

红豆杉嫩枝和针叶在培养基上 2 ~ 3 周后即开始形成愈伤组织，经 4 ~ 5 周愈伤组织直径可达 1 ~ 2 cm。不同种的红豆杉和不同的外植体之间形成愈伤组织的比率、时间早晚和生长速度存在明显差异，南方红豆杉和东北红豆杉的嫩枝切段出愈较快，出愈率分别为 89% 和 70%，针叶出愈较慢，出愈率也较低，分别为 36% 和 15%；普通红豆杉出愈较慢但出愈率较高，嫩枝和针叶的出愈率分别为 94% 和 30%。愈伤组织开始时为灰白色，随着愈伤组织的增大，先期形成的愈伤组织颜色由灰白色变为棕色，这可能预示着愈伤组织在逐渐发生褐变，因此要及时予以注意，尽量保持较低的培养温度和经常更换培养基。当愈伤组织生长到一定大小时即可转入液体培养基中进行悬浮培养。

4. 细胞悬浮培养与继代

利用愈伤组织而不是用小苗或大树来生产提取紫杉醇，是一条正在探索的途径，如果成功则可以实现工厂化生产，从根本上解决红豆杉资源不足的矛盾。

通过嫩枝和针叶培养产生的愈伤组织不需要进行芽分化的诱导，而是将愈伤组织直接转入细胞悬浮培养。具体做法是将从嫩枝和针叶上产生的愈伤组织取下来直接转入液体培养基中进行(悬浮)振荡培养，所用培养基与上述诱导培养基相同。在初次将愈伤组织转到液体培养基时即可适当加入少量纤维素酶和果胶酶，以加快愈伤组织分离成单个细胞或小细胞团。在初次悬浮培养阶段可用 50 mL 的小三角瓶，每瓶加 10 mL 液体培养基，放入愈伤组织，在 20 ~ 23℃ 的摇床上振荡培养，光照条件与普通培养相同。每周需要更换 1 次培养基，更换时用 5 ~ 10 mL 的平头移液管将三角瓶中的愈伤组织、单个细胞或细胞团过滤出来，直接转到新鲜的培养基中即可。

在悬浮培养过程中应随时注意每瓶中愈伤组织、细胞团生长的情况，挑选生长速度最快和特征最好的作为继代培养的材料，丢掉那些不好的(生长缓慢、颜色不正等)材料，这样经过几代的选择，就可以挑选出符合理想的材料，作为悬浮系进行扩增培养。

【拓展学习】

红豆杉组培方法

红豆杉组培试验研究已开展了30多年，其方法主要分为四大类，即离体胚培养法、嫩芽增殖法、愈伤组织再生植株法及体细胞胚发生法。师春娟等的研究比较发现，目前最常用的组培方法为愈伤组织再生植株法，同一条件下此种方法诱发率和成活率也较高于其他方法，由于之后紫杉醇的生产多用到细胞悬浮培养，所以关于愈伤组培法的条件改良方法也比较多。

工作任务三　龙胆组培快繁

【任务描述】

组培物种：龙胆（*Gentiana scabra*），又名龙胆草，属龙胆科龙胆属，系多年生草本。株高30～70 cm，叶对生无柄，花萼钟状，花冠紫色，钟状。种子条形，褐色，边缘有翅。根和根茎供药用，主要含龙胆苦苷，具有抗炎、镇痛、泻肝胆实火、耐缺氧、抗疲劳等作用，现代医学中被用作苦味健胃药，是传统的中草药。过去商品皆靠野生资源，如今药源逐年减少，成了我国当前紧缺药材之一。龙胆种子小，千粒重仅为29～30 mg，播种后管理难度大，又因1年生苗矮小，只有几对叶片，无明显的地上茎，要待翌年冬芽生长、拔节、开花结籽，地下根系生长发育缓慢，苗木培育时间长且困难大，产量低。如用采挖野生苗分根繁殖的方法，在今天看来也是难以实现大量培育苗木的。因多年来大量采挖，野生资源锐减，无法满足市场需要。利用组织离体培养与快繁种苗，将极大满足市场需求。

外植体：茎尖、茎段。

再生途径：丛生芽增殖型。

操作程序：茎段或茎尖采集与处理→不定芽诱导→丛生芽诱导和增殖培养→生根转接→驯化移栽。

实践成果：建立龙胆组培无性繁殖系。

【任务实施】

茎尖或茎段培养：

1. 外植体处理

取龙胆草的嫩茎，将其剪成长3～4 cm的茎段，放入广口瓶中，用70%乙醇灭菌约10 s后迅速倒出，用无菌水洗涤2次，再向瓶内倒入约150 mL 0.05% $HgCl_2$溶液，振荡灭菌3 min后，再注入150 mL无菌水，使$HgCl_2$溶液的浓度变成0.025%后，继续灭菌12 min，用无菌水振荡洗涤6次，即可得到无菌嫩茎。

2. 愈伤组织诱导和继代培养

在超净工作台上，将无菌材料切成长约 0.2 cm 的茎段后，接种到诱导培养基(MS + BA 0.2 mg/L + 2,4-D 1.0 ~ 1.5 mg/L)上，进行愈伤组织的诱导培养 50 d。将诱导培养出的愈伤组织接种到成分相同的培养基上，在培养条件相同的情况下进行愈伤组织的继代培养。愈伤组织的诱导试验重复 3 次，每种培养基接种 100 个材料，每次试验连续进行 5 次继代培养。

3. 愈伤组织的分化培养

将以上培养的愈伤组织分散为独立颗粒后，接种于分化培养基(MS + $AgNO_3$ 1.2 mg/L + BA 0.6 mg/L + NAA 0.1 mg/L)上，进行愈伤组织的分化培养。将分化培养的不定芽丛剪下，接种到化学成分相同的培养基上，进行不定芽的继代分化增殖培养 60 d，每次试验连续进行 6 次继代培养。

4. 生根培养

将以上分化培养出高 0.6 cm 的不定芽从基部切下，接种到生根培养基(1/2MS + IAA 0.1 mg/L + NAA 0.3 mg/L)上，每 3 d 观察并记录生根情况。一般培养约 10 d 有的培养材料可形成根原基，随后，随着根系增加，生长加快。培养到 25 d 时，94% 的不定芽可培养成具有 5 ~ 8 片叶、3 ~ 10 条根、高 5.0 cm 左右、叶片伸展、长势好的试管苗。将以上培养的试管苗剪成长 1.0 ~ 2.0 cm、具有 2 个生长点(外观上具有 2 个叶片)的茎段，接种到化学成分相同的培养基上进行生根继代培养。重复试验 4 次，每次继代培养 5 代。

【知识链接】

龙胆栽培管理

一、选地、整地

龙胆虽然对土壤要求不严格，但以土层深厚、土壤疏松肥沃、富含腐殖质多的壤土或砂壤土为好，有水源，平地、坡地及撂荒地均可。适宜海拔为 1750 ~ 2100 m，土壤 pH6.5 ~ 6.7 较适。选地的基本原则为：潮湿、肥沃、排水性好，日照时间短。选地后于晚秋或早春将土地深翻 30 ~ 40 cm，打碎土块，清除杂物施充分腐熟的农家肥每亩* 2000 ~ 3000 kg，尽量不施用化肥及人粪尿。用 50% 的多菌灵 8 g/m^2 进行土壤处理。然后耙平作畦，畦面宽 1 ~ 1.2 m，高 15 ~ 25 cm，作业道宽 30 ~ 40 cm，畦面要求平整细致、无杂物。

二、繁殖

繁殖方法主要用种子繁殖、育苗移栽，也可以用分根繁殖和扦插繁殖。

1. 育苗

在 11 月中旬种子成熟时，采集籽粒饱满或成熟的种子备用。龙胆种子细小，直播因

---

* 1 亩 = 667 m^2。

种子出苗率低，不便于管理，目前生产上采用育苗移栽方法。育苗地选择平坦、背风向阳、湿润、富含腐殖质、离水源较近的壤土或砂质壤土。

育苗的播种期为4月中上旬。播种前先将种子作催芽处理，方法是在播种前5~10 d将种子用100 mg/L赤霉素浸泡24 h，捞出后用清水冲洗几次，用种子量3~5倍的细沙混拌均匀，装入小木箱内，放在室内向阳处，上面用湿纱布盖好进行催芽，温度稳定在22~25℃，5~7 d种子表面刚露出白色胚根时即可播种。或者播种前15 d将新鲜种子用清水浸泡24 h，使种子充分吸水膨胀后沙藏2周，湿度保持60%~70%后即可播种。种子使用量按每千克种子播300 m^2计算，播种前先用木板将畦面刮平、拍实，用细孔喷壶浇透水。待水渗下后，将处理好的种子在拌入10~20倍的过筛细沙，均匀地撒在畦面上，播完之后上面用细筛筛细的锯末或腐殖土盖1~2 mm，上面盖一层松毛保湿，最后再少量浇1次水。总之，播种应做到"浇透水、浅盖土、高覆盖"。

整个育苗期约需5个月，当幼苗长至4~5对真叶，植株健壮、无病虫害，在9~10月即可进行移栽。

2. 移栽

春秋季均可移栽。当年生苗秋栽较好，时间为9月下旬至10月上旬，春季移栽时间为4月上、中旬，在芽尚未萌动之前进行。移栽时选健壮、无病、无伤的植株，按种苗大小分别移植。行距15~20 cm，株距10 cm，沿畦面横向开沟、深度因苗而定，然后将苗摆入沟内倾斜45°角，以便于小苗的位置稳定，能较好地舒展根系。每穴栽苗1~2株，盖土厚度以盖过芽苞2~3 cm为宜，土壤过于干旱时移栽后应适当浇水。

移栽要求：①株行距整齐均匀；②覆土深度松紧适宜；③不露根茎及苗芽；④不窝根、不伤根；⑤倾斜度要适宜；⑥不烈日晒苗；⑦保持栽后畦面平整。

3. 分根和扦插繁殖

龙胆生长3年后根茎生长旺盛，可以结合采收同时进行分根繁殖，方法是选生长健壮的植株根据长势情况将其剪成几个根茎段，再按移栽项进行分栽。2、3年生龙胆于6月中下旬至7月上旬生长旺季，将地上茎剪下，每3~4节为一个插条，除去下部叶片，用ABT生根粉处理后扦插于插床内，深度3~4 cm，插床基质一般是1/2壤土加1/2过筛细沙，扦插后每天用细喷壶浇水2~3次，保持床上湿润，插床上部应搭棚遮阴，20 d左右生根，待根系全部形成之后再移栽到田间。由于龙胆在栽培中结种子量很多，繁殖系数大，在生产中分根和扦插繁殖很少应用。

三、田间管理

1. 苗期管理

播后至出苗前可用遮阳网搭棚进行遮阴。合理遮阴又可减少水分蒸发，减少浇水次数，待40 d左右苗出土后再逐渐撤去遮阴物，保持50%光照即可。

播种后应保持床面湿润，发现缺水时可用细孔喷壶喷床面。喷水宜在晴天早晚进行。

浇水次数根据床面湿度而定。种子萌发至第一对真叶长出之前，土壤湿度应控制在70%以上，1对真叶至2对真叶期间，土壤湿度应控制在60%左右。苗出全之后，勤除杂草，以免和龙胆草争夺养分。见草就拔，整个苗期除草4～5次。6～7月生长旺季根据生长情况适当施肥，当苗长到3对真叶时，可用0.05%尿素进行叶面喷施，间隔15 d再用0.05%磷酸二氢钾第二次喷施。8月上旬以后逐次除去畦面上的覆盖物，增加光照以促进生长。

2. 移栽田间管理

全部生长期内应注意适时松土、除草、追肥、摘除花蕾，以促进根生长。可在作业道边适当种植少量玉米或茶树，以遮强光。7月中旬在行间开沟追施尿素，每亩25 kg左右。3～4年生植株，可选其健壮者作种株，保留花蕾，并喷1次100 mL/L的赤霉素，增加结实率。促进种子成熟籽粒饱满。越冬前清除畦面上残留的茎叶，并在畦面上覆盖2 cm厚腐熟的圈粪，防冻保墒。

3. 选留种子

一般选3年生以上的健壮植株留种。9月下旬至10月中旬种子不断成熟，当果皮由绿变紫、果瓣顶部即将开裂时(种子已由绿色变成黄褐色)，将地上部分割下，捆成小把，晾晒7～8 d，用木棒敲打果实，种子落下后除去茎叶，再晒5～6 d，种子放在阴凉通风处贮存。

【拓展学习】

龙胆的主要药理作用

一、对肝脏的作用

龙胆水提液具有明显的保肝作用。龙胆水提液对四氯化碳、硫代乙酰胺迟发型变态反应所致小鼠肝损伤，有降低SGPT(谷丙转氨酶)和SGOT(麸草酸转氨腸)的作用。能显著增加小鼠碳粒廓清速率，表明龙胆水提液有明显的保肝作用。

龙胆注射液能对抗四氯化碳所致的肝脏细胞合成障碍而起保护作用。对四氯化碳所致小鼠肝损伤有保护作用，能减轻肝坏死和肝细胞的病变程度。

龙胆苦苷对四氯化碳所致肝损伤整体动物有保护作用。对四氯化碳和D-氨基半乳糖胺(GALN)所致化学性肝损伤的整体动物有保护作用。研究发现，龙胆苦苷保护肝细胞作用在一定范围内与剂量成正比，说明龙胆苦苷有直接保肝的作用。

二、对消化系统的作用

龙胆能直接促进胃液分泌。龙胆苦苷可直接促进胃液分泌使游离酸增加。龙胆能显著地增加胆汁分泌量。给予健康及肝损伤的大鼠十二指肠50 g/kg龙胆注射液能显著地增加胆汁流量。

三、抗菌作用

龙胆草水浸剂(1:4)在试管内对石膏样毛癣菌、星形奴卡菌等皮肤真菌有不同程度的抑制作用，对钩端螺旋体、绿脓杆菌、变形杆菌、伤寒杆菌也有抑制作用。

四、抗炎作用

龙胆苦苷对角叉菜胶引起的大鼠足跖水肿有抑制作用。口服龙胆碱可使大鼠甲醛性“关节炎”肿胀减轻。对小鼠的抗炎作用较水杨酸强。抗炎原理可能与神经—垂体—肾上腺系统有关。

五、其他作用

龙胆碱对神经系统有兴奋作用，但剂量较大时则出现麻醉作用。龙胆苦苷对苯巴比妥钠所致正常小鼠的睡眠有协同作用，对四氯化碳中毒小鼠则显著缩短苯巴比妥钠睡眠时间及延长反射消失的时间。大剂量龙胆酊对动物有降压和减慢心率的作用。龙胆还有抑制抗体生成的作用。

【小结】

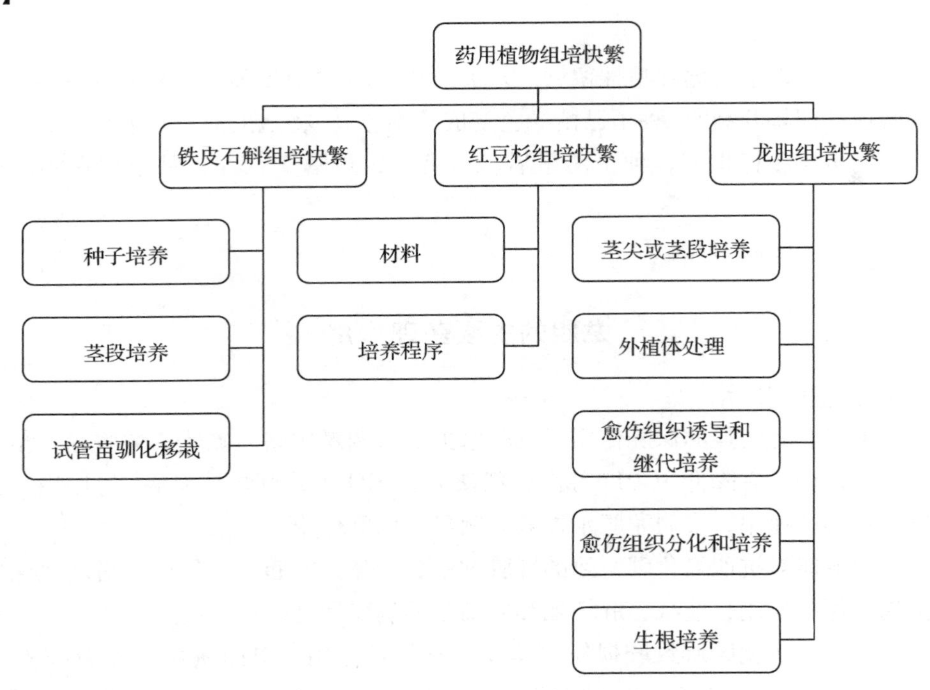

【练习题】

填空题

1. 以(　　)作为外植体，组培铁皮石斛繁殖效率高，种苗质量好。
2. 铁皮石斛试管苗驯化过程中可采用(　　)、(　　)、(　　)、(　　)等基质。
3. 红豆杉组培快繁，可用(　　)为外植体。
4. 建立龙胆无性繁殖系，可通过(　　)诱导丛生芽实现。

模块三

植物组培快繁工厂化生产管理

项目十二　组培空间规划设计

【学习目标】

终极目标：

掌握组培空间规划设计的方法。

促成目标：

1. 掌握组培空间规划的方法；
2. 掌握符合高效生产要求的组培空间设计方法。

工作任务一　组培室规划设计

【任务描述】

工作对象：待建设组培室地段空间。

工作流程：信息收集→规划→设计→讨论→确定方案。

规划根据：无菌要求 + 生产效率 + 物流便利。

设计根据：卫生 + 便利 + 物流 + 动线 + 安全。

【任务实施】

一、准备

1. 确定任务概况

教师给定案例，或学生自定后再由教师审定待规划设计的组培室规模、生产情况、生产性质与产品定位、资金等大致意向与背景条件。

2. 资料收集

收集待规划设计的组培空间各项规格、图纸等信息，包括各空间长宽高、形状、分割情况、主要出入口、门窗位置、廊道楼梯等交通路线、水电接入位置、承重柱梁位置、所处环境位置及周边环境气象情况、与其他密切相关设施的距离、易得建设分割材料等。

二、规划

1. 确定功能区块（表 12-1）

表 12-1　组培室标准功能区块及作用

区　域	名　称	功能与作用	备　注
一般工作区域	洗涤室	用于完成玻璃器皿等仪器的清洗、干燥和贮存	必　须
	配制室	负责培养基的配制、分装、包扎	必　须
	储藏室	储存各类植物以外的各类组培原材料、仪器设备	可合并

（续）

区　域	名　称	功能与作用	备　注
一般工作区域	驯化室	负责试管苗的移栽驯化	可　选
	温　室	保证试管苗周年出瓶移栽生产的设施	必　须
	灭菌室	负责培养基的灭菌	可合并
	检查室	负责检查培养瓶苗生长、污染及其他各项形态生理指标的场所	可　选
	办公室	负责调控、指导生产、人员休息及接待的场所	可　选
无菌工作区域	缓冲间	使接种间无菌环境不直接接触外界的缓冲空间	可合并
	接种间	进行植物材料的分离接种及培养物转移操作	必　须
	培养间	将接种到培养瓶等器皿中的植物材料进行培养的场所	必　须

2. 确定功能区块间的联系

通常情况下根据其职责确定各功能区块在具体组培生产流程中的位置。

写出此组培室的生产工艺全流程，依相关度确定每一环节涉及哪些功能区块，则这些功能区块应当在规划中邻近甚至合并，且应当与其前后环节涉及的功能区块连通或邻近。

3. 功能区块试规划

根据收集的信息资料图纸，确定地形、空间规格、结构、比例、出入口等信息，以入口为起点，根据生产工艺流程，从原材料进入到培养好的产品移出，按规划要求顺序安排各环节相关的功能区块。无菌空间与常规空间各自集中，互有区隔，无菌材料在生产中移动的距离应尽可能短，进入有菌空间中的时间、次数尽可能少；无菌空间宜小，培养空间宜大；科研型组培室各区块应配备齐全且独立，生产型组培室因地制宜，可合并部分常规功能区，节约空间，以增加培养室、温室的面积；各功能间面积应能满足主要设备台套数量摆放的要求(表12-2)。

表12-2　组培室功能区规划要求

区　域	名　称	规 划 要 求
一般工作区域	洗涤室	接入水电系统，方便回收及存放培养瓶，易污染，远离无菌区
	配制室	功能作用多，作为枢纽宜与储藏、洗涤、灭菌等室相连通
	储藏室	便于存取物料，宜置于入口附近，与配制室连通，与湿区相隔
	驯化室	可连接培养间与温室，或在温室基础上修建，应防止污染培养间
	温　室	宜放置于出口或交通便利的位置，以方便栽培苗出产，需平地兴建
	灭菌室	靠近配制室及缓冲或接种间
	检查室	邻近培养间及温室
	办公室	可独立设置于出入口附近，不干扰生产流程的位置

（续）

区　域	名　称	规 划 要 求
无菌工作区域	缓冲间	远离易污染或通风强的位置，便于人员进出
	接种间	组培空间中靠内安排在有利于维持无菌环境的位置，无需窗子
	培养间	与接种间、缓冲间邻近，交通便于瓶苗的进出、转移

4. 讨论修改

试规划后用直线、折线及箭头标注物料从进入组培空间开始生产，至转变为产品输出组培空间的大致线路。可考虑根据以下要求修改：

①无菌区与非无菌区、无菌区内各功能间，除通道外应完全隔离；

②此线路应该尽量短，尤其是无菌区内线路；

③此线路应当以直线为主，尽量减少曲折部分；

④此线路应为完整的环线，尽量保持在同一区块内单向前进，避免重复移动；

⑤出入口可分开设置，使生产流畅；

⑥可建立物料专用通道，人物分离，减少人员进出无菌区的频率；

⑦若规划空间有坡度，应使工艺流程顺坡度而设计区块，并无障碍连通；

⑧有一定的前瞻性与灵活性；

⑨注意对空间的区隔、连通是否会对主体建筑结构与安全造成影响。

5. 确定方案

根据讨论情况每人制订一份规划方案，组内讨论或与其他组交叉讨论后择优作为确定的规划方案，教师点评。

三、设计

根据规划方案，设计各功能间的具体设施设备安排、位置(表 12-3)。

表 12-3　组培室功能区设计要求

区　域	名　称	设计要求
一般工作区域	洗涤室	应配备大型水槽、垃圾清运回收、塑料筐、干燥架、烘干设备
	配制室	摆放盛具量具，有足够的工作台面、凳子、熬煮培养基设备等
	储藏室	药品柜、磅秤、台秤、物料架、危险药品单独收纳保险柜等
	驯化室	通风装置，遮阴、补光设备台、架等
	温　室	控制温度、光照、空气湿度与灌溉、通风的手动或自动装置
	灭菌室	高压灭菌锅或其他杀菌设备，可配紫外灯
	检查室	工作台、显微镜等镜检微生物的检验设备
	办公室	桌椅、记录设备、电脑、网络等，可配监控系统

（续）

区 域	名 称	设计要求
无菌工作区域	缓冲间	衣帽物品柜、架，紫外灯，可配洗手池
	接种间	超净工作台、紫外灯、小推车、凳子、空调等
	培养间	培养架、自动控制补光照明系统、空调、加湿除湿机、紫外灯、周转筐等，可设置密封窗以利用自然光

将主要仪器设备设计放入各功能间，要求：数量合适；人员与物料进出方便，操作便利安全，水电接口统一，有安全防护，有利于无菌环境的保持。设计完后讨论、微调、定稿。

四、讨论与点评

各小组汇报规划设计方案，其余小组就规划设计内容提问，教师就典型问题进行讲解。

五、清理现场

各组收好测量仪器设备，安排值日组，清理现场，恢复整洁。

【知识链接】

一、设计原则与总体要求

1. 设计原则

①防止污染；

②按照工艺流程科学设计，经济、实用和高效；

③结构和布局合理，工作方便，节能、安全；

④规划设计与工作目的、规模及当地条件等相适应。

2. 总体要求

①实验室选址避开污染源，水电供应充足，交通便利；

②保证实验室环境清洁；

③实验室各分室的大小、比例要合理；

④明确实验室的采光、控温方式，应与气候条件相适应；

⑤电源经专业部门设计、安装和验证合格之后方可使用，应有备用电源；

⑥实验室建造满足组培的基本需要；

⑦实验室各分室的大小、比例要合理。

二、设计案例

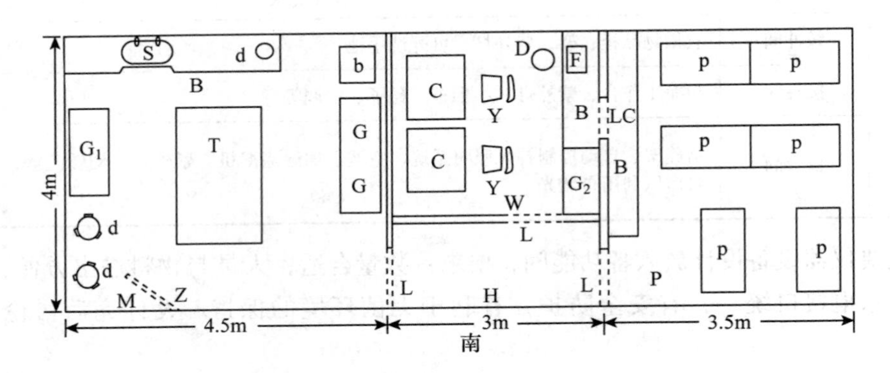

图 12-1 组织培养实验室设计平面图

Z. 准备室 H. 缓冲室 P. 培养室 S. 水槽 B. 白瓷砖面边台，下有备品柜
d. 电炉 b. 冰箱 G_1. 放置培养瓶用的搁架 T. 大实验台 G. 药品及仪器柜
M. 门 L. 拉门 W. 无菌操作室 C. 超净工作台 Y. 椅子 D. 圆凳
G_2. 放置灭过菌待用培养瓶的搁架 F. 分析天平 LC. 拉窗，用于递送培养瓶
p. 培养架，高 200 cm，宽 60 cm，长 126 cm，分作 5 或 6 层

【问题探究】

1. 一般生产中，超净工作台每工位每天熟练工可接种 300 瓶瓶苗，按照继代两次，每次 1 个月时间，需要几个图 12-1 规格的 6 层培养架？
2. 滑动门与开闭门各适用于什么样的组培功能空间？
3. 哪些措施可以进一步提高生产型组培室的空间利用效率？

【拓展学习】

组培室设计案例

组培室设计案例如图 12-2 至图 12-5 所示。

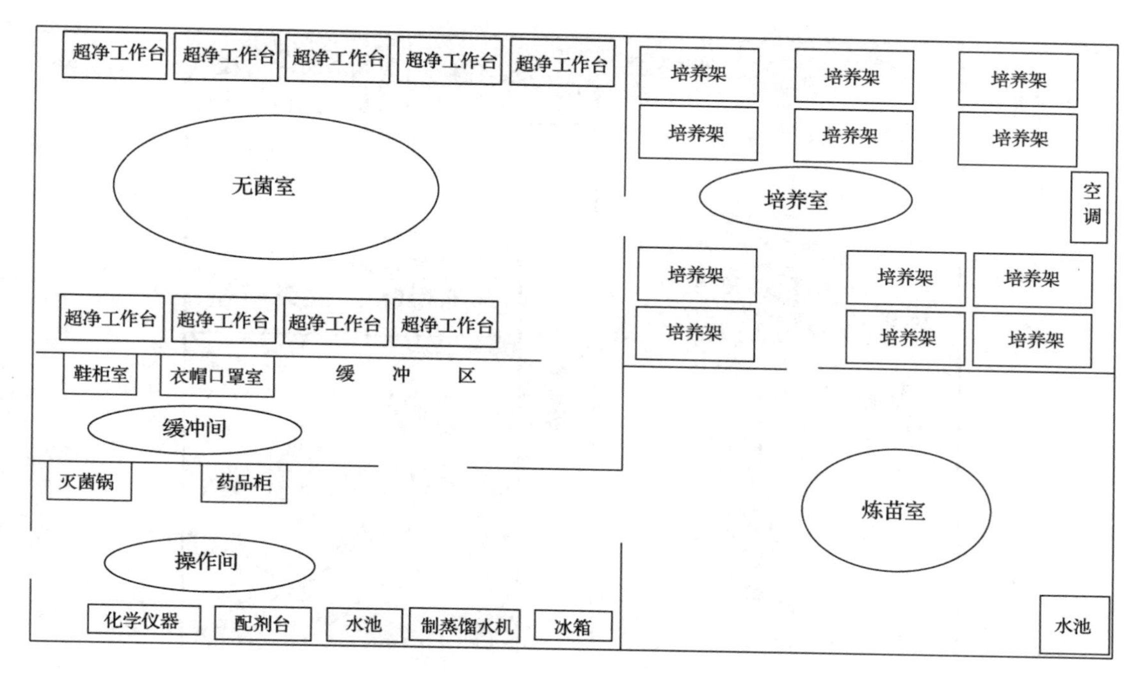

图 12-2 组培室拓展案例 1

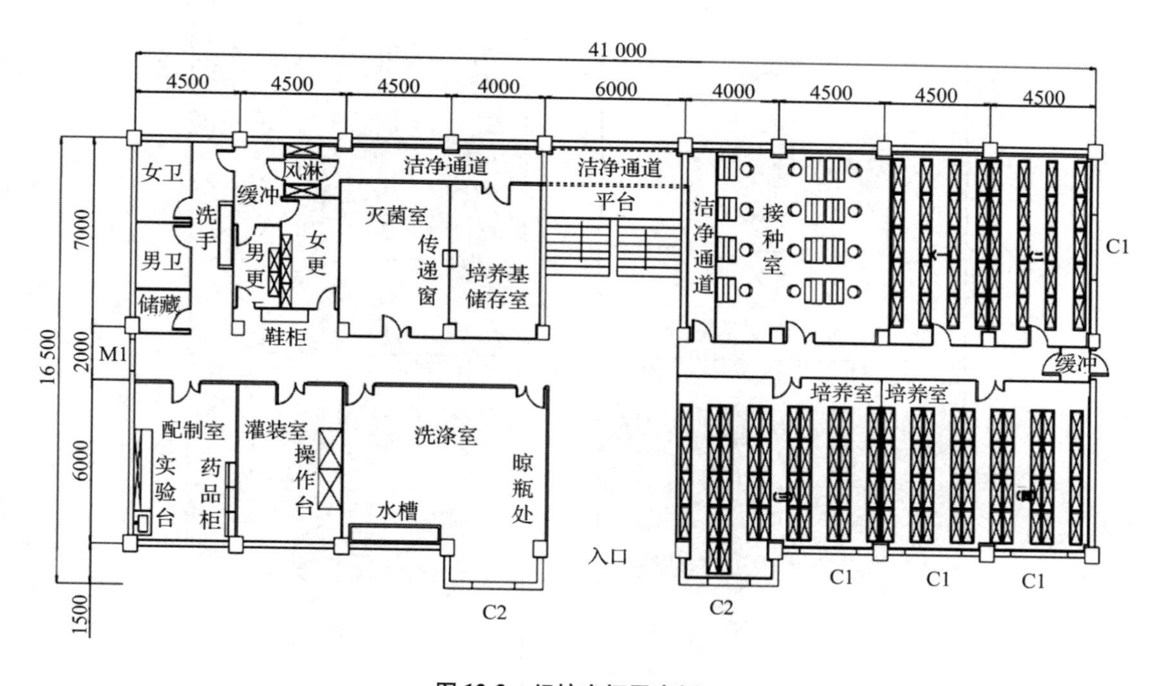

图 12-3 组培室拓展案例 2

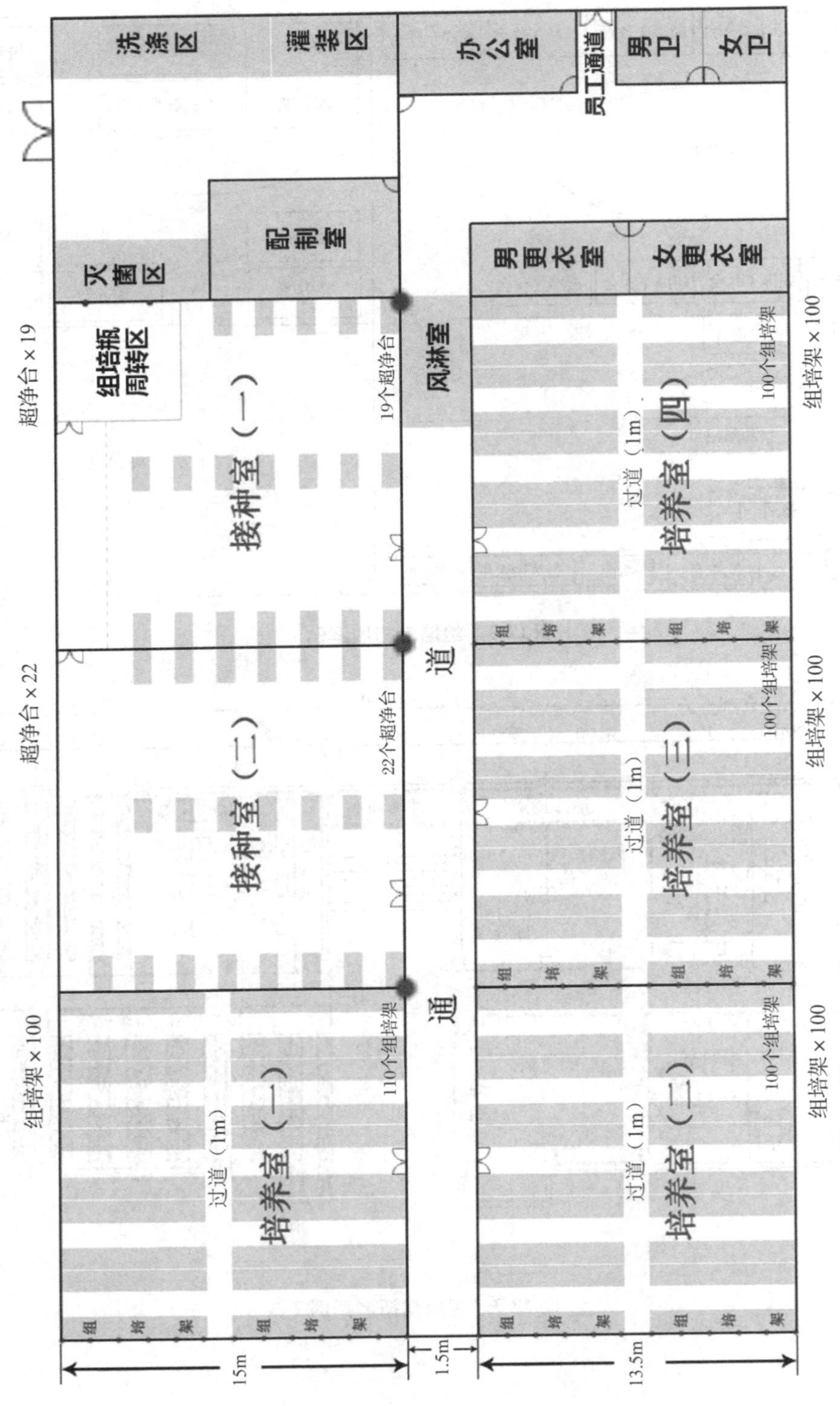

图 12-4 组培室拓展案例 3

图 12-5　组培室拓展案例 4

【小结】

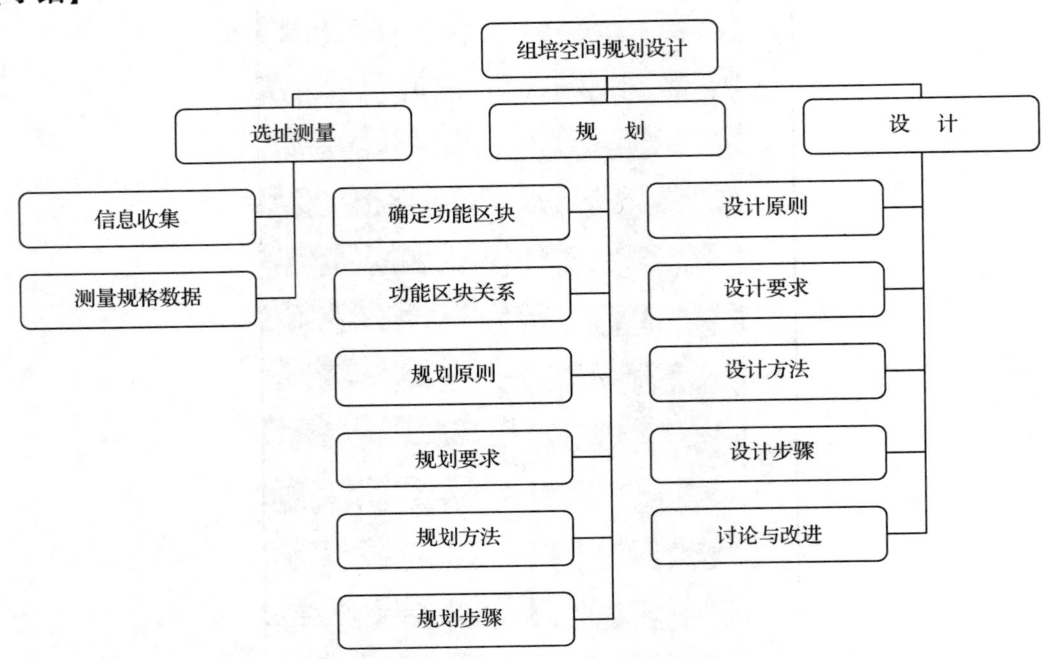

【练习题】

判断题

1. 组培室周边不可有严重污染的环境。（　　）
2. 城镇下风口处适宜建设组培室。（　　）
3. 洗涤室应该紧挨接种室。（　　）
4. 接种室应当经常保持通风。（　　）
5. 缓冲间只能与接种室相连通。（　　）
6. 有毒及危险药品应当单独放置。（　　）
7. 培养间应当比接种间面积小。（　　）
8. 配制室是使用率最低的功能空间。（　　）
9. 灭菌室或高压灭菌锅应当远离无菌区。（　　）
10. 设计建设组培室时为保证效果应当不计成本，确保绝对无菌。（　　）

项目十三　组培苗工厂化生产管理

【学习目标】

终极目标：

掌握组培苗木工厂化生产管理的方法。

促成目标：

1. 会制订生产计划；
2. 会核算组培成本；
3. 会检测组培苗质量；
4. 掌握组培苗生产管理知识；
5. 培养从事组培苗生产管理人员的素质与能力。

工作任务一　生产计划的制订与实施

【任务描述】

根据订单(自用、客户订单)需求数量及供货时间，反推母瓶、壮苗及生根瓶苗的生产时间。

要求格式正确，内容全面，设计科学合理，技术要求明晰，可操作性强。

【任务实施】

一、计划编制前的准备

统计将要(待)生产的产品库存母瓶数量、密度，整理或查询各个品种的增殖倍数、增殖的难易程度、幼苗分化速度、适合的培养基配方等。

二、计划编制

①编制生产进度计划表，确定生产时间、生产数量、生产所需的人员、匹配培养面积、产成品时间等。生产进度计划表见表13-1。

②依据生产进度计划编制用工、薪酬计划，以确保计划进度。操作工需考虑到操作熟练程度和流动性因素，可以计划外适当多招1~2人。且到岗时间要提前至少1个月以便

表13-1　组培生产计划进度表

品种名称	订单量(株)	产成品时间	生产时间进度(瓶)												
			5		6		7		8		10		11		3
			计划	实际	计划	实际	计划	实际	计划	实际	计划	实际	计划	实际	交付
光彩	20 000	3月	81	165	158	308	308	610	600	1100	1170	1611	1111	1621	1000

进行操作技能培训和熟悉工作环境。在编制用工计划时，需充分考虑到年龄结构、接种人均工效等方面。在编制薪酬计划时，必须兼顾所在地区的收入水平及企业的工作环境。

③依据生产计划编制物资计划，以保障进度计划顺利实施。

④据物资计划编制物资采购计划。实施物资采购时，必须考虑到一次性进货数量及最大使用量，以免造成资金积压，发生较高的仓储费。另外，如果资金允许，也要考虑常用大宗物资的一次性采购到位以减少运费，降低采购成本。

【知识链接】

在植物组培苗工厂化生产环节，应针对所培养植物的生长特性，优化设计生产工艺流程，并根据市场需求制订和实施生产计划。并且，还应不断研究和改进生产技术，采用更加简便、高效的新技术、新工艺、新方法，以获取更高的经济效益。

一、植物组培苗工厂化生产工艺流程

植物组培苗工厂化生产的工艺流程是根据植物快繁、脱毒技术路线建立起来的。例如，葡萄试管苗商业化生产工艺流程（图 13-1），菊花茎尖脱毒及快速繁殖生产工艺流程（图 13-2）。

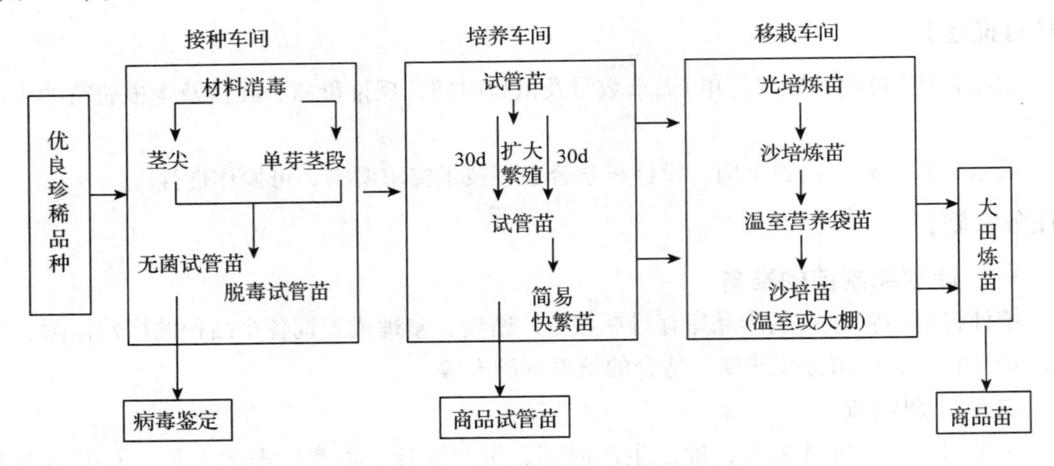

图 13-1　葡萄试管苗商业化生产工艺流程

二、组培苗生产计划的制订与实施

生产计划是指根据市场需求和经营策略，对未来一定时期的生产目标和活动所做的统一安排。生产计划的制订是进行组培苗规范化生产的关键，生产量不足或过剩都会直接影响到经济效益。在实际生产中，首先应对植物材料的增殖率做出一个切合实际的估算，再根据生产能力和市场需求制订相应的生产计划，并有效地组织生产。

1. 试管苗增殖率的估算

试管苗增殖率是指植物快繁中繁殖体的繁殖率。通常试管苗增殖率的估算多以芽或苗为单位，原球茎或胚状体增殖率的估算则以瓶为单位。

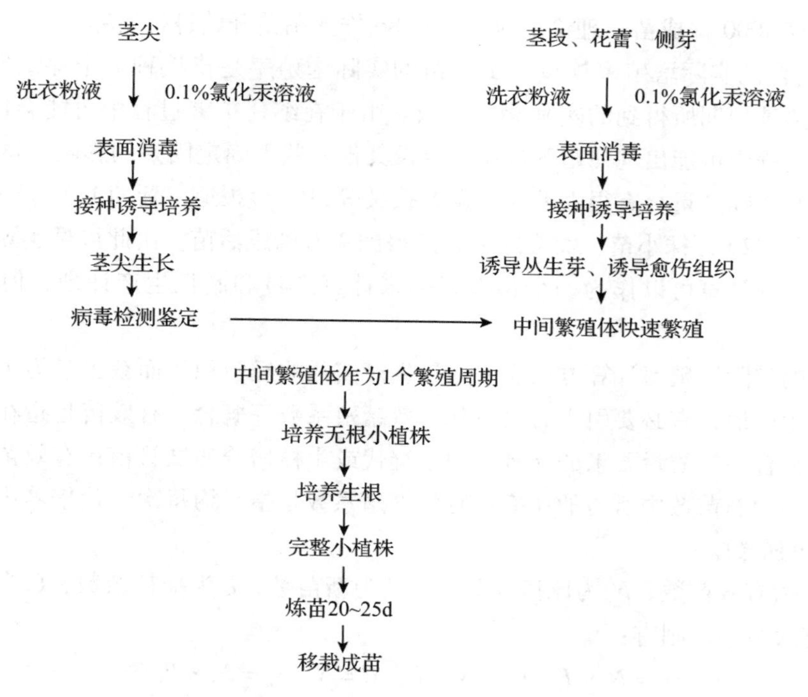

图 13-2　菊花茎尖脱毒及快速繁殖生产工艺流程

（1）试管苗的理论增殖值计算　试管苗理论增殖值是指接种一个芽或一块增殖培养物，经过一定时间的培养后得到的芽或苗的数量，即试管苗理论上的年繁殖量，其计算公式为：

$$Y = mX^n$$

式中　Y——年繁殖数；

m——无菌母株苗数；

X——每个培养周期的增殖倍数；

n——全年可增殖的周期次数。

例如，一株高 6 cm 的马铃薯试管苗，剪成 4 段转接于继代培养基上，30 d 后这些茎段平均又再生出 3 株 6 cm 高的新苗。如此反复培养，一株马铃薯试管苗半年后的理论繁殖量计算方法为：

$$Y = mX^n = 1 \times (4 \times 3)^6 = 2\,985\,984\text{（株）}$$

即一株马铃薯试管苗经半年的继代培养后，理论上可以获得 2 985 984 株新生试管苗。

又如，在葡萄试管苗的生产中，若一株无菌苗每周期增殖 3 倍，1 个月为一个繁殖周期，生产时间为每年 8 月至次年 2 月。那么，欲培育 5000 株成苗应当从多少株无菌苗开始进行培养？根据上述公式可知 $m = Y/X^n$，即：

$$m = 5000/3^6 = 6.86\text{(株)}$$

即欲培育5000株成苗，理论上应当从6.86株无菌苗开始进行培养。

(2)试管苗的实际增殖率计算　试管苗的实际增殖率是指接种1个芽或转接1株苗，经过一定的繁殖周期所得到的实际芽或苗数。由于在继代扩繁过程中可能会出现污染苗、弱苗，移栽过程中可能出现死苗等现象，以及其他一些不确定因素的影响，试管苗生产的理论增殖率与实际产量会有很大差异。据曹孜义等(1986)报道，葡萄1个芽理论上1年可繁殖出23万~220万株小苗，而实际上只能得到3万株成活苗。由此可见实际值远比理论值低，虽然理论计算可以作为一个参考指标来计算产量和制订生产计划，但其可参考性较低。

试管苗的实际增殖率计算方法需要通过生产实践的经验积累而获得。为了使计算数据更接近实际生产值，有必要引入有效苗和有效繁殖系数等概念。有效苗是指在一定时间内平均生产的符合一定质量要求的能真正用于继代或生根培养的试管苗；有效苗率是指有效苗在繁殖得到的新苗数中所占的比率；有效繁殖系数是指平均每次继代培养中由1株苗得到有效新苗的个数。

若设N_e为有效苗数，N_o为原接种苗数，N_t为新苗数，L为损耗苗数，C为有效繁殖系数，P_e为有效苗率，则有：

$$N_e = N_t - L,\ P_e = N_e/N_t,\ C = N_e/N_o = N_t \cdot P_e/N_o$$

那么，m个外植体连续n次继代繁殖后所获得的有效试管苗数Y为：

$$Y = mC^n = m(N_e/N_o)^n = m(N_t \cdot P_e/N_o)^n$$

式中　Y——有效试管苗数；

m——无菌母株苗数；

n——全年可增殖的周期次数。

例如，一株高6 cm的马铃薯试管苗，被剪成4段转接于继代培养基上，30 d后这些茎段平均又再生出3株6 cm高的新苗，其中可用于再次转接繁殖的苗为新生苗的85%。如此反复培养，半年后一株马铃薯试管苗的繁殖量为：

$$Y = m(N_t \cdot P_e/N_o)^n = 1 \times (4 \times 3 \times 85\%)^6 \approx 1\ 126\ 162\ (株)$$

由试管苗到合格的商品苗，一般还要经过生根培养、炼苗与移栽等程序，其中也客观存在消耗。若有效生根率(有效生根苗占总生根苗的百分数)为R_1，生根苗移栽成活率为R_2，成活苗中合格商品苗率为R_3。那么，Y个外植体经过一定时间的试管繁殖后所获得的合格商品苗总量M为：

$$M = Y \times R_1 \times R_2 \times R_3$$

例如，若马铃薯试管苗的有效诱导生根率为85%，移栽成活率为90%，合格商品苗的获得率为95%。那么，上例中所得的试管苗最终可以培养出的合格商品苗数量为：

$$M = Y \times R_1 \times R_2 \times R_3 = 1\ 126\ 162 \times 85\% \times 90\% \times 95\% \approx 818\ 438(株)$$

相比之下，理论估算值是有效增殖值的2.65倍，是合格商品苗总量的3.65倍。可见，引入有效苗和有效繁殖系数等概念后，组培苗增殖值与合格商品苗产量等数值的计算更加符合生产实际。

2. 生产计划的制订

商业化生产计划的制订应考虑市场对试管苗种类和数量的需求及趋势，以及自身具备的生产能力(生产条件及规模)。首先应提出全年的销售目标，再根据实际生产中各个环节的消耗制订出相应的全年生产计划，即：

计划生产数量 = 计划销售数量/(1 - 损耗率) × 移栽成活率

一般情况下，若生产过程中损耗率为5%~10%，实际生产数量应比计划销售数量增加20%~30%。

3. 生产计划的实施

组培苗生产计划实施步骤主要为：

(1)准备繁殖材料，建立无性繁殖系　繁殖材料必须是来源清楚、无检疫性病害、无肉眼可见的病害症状、具有典型品种特性的优良单株或群体。当初代培养外植体增殖形成5~10个繁殖芽时，需及时进行品种危害性病毒检测，淘汰带病毒材料。

(2)试管苗繁殖材料快速增殖　当其增殖达到所需基数时，存架增殖总瓶数的控制就成为影响试管苗生产效益的关键因素。存架增殖瓶数过多，易产生人力和设备不足，增殖材料积压并老化，影响出瓶苗质量和移栽成活率，增加生产成本；反之则使基本苗不足，延误出苗时期，不能完成生产计划，同样会造成经济损失。根据增殖的总瓶数及操作人员的工作效率，还可计算出生产过程中所需投入的人力，以保证商业化生产的顺利进行。

存瓶增殖总瓶数 = 月计划生产苗数/每个增殖瓶月可产苗数

月计划生产苗数 = 每个操作人员每天可接苗数 × 月工作日 × 操作人员数

【问题探究】

生产计划与生产工艺流程之间有何关系?

【拓展学习】

试管苗销售目标

销售目标应包括确定供货数量和供货时间。如果有稳定的订单，可以根据其要求安排生产；在无大量订单之前一定要限制增殖的瓶苗数，控制瓶内幼苗的增殖和生长速度。通常可通过适当降温或在培养基中添加生长抑制剂和降低激素水平等方法控制。另外，虽然从理论上说组培育苗可周年生产，任何时候都能出苗。但在实际生产中，由于受大田育苗的季节性限制，一般试管苗出瓶时间多集中安排在春季和秋季，尤其是在早春。春季出瓶的组培苗在温室或塑料大棚中经过短时间的驯化即可移栽入大田苗圃，成活率较高。

工作任务二　组培苗质量检测

【任务描述】

了解在生产或者待生产产品的市场行情及现行质量标准，制定既适用于行业又兼顾企业发展的质量标准。

【任务实施】

一、检测前准备

教师下发任务单，学生自学相关内容，并以组为单位做好人员分工和用品准备。

熟悉相关产品质量标准：

1. 蝴蝶兰、大花蕙兰组培苗入库质量标准

为了提升瓶苗成瓶率，有效、合理地控制生产成本，使组培种苗在同行业中具有较强的竞争优势，瓶苗生产质量认定实行逐级把关，下一环节验收上一环节质量的原则，切实做到全员参与提升品质。具体质量标准见表13-2。

表13-2　蝴蝶兰、大花蕙兰组培苗入库质量标准

质量指标	瓶苗种类	
	大花蕙兰	蝴蝶兰
转接数量	生根：22株/瓶；壮苗：25株/瓶；增殖：40～50粒/瓶	生根：14株/瓶；壮苗：20丛/瓶，单株25株/瓶；增殖：20丛/瓶
转接后苗株状况	茎秆粗细均匀，叶色正常，无畸形、弱苗，无灼伤、倒苗或漏栽；株高基本一致，培养基表面分布均匀，生根苗培养瓶中间空出，根系全部插入培养基内	叶色正常，无畸形、弱苗，无灼伤、倒苗或漏栽；株高基本一致，培养基表面分布均匀，根系全部插入培养基内
转接时苗高	壮苗≥3 cm/株、生根≥4 cm/株	单株叶长≥2 cm
转接时根系数量	生根：根系数≥2条/株，无断根；壮苗：根系长度≥1.5 cm/条时，切到1.5 cm	生根：根系数≥2条/株，无断根
栽苗深度	生根苗：根茎以上1 cm插入培养基	生根苗：根茎以上1 cm插入培养基

2. 转库标准

转库标准指人工光照培养室搬入自然光温室驯化培养。

要求：人工光照培养45～60 d，瓶内苗整体株高≥3 cm，无球体、畸形、黄化、死苗夹杂其间。

3. 成品质量标准

合格生根瓶苗的交货验收由瓶苗生产负责人与技术质检员共同经办，抽样检查苗株的高度、数量等标准，并共同签字确认(表13-3)。

表 13-3 蝴蝶兰、大花蕙兰生产成品质量标准

质量指标	瓶苗种类	
	大花蕙兰	蝴蝶兰
生根瓶苗数量	≥20	≥12
叶片质量	质地厚实、绿色正常、无黄化、无灼伤	质地厚实、绿色正常、无黄化、无灼伤
苗高(cm)	≥12	叶长≥3
根系状况	≥3 条，根长≥3 cm，茎基部无褐化现象	≥3 条，根长≥2 cm，茎基部无发黑、褐化现象
污染情况	无	无
整体情况	苗体健壮，株高基本一致	苗体健壮，株高基本一致
出瓶时间	按生产计划要求	按生产计划要求

二、分组检测

各小组根据检测任务，选择种苗质量检测标准和数据调查方法，设计抽样调查表，然后组内成员相互配合完成现场数据调查，最后参照种苗质量检测标准，综合评定后形成鉴定结论。

三、组间交流与评议

各小组选派代表介绍本组检测过程与结论，师生评议调查方法和检测标准选择的合理性和数据调查的真实性与准确性，以及鉴定结论的可靠性。教师现场点评。

【知识链接】

植物组培苗的质量鉴定

种苗的用途不同，其质量标准也有所不同。

1. 生产性组培瓶苗的质量标准

用于生产的组培瓶苗质量，主要依据苗的根系状况、整体感、出瓶苗高、叶片数及叶片颜色 4 个方面进行判定。

(1)根系状况　根系状况是指种苗在瓶内的生根情况，包括根的有无、多少、长势及色泽。一般通过目测评定，合格的组培瓶苗必须有根，根量适中，并且长势好、色白健壮。

(2)整体感　整体感是指组培苗在容器内的长势和整体感观，包括长势是否旺盛、种苗是否粗壮挺直等。此项指标是一个综合的感观评判项目，靠目测评定，应由熟悉组培生产及各种类组培瓶苗形态特征的人员进行。

(3)出瓶苗高　出瓶苗高是指出瓶时组培苗的高度。组培苗过矮过小，移栽难以成活。但并不是说苗高越高越好，多数种类组培苗的高度超过指标后，其质量反而下降，继续生长会变成徒长、瘦弱的超期苗，降低移栽成活率。

(4)叶片数及叶片颜色　叶片数是指组培苗进行光合作用的有效叶片数。通常通过目

测评定，适当数量和形态正常的叶片表明植株生长健壮。叶片颜色直接表明组培苗的健壮状况：叶色深绿有光泽，表明生长势强壮，光合能力强，适宜移栽；叶片发黄、发脆、透明及局部干枯都是组培苗病态的表现，移栽难以成活。

几种常见花卉组培苗的出瓶质量标准如表 13-4 所示。

表 13-4　几种常见花卉组培苗的出瓶质量标准

植物品种		根系状况	整体感和叶片颜色	出瓶苗高（cm）	叶片数（片）	苗龄（d）
非洲菊	1 级	有根	苗直立单生，叶色绿，有心	2～4	≥3	15～20
	2 级	有根	苗略小，部分叶形不周正，有心	1～3	≥3	15～20
勿忘我	1 级	有根或无	苗单生，有心，叶色绿	2～3	≥3	15～20
	2 级	有根	苗单生，有心，叶色绿	2～3	≥3	15～20
满天星	1 级	有根	粗壮硬直，叶色深绿	2～3	4～8	10～13
	2 级	有根原基	粗壮硬直，叶色深绿	1.5～3	4～8	10～13
菊花	1 级	有根	粗壮硬直，叶色灰绿	2～4	≥4	15～25
	2 级	有根	粗壮硬直，叶色灰绿	1～2	≥4	15～25
马蹄莲	1 级	有根	苗单生，叶色绿	3～5	≥3	15～25
	2 级	根少或无	苗单生，叶色稍浅	2～4	≥3	15～25
龙胆草	1 级	有根	苗单生，叶色绿	3～4	≥6	15～25
	2 级	有根	苗单生，叶色绿	1.5～3	4～6	15～25
百合	亚洲	有根	叶色不定，基部有小球	不定	有叶	15～25
	东方	有根	叶色正常，基部有小球	不定	2～5	15～25

2. 原种组培苗的质量标准

原种组培苗是指用于扩繁生产种苗的组培苗，它是种苗生产的源头与基础。原种组培苗的质量标准不仅需要用生产性组培瓶苗的质量标准来进行检测，同时还需要在生产过程中进行健康状况和品种纯度的检测，只有通过这两项指标的严格检测，才能真正从源头上保证组培瓶苗的质量。

（1）品种纯度　品种纯度是指原种组培苗是否具备品种的典型性状。品种纯度是一个非常重要的质量指标。因为一旦原种苗发生混杂，则用其生产的种苗也会发生大规模的混杂。在生产过程中应对品种纯度进行严格的检测和监控。外植体进入组培室后，在扩大繁殖前须对每个外植体材料进行编号；生产过程中所有的材料在转接后要及时做好标记，分类存放；若发现可能有材料混杂，须全部丢弃。品种纯度鉴定可根据外观性状判断，有条件的可利用分子检测技术进行鉴定。

（2）健康状况　健康状况是指原种组培苗是否携带病菌，包括真菌、细菌、病毒等。在生产过程中，首先对需繁殖的外植体材料进行病毒和病原菌检测，若为带毒植株，可通过微茎尖离体培养、热处理等方法脱除病毒，并经鉴定脱毒后再大量扩繁。组培苗出瓶后需在防虫网室或温室中繁殖，在此期间对多发性病原菌要进行两次或两次以上的检测，当检测出感染有病原菌的植株时，须连同其室内扩繁的无性系同时销毁，以保证原种组培苗处于安全的健康状况。

3. 出圃苗的质量标准

出圃种苗的质量影响到种植后的成活率、长势、产量和质量标准很难统一，主要原因是由于植物产品的特殊性，现阶段参考实生苗的质量标准进行。主要从以下几个方面考虑：

(1)商品特性　苗高、冠幅、地径、叶片数、芽数、叶片颜色、根的数量和长度等。

(2)健壮情况　抗病性、抗虫性、抗逆性。

(3)遗传稳定性　品种典型性状、是否整齐一致。

【问题探究】

组培苗鉴定时如何识别莲座化现象和已发生变异的组培苗?

【拓展学习】

铁皮石斛组培苗质量检测标准

一、品种是否纯正

应该选择种源可靠、品种纯正、技术指标过硬的厂商生产的石斛种苗，一定不能选择没有具体名称、种源不明的，甚至无公司营业执照的厂家提供的种苗。

二、外观

生长健康，无病菌斑，组培基质未受到感染，部分茎出现红点。

三、苗高

刚出瓶的组培苗，苗高应在3~8 cm，过高和过低都不利于炼苗的成活率；不是苗越高越好，在根系固定的条件下，苗越高越容易死亡(根有限而苗过高，需要的水分和养分会在移栽时脱节，造成死亡)。

四、茎粗

茎最粗处应在0.2 cm以上，在苗不过高的情况下，茎越粗壮越好。

五、叶片

苗的叶片数在5片以上。

六、根系

每丛苗(一般3株1丛)长2 cm以上的根一般在6条以上。

七、根颜色

不能是纯白色，越绿越好。

工作任务三　组培苗生产成本核算与效益分析

【任务描述】

组培苗工厂化生产组培技术能否得到规模化应用，往往受到成本的制约。据分析，培养基、水电费、人工工资、耗材、固定资产及设备折旧、其他(营销与管理费)6 项是组培苗工厂化生产的主要直接成本，污染损失和炼苗过程中的损失是最主要的间接成本。因此，需根据组培植物的生物学特性合理安排生产周期，充分利用自然光照、温度条件，以达成“提质、减损、降耗”控制成本的目的。

【任务实施】

一、准备

教师联系组培苗生产企业或提供组培苗工厂化生产案例。学生接收任务单，自学相关内容，并以组为单位做好人员分工和资料、用品的准备。

二、参观企业或熟悉案例

集体参观组培苗生产企业或通过案例，了解企业产品种类、生产规范、设备投资、劳务用工、材料消耗以及经营管理开支等情况。

三、组织讨论

小组讨论比较和分析企业生产工艺流程设计、仪器设备配置、器皿用具选择、生长组织管理及营销等环节是否合理，对不足之处提出改进措施。

完成企业生产成本核算与效益分析报告。

四、组间交流与评议

各小组选派代表介绍本组的核算和分析结果，组间评议，教师现场点评。

【知识链接】

一、影响成本的因素分析

1. 培养基费用

主要是指配制培养基需要的化学试剂及去离子水或蒸馏水的消耗，通常在组培苗工厂化生产的成本中占据较小的份额，一般占总成本的 5%~10%，不超过 15%。

2. 水电费

主要是指生产过程中制备蒸馏水、消毒灭菌、接种、人工光培养室光照、温度控制等消耗的大量电能，是组培苗工厂化生产成本的第二大因素，一般占总成本的 20%~30%。

3. 人工工资

组培苗工厂化生产除了正常的管理人员、技术人员的工资外，还需要大量的操作工，这笔费用在组培苗工厂化生产中占比最大，一般占到总成本的 30%~50%。

4. 耗材

主要是指玻璃器皿、照明灯具、小型工具等的损耗和折旧，通常按3年折旧计算；还包括瓶苗移栽后的肥料和药品、培养容器、基质等农用物资的消耗，一般年消耗约在3%以内。

5. 固定资产及设备折旧

主要是指厂房、管理办公用房及仪器设备设施的维护和折旧费用。生产办公用房一般依据结构不同按使用寿命20年折旧，温室及大棚按5~10年折旧，超净工作台按4~5年折旧。年消耗约在8%以内。

6. 其他(营销与管理费)

主要是指技术开发、办公用品、人员培训、差旅费、销售管理费等，一般占到总成本的10%~20%。它是组培苗工厂化生产成本的第三大因素。

二、成本控制途径

控制组培苗工厂化生产成本主要应从提高操作工的人均工效、增殖倍数、产成品率、产销率，缩短培养周期、继代周期，降低产品滞销率、报损率等入手。

1. 改进工艺，提高产成品率

继代周期和增值倍数是影响成本的主要因素。继代周期越短，占用培养室的时间也就越短，能耗越低；增殖倍数越高，库存的母瓶量就相对减少，能耗也随之降低。

2. 控制污染，提高产成品率

大规模生产的污染率并非越低越好，而是应控制在合理的范围内。一般组培苗工厂化生产污染率控制在5%以内即可。控制污染主要通过加强操作技能培训、保持人员稳定、及时处理污染产品、定期对空间消毒等措施达成。

3. 利用机器设备，提高生产效率

如培养基分装采用培养基定量分装机，培养基灭菌采用全自动灭菌锅等。

4. 加强管理，提高工作效率

建立健全管理制度和激励机制，实行计时与计件薪酬相结合的薪酬方案(能够计件绝不计时)，实行严格的检查验收制度，把控好产品源头。

5. 严格执行产品质量标准，提升产成品率

各级管理人员及操作工必须严格执行质量标准，杜绝不合格产品在各个环节的流转。

6. 随时掌握市场动态，降低产成品滞销率

产成品出现滞销必须分析清楚原因，并及时采取恰当的处置措施，以降低库存风险。

三、完善管理机制

1. 建立企业的用工机制，培养适合企业发展所需的人才

在企业核心用工的机制上一定要考虑人才内部选拔化，要做好人力资源的“招、育、

留、用”四字决。外部或其他公司的空降人才到公司工作不是不可以，而是容易水土不服，导致劳神劳力、无合适的人用。

2. 建立健全产品营销机制，拓宽销售渠道开源节流

①销售相关人员一定要掌握公司的产品特性、种植技术、市场需求，这样既能做好产品售后服务，又能指导生产的顺利开展。

②为了规避经营风险、维护客户关系，必须提倡现款现货的交易原则。在开始合作时，要敢于提要求，不要怕做不成这单生意，过度放低底线失去原则，最后人财两空。

3. 建立完善的财务核算、管理体系，为产销保驾护航

组培苗工厂化生产应该重过程轻结果，只要每个环节都能够顺畅运行，结果一定是非常理想的。因此，财务的作用就是要及时提供经营损益、成本核算、成本异动等数据供经营者决策参考。

四、植物组培苗生产成本核算

组培苗工厂化生产既有工业生产的特点，可周年在室内生产；又有农业生产的特征，在温室或田间种植，受季节和气候等因素的影响；还存在植物种类间、品种间的繁殖系数和生长速度的差异。因此，组培苗生产成本核算方法较为复杂。一般情况下，组培苗商业化生产成本核算应包括直接生产成本投入、固定资产折旧、市场营销和经营管理开支。

1. 直接生产成本

按生产50万株组培苗的全过程(包括诱导、继代、生根诱导等)中约消耗8000~10 000 L培养基计算，制备培养基的药品、技术人员工资、电能消耗及各种消耗品约需直接生产成本4.0万元。其中，组培苗培养过程中温度、湿度和光照的控制以及培养基制备及灭菌的电能消耗常占极大比重。一般情况下，每株组培苗的直接成本可控制在0.45元以内。

2. 固定资产折旧

按年产50万株组培苗的工厂规模，约需厂房和基本设备投资150万元计算，如果按每年5%折旧推算，即7.5万元折旧费，则每株组培苗将增加成本0.15元左右。

3. 市场营销和经营管理开支

主要指销售人员工资、差旅费、种苗包装费、运输费、保险费、广告费、展销费等。如果市场营销和各项经营管理费用的开支按苗木原始成本的30%计算，每株组培幼苗的成本约增加0.10~1.12元。

以上各项成本合计，每株组培幼苗的生产成本约在0.40~0.70元。因此，组培育苗工厂在决定生产种类时一定要慎重，避免盲目投入。要选择有发展潜力、市场前景好、售价较高的品种进行规模生产。否则，可能造成亏损。表13-5为北京某种苗公司年产130万株红掌组培苗的成本核算。

表 13-5　红掌商品组培苗成本核算表

培养月份	培养株树	培养基费用（元）	人工费用（元）	水电费与取暖费（元）	设备折旧费（元）	合计（元）	单价（元）
3	5	0.9	600	1350	0	1951	
4	20	0.9	600	600	0	1201	
5	80	4	600	600	0	1204	15.05
6	320	15	600	600	5	1220	3.81
7	1280	55	600	1170	20	1845	1.44
8	5120	221	1200	1360	80	2861	0.56
9	20 480	887	1800	2110	320	5117	0.25
10	81 920	3538	6750	5200	1278	16 766	0.20
11	327 680	14 155	27 000	17 680	5119	63 954	0.20
12	1 310 720	56 622	108 000	67 500	20 880	253 002	0.19

从表中可看出，年产 130 余万株红掌商品组培苗的生产成本中(直接费用和部分间接费用)，培养基费用、人工费用、水电费与取暖费、设备折旧(包括维修和损耗)费分别占生产成本的 22.38%、42.69%、26.68%、8.25%(管理费用、销售费用及财务费用等不包括在内)，生产规模越大、产量越高，单株成本越低。

五、提高植物组培苗生产效益的措施

要提高植物组培苗商品化生产效益，一方面应注意选择珍稀、名特优和脱毒种苗生产，取得市场产品优势；另一方面应针对试管苗生产所需的费用，采取相应措施降低生产成本，增强产品竞争力，提高经济效益。

1. 严格管理制度，提高劳动生产率

实行责任制，生产分段承包、责任到人、定额管理、计件工资、效益与工资挂钩，激励生产员工的工作热情与责任心，奖优罚劣是提高劳动生产率的有效措施。作为组培苗的生产企业可以利用经济欠发达地区的廉价劳动力，降低劳动成本，增强企业竞争力，加强工人的技能培训，优化工艺流程，以提高劳动生产率。

2. 减少设备投资，延长使用寿命

组培工厂化生产所需的仪器设备价格昂贵，一般企业在仪器设备上投资，少则数万元，多则数十万元，且仪器设备的折旧费在组培苗的生产成本中少则 10%，多则 20% 以上。正确使用仪器设备，及时维修，延长使用寿命，是降低成本、提高效益的一个重要措施。

3. 降低消耗

组培苗生成中使用量最大的是培养器皿，如用玻璃三角瓶，则价格较高，且容易破损，可使用耐高温高压的塑料培养器皿或果酱瓶、罐头瓶，以大大节省费用。水电费用在组培苗的生产成本中占20%~40%，应尽量利用培养室空间，合理安排培养架和培养瓶，减少能源消耗。生产上尽量用自来水、井水、泉水，减少蒸馏水的用量，用食糖代替蔗糖，电费价格高的地区可改用蒸汽锅炉、煤炉、煤气炉或柴炉等进行高压蒸汽灭菌，这些措施都可以节省费用，降低生产成本。

4. 减少污染，提高繁殖率和移栽成活率

生产中的污染不仅造成人力、财力的浪费，还会造成环境污染。所以必须控制好各个环节，严格无菌操作规范，减少污染，一般进行正式生产时，污染率应当控制在5%以内。同时，通过改进生产技术，提高增殖率，保证组培苗生根率达95%以上，炼苗成活率达90%以上，并提高试管苗和商品苗的质量，也是降低成本、增加效益的有效措施。

【问题探究】

生产上自来水代替蒸馏水配制培养基时，如何去除自来水中的钙、镁、氯等离子？

【拓展学习】

切花月季试管育苗成本核算

一、成本构成

人工费用：管理人员及临时工工资。

水电费：器皿洗涤、蒸馏水制备、灭菌、接种、温度控制等所需水电费用。

药品费：配制培养基所需的化学试剂、琼脂、蔗糖、接种用酒精等。

固定资产折旧费：超净工作台、冰箱、天平、培养架、取暖设备、蒸馏水器、空调机、房屋等的折旧和维修费用，每年按5%计算。

当年消耗费：指当年玻璃器皿、营养钵、蛭石及其他易损物品的支出费用。

试管苗前期投入费：指从外植体接种至生根出苗期间的试管苗继代培养所需费用。

二、影响成本的主要技术指标

主要技术指标有污染率、分化系数、生根率、炼苗成活率。上述5项技术指标的高低，在同样投入的情况下决定苗木的产出量，从而决定每株苗的成本。

三、成本核算

以年投入40 000元，培养室面积可同时容纳5000瓶组培苗，炼苗室面积可同时容纳10 000株组培苗，温室面积可同时容纳20 000株组培移栽苗，蒸馏水器、超净工作台、高压灭菌锅各1台，雇用工人为3人的生产规模对切花月季组培苗周年生产进行投入产出核算，见表13-6。

表 13-6 切花月季组培苗周年生产成本核算

投入			产出			单株成本（元）
项目	余额（元）	成品苗数量（万株）	单价（万元）	总额（万元）	纯收益（万元）	
人工费	1.0	2.0	2.0	4.0	0	2.0
水电费	1.0	3.0	2.0	6.0	2.0	1.33
药品费	0.5	4.0	2.0	8.0	4.0	1.0
固定资产折旧费	0.8	5.0	2.0	10.0	6.0	0.8
当年损耗及维修费	0.5	6.0	2.0	12.0	8.0	0.67
试管苗前期投入费	0.2	8.0	2.0	16.0	12.0	0.25
合计	4.0	纯收益 0~12 万元　单株成本 0.25~2.0 元				

【小结】

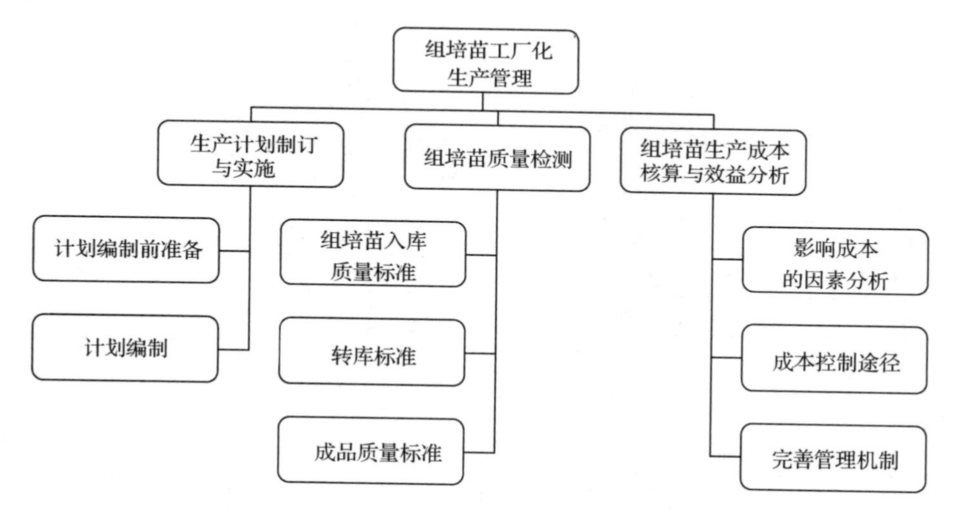

【练习题】

简答题

1. 工厂化育苗的工艺流程是什么？
2. 制订生产计划的参考依据是什么？
3. 组培苗质量检测的项目主要有哪些？
4. 如何提高组培工厂化育苗的效益？

附 录

附录一 常见英文缩写与词义

英文缩写	词义	英文缩写	词义
A，Ad，Ade	腺嘌呤核苷	m	米
ABA	脱落酸	mg	毫克
AC	活性炭	min	分钟
AR	分析试剂	mol	摩尔
BA，BAP，6-BA	6-苄基氨基腺嘌呤	MPa	兆帕
CH	水解酪蛋白	mRNA	信使 RNA
CM	椰子乳，椰子汁	MH	马来酰肼
CCC	矮壮素	NAA	萘乙酸
cm	厘米	NOA	萘氧乙酸
CPM	每分钟计数	NTP	标准温压
2,4-D	2,4-二氯苯氧乙酸	Pa	帕
d	天	PCR	聚合酶链反应
DW	干重	PEG	聚乙二醇
DMSO	二甲基亚砜	PGA	叶酸
DNA	脱氧核糖核酸	pH	酸碱度
EDTA	乙二胺四乙酸	PP_{333}	多效唑
ELISA	酶联免疫吸附法	ppm	百万分之一
FDA	荧光素双醋酸酯	PVP	聚乙烯吡咯烷酮
F_1	杂种一代	RNA	核糖核酸
GA，GA_3	赤霉素	r/min	每分钟转速
GH	生长激素	s	秒
h	小时	TDZ	噻重氮苯基脲
IAA	吲哚乙酸	UV	紫外线
IBA	吲哚丁酸	μm	微米
2-ip	2-异戊烯腺嘌呤	VB_1	盐酸硫胺素
IPA	吲哚丙酸	VB_3	烟酸
KT(KIN)	激动素	VB_5	泛酸
kg	千克	VB_6	盐酸吡哆醇
LH	水解乳蛋白	VC	抗坏血酸
LD_{50}	半数致死剂量	VH	生物素
L	升	YE	酵母提取素
lx	勒克斯	ZT	玉米素

附录二　常见植物组培快繁外植体和培养基配方

附表 2-1　常见花卉组培外植体和培养基配方

植物名称	外植体	基本培养基及植物激素(mg/L) (1. 初代培养　2. 继代培养　3. 生根培养)
金鱼草	茎段	1. MS + BA 1.0 + IBA 0.2 2. 同初代 3. 1/2 MS + NAA 0.02
雏　菊	花托	1. MS + IAA 1.0 + BA 0.2 3. MS
叶子花	茎段	1. MS + BA 2.0 + NAA 0.2 或 MS + BA 2.0 3. MS + NAA 0.5
球根海棠	叶片	1. MS + BA 1.0 + NAA 0.2 ~ 0.5 3. MS + NAA 1.0 ~ 2.0 + KT 0.5
鸳鸯茉莉	侧芽	1. MS + BA 0.5 + 干酪素 300 2. 同初代 3. MS + IBA 1.0 + IAA 1.0
蒲包花	种子	1. MS 2. MS + BA 1.0 + IAA 0.1 3. MS + IBA 0.5
花叶芋	嫩叶	1. MS + BA 4.0 + NAA 0.5 2. MS + BA 4.0 3. 同继代
大花美人蕉	嫩果	MS + BA 0.25 + NAA 0.5 + GA 2.0 + CH 500 + 酵母浸出液 500(在该培养基上可直接生根)
贴梗海棠	茎段	1. MS + BA 2.0 + ZT 1.0 + NAA 0.5 + LH 00 2. 同初代 3. MS + IBA 0.5 + NAA 0.5
君子兰	未成熟胚	1. MS + KT 2.0 + 2,4-D 0.5 + NAA 0.25 + ZT 1.0 2. Miller + KT 1.0 + NAA 0.5(成苗培养基)
变叶木	茎段	1. MS + BA 0.5 + NAA 0.5 2. MS + BA 1.0 + IBA 0.2 3. 1/2MS + IBA 1.5
朱　蕉	茎尖	1. MS + BA 0.3 + NAA 0.1 2. 1/2MS + BA 0.5 ~ 1.0 3. 1/2MS + NAA 0.03
仙客来	叶柄、嫩叶	1. MS + 2,4-D 0.5 + BA 0.2 2. MS + 2,4-D 0.5 + BA 2.0 + KT 0.2 3. 1/2MS + IBA 0.2 + BA 0.5
大丽花	带芽茎段	1. MS + BA 3.0 + NAA 0.2 + GA 10 + ADE 50 2. 同初代 3. 1/2MS + NAA 0.2
一品红	花序轴、叶片、顶芽、腋芽	1. MS + BA 2.0 + NAA 0.5 + CH 70 2. MS + BA 0.5 + NAA 20 3. 1/2MS + NAA 0.1

（续）

植物名称	外植体	基本培养基及植物激素（mg/L） （1. 初代培养 2. 继代培养 3. 生根培养）
香雪兰	未成熟胚	1. N_6 + NAA 0.3 + IAA 2.0 + BAP 0.5 2. N_6 + NAA 0.3 + KT 0.5 + BAP 0.5 3. N_6 + NAA 0.5
嘉 兰	幼叶、根茎	1. MS + BA 0.2 + IAA 1.0 + NAA 2.0 + 2,4-D 3.0 2. MS + BA 2.0 + 2,4-D 0.2 3. MS
唐菖蒲	球茎幼芽	1. MS + BA 0.5 + 2,4-D 0.15 ~ 0.5 2. MS + BA 0.1 + 2,4-D 0.1 3. MS + IBA 0.2 ~ 0.4
满天星	侧芽	1. MS + BA 2.0 + NAA 0.1 2. MS + NAA 1.0 3. MS + NAA 1.0
扶 桑	茎	1/2MS + ZT 0.2 + NAA 0.4（直接生根）
风信子	鳞茎	1. MS + BA 0.5 + NAA 0.4 + 2,4-D 3.0 2. MS + BA 0.5 + KT 1.0 3. 1/2MS + BA 0.25 + KT 0.5 + NAA 0.5
蜘蛛兰	花蕾	1. MS + IAA 0.5 + BA 1.0 MS + BA 0.5 + ZT 0.1 2. 同初代（两种培养基交替培养） 3. 1/5MS + NAA 2.0
鸢 尾	花序	1. MS + BA 1.5 + NAA 0.2 2. 同初代 3. 1/2MS + NAA 0.5 + AC 300
长寿花	茎、叶	1. MS + BA 1.0 ~ 5.0 + NAA 0.01 ~ 0.5 2. 1/2MS + NAA 0.01 ~ 0.5 3. MS
龟背竹	茎尖、腋芽	1. MS + BA2.0 + IAA 1.0 2. 1/2MS + NAA 0.5 + 活性炭 2%
中国水仙	幼叶	1. MS + BA 3.0 + NAA 0.01 2. 同初代 3. 1/2MS + NAA 0.1 + IBA 0.03
芍 药	花蕾	1. 1/2MS + GA 1.0 + BA 1.0 2. 1/2MS + BA 1.0 + KT 0.5 3. 1/2MS + IBA 1.0
牡 丹	茎尖	1. MS + BA 2.0 + NAA 0.2 + LH 200 2. MS + BA 1.0 + KT 0.5 + NAA 0.1 + LH 200 3. 1/2MS + NAA 0.1 + LH 200
晚香玉	块茎	1. MS + BA 1.0 + NAA 0.1 2. MS + BA 0.1 + NAA 1.0 3. MS + BA 1.0 + NAA 0.5 + KT 1.0
粉团蔷薇	叶片	1. MS + BA 4.0 + NAA 1.0 + TDZ 0.5 2. MS + BA 1.0 + NAA 0.004 3. 1/2MS + NAA 0.2

（续）

植物名称	外植体	基本培养基及植物激素(mg/L) (1. 初代培养 2. 继代培养 3. 生根培养)
玫 瑰	侧芽、顶芽	1. MS + BA 1.0 ~ 2.0 + IAA 或 NAA 0.1 ~ 0.3 2. MS + BA 0.5 + IAA 0.2 3. 1/2MS + IAA 0.2 ~ 2.0
月 季	侧芽	1. MS + BA 1.0 ~ 2.0 + NAA 0.01 ~ 0.1 2. 同初代 3. MS + IBA 1.0 或 NAA 0.5
杜鹃花	茎尖上胚轴	1. MS + NAA 0.2 + TDZ 0.8 2. MS + KT 0.1 + NAA 0.2 + GA_3 2 3. MS + NAA 0.5 ~ 1.0
绿 萝	叶片、嫩茎	1. MS + BA 5.0 + NAA 0.5 2. 同初代(同时分化幼根)
郁金香	鳞片	1. MS + BA 0.4 ~ 1.0 + NAA 0.4 2. MS + BA 0.4 + NAA 0.2 3. 1/2MS + KT 0.4 + NAA 0.1 ~ 1.0
马蹄莲	叶	1. MS 改良 + BA 0.75 + NAA 0.2 + IBA 0.2 + LH 50 + VC 5 2. MS 改良 + BA 1.5 + NAA 0.02 + IBA 0.2 + LH 100 + 丙氨酸 5 + 谷氨酸 5 3. MS 改良 + BA 0.6 + NAA 0.3 + IBA 0.05
山 茶	嫩茎	1. MS + BA 1.0 + IAA 0.1 + VB_1 1.0 + 泛酸钙 1.0 + VB_6 1.0 + VC 1.0 + ADE 20 3. IBA 500 浸根，1/2MS
富贵竹	茎尖、带芽茎段	1. MS + BA 1.0 + NAA 0.2 2. MS + BA 0.2 + NAA 0.05 3. MS + NAA 0.5

附表 2-2 常见果树组培外植体和培养基配方

植物名称	外植体	基本培养基及植物激素(mg/L) (1. 初代培养 2. 继代培养 3. 生根培养)
刺 梨	茎尖	1. MS + BA 0.5 2. MS + BA 1.0 + IAA 0.2 3. 1/2MS + IAA 2.0
梨(黄金梨)	茎尖	1. 1/3MS + BA 1.0 + IBA 0.2 2. MS + BA 1.0 + IBA 0.2 3. ASH + IBA 1.0 + NAA 0.1 + AC 500
香 梨	带芽茎段	1. 1/4MS + BA 4.0 + NAA 4.0 2. MS + BA 2.0 + NAA 0.2 3. 1/2MS + IAA 0.2
苹果(红将军)	组培苗叶片	1. MS + TDZ 1.0 + IAA 0.5 2. MS + BA 0.5 + IBA 0.1 3. 1/2MS + IBA 0.5 + NAA 0.5 + AC 500

（续）

植物名称	外植体	基本培养基及植物激素(mg/L) (1. 初代培养 2. 继代培养 3. 生根培养)
苹果‘昌红’	茎尖	1. MS + BA 2. 0 + NAA 0. 5 2. MS + BA 1. 5 + NAA 0. 05 3. 1/2MS + IBA 0. 7 + IAA 0. 2
草莓‘赛娃’	匍匐茎尖	1. MS + BA 0. 5 + NAA 0. 1 2. MS + BA 1. 0 + IBA 0. 05 3. 1/2MS + IBA 0. 3
红树莓‘秋福’	叶片	1. MS + TDZ 2. 0 + IAA 0. 1 3. 1/2MS + IBA 0. 1
欧李‘钙果4号’	春季萌生的 幼嫩基生枝	1. MS + BA 1. 0 + NAA 0. 1 2. MS + BA 2. 0 + NAA 0. 02 + GA_3 0. 2 3. 1/2MS + IBA 1. 0 + KT 0. 02
葡萄‘美人指’	新稍带腋芽 茎段	1. 3/4MS + BA 2. 0 2. 3/4MS + BA 0. 5 + GA_3 0. 4 3. 3/4MS + IBA 0. 4
桃	下胚轴	1. MS + TDZ 5. 0 + NAA 0. 01 2. MS + BA 0. 5 + NAA 0. 01 3. 1/2MS + IBA 0. 5
杏‘红荷包’	顶芽、带腋芽茎段	1. MS + BA 0. 25 + IBA 0. 01 2. MS + BA 0. 1 3. 1/2BA + IBA 0. 5 + NAA 0. 2
	幼胚子叶	1. MS + BA 5. 0 + 2,4-D 0. 2 2. MS + BA 0. 5 + IBA 0. 1
阔叶猕猴桃	叶片	1. BW + NAA 0. 1 μmol/L + Zeatin 5. 0 μmol/L 3. BW + BA 0. 1 μmol/L + IBA 10 μmol/L
核桃 （薄壳型）	3～4 年嫁接苗 带芽茎段	1. 1/2 DEW + BA 1. 0～2. 0 + IBA 0. 01 + VC 2. 0～5. 0 2. DEW + BA 2. 0 + NAA 0. 5 + GA 0. 5 DEW + BA 1. 0～2. 0 + IBA 0. 01 3. 蛭石培养基
菠 萝	叶片	1. MS + BA 2. 0 + NAA 2. 5(诱导愈伤组织) 2. MS + BA 3. 0 + NAA 2. 0(愈伤组织增殖) MS + 2,4-D 5. 0 + TDZ 0. 01(诱导体细胞胚)
	吸芽	3. 1/2MS + NAA 0. 2
火龙果	花序轴、叶片、顶芽、 腋芽	1. 1/2MS + NAA 1. 0 活性炭 0. 2% 2. MS + BA 2. 0 + NAA 0. 2 3. 1/2MS + IBA 2. 5 + 活性炭 0. 5%

附表 2-3　常见蔬菜组培外植体和培养基配方

植物名称	外植体	基本培养基及植物激素(mg/L) (1. 初代培养　2. 继代培养　3. 生根培养)
大白菜	带柄子叶	1. MS + BA 3.0 + NAA 0.1 ~ 0.2 2. 同初代 3. 1/2MS + NAA(IBA) 0.1
番　茄	叶片	1. MS + BA 2.0 + IAA 0.2 2. 同初代 3. MS
洋　葱	鳞茎	1. MS + KT 0.5 + 2,4-D 2.0 2. MS + BA 0.4 + NAA 0.1 3. 1/2MS + NAA 0.01 + IBA 1.5 + PP_{333} 0.1
韭　菜	根尖	1. MS + BA 2.0 + NAA 1.0 2. 同初代 3. MS + NAA 1.0
花椰菜	顶芽	1. MS + BA0.1 ~ 0.5 + NAA 0.1 2. MS + BA 0.1 + NAA 0.1 3. 1/2MS + NAA 0.5
藜　蒿	嫩茎	1. MS + BA 0.5 + NAA 0.5 2. 同初代 3. 1/2MS + NAA 0.5
藕	顶芽或腋芽	1. MS + BA 1.5 + NAA 0.2 2. MS + BA 1.0 + NAA 0.5 3. MS + IBA 0.5 ~ 1.0 + AC 1000
薯　蓣	嫩茎	1. MS + BA 2.0 + NAA 2.0 ~ 4.0 2. MS + BA 2.0 + NAA 0.5 3. 1/2MS + NAA 0.5
甜　菜	叶片	1. MS + KT 0.1 + IAA 1.0 3. MS + KT 1.0 + GA 0.2
豌　豆	上胚轴	1. MS + BA 1.0 + NAA 2.0 2. MS + BA 5.0 + NAA 0.2
茄　子	下胚轴	1. MS + BA 5.0 + NAA 0.8 2. MS + BA 5.0
黄　瓜	子叶、腋芽	1. MS 2. MS + KT 0.1 + NAA 0.1
辣　椒	子叶、下胚轴	1. MS + 2,4-D 1.0 2. MS + BA1.0 ~ 2.0 + IAA 0.5 ~ 1.0
青花菜	花序柄、中肋	1. MS 2. MS + BA 5.0 + NAA 1.0 3. MS + NAA 0.2
卷心菜	茎尖	1. MS + KT 2.5 + NAA 2.0 2. MS + KT 2.0 3. MS
胡萝卜	直根	1. White + IAA 1.0 ~ 10.0 2. White + IAA 1.0 ~ 10.0 3. White

附表 2-4 常见药用植物组培外植体和培养基配方

植物名称	外植体	基本培养基及植物激素(mg/L) (1. 初代培养 2. 继代培养 3. 生根培养)
党 参	嫩叶	1. MS + ZT 3.0 + 2,4-D 1.0 + LH 500 2. MS + ZT 3.0 + 2,4-D 1.0 + NAA 0.1 + LH 500 3. MS
	下胚轴	1. MS + 2,4-D 0.2 2. MS + BA 2.0 3. MS
贝 母	幼叶、花梗、花被、子房、鳞片、心芽	1. MS + NAA 1.0 ~ 2.0(或 2,4-D 0.5 ~ 1.0) + KT 1.0 2. MS + BA 4.0 ~ 8.0 + IAA 0.1 ~ 0.2 3. 1/2MS + 2,4-D 0.01 ~ 0.05 + IAA 0.1 ~ 0.2
甘 草	下胚轴或子叶	1. MS + BA 0.2 + NAA 2.0 2. MS + ZT 2.0 + KT 2.0 + NAA 0.2 3. 1/2MS + NAA 0.05
银 杏	幼叶、子叶、胚轴、茎段	1. MS + BA 1.0 ~ 2.0 + NAA 2.0 2. 同初代 3. MS + BA 1.0 ~ 2.0 + NAA 2.0 + AC 0.05%
罗汉果	幼叶	1. MS + BA 1.0 + IBA 0.5 2. 同初代 3. 1/2MS + NAA 0.25 ~ 0.5
地 黄	带叶的嫩芽尖	1. MS + BA 0.3 ~ 0.5 + NAA 0.02 ~ 0.03 2. 同初代 3. MS + NAA 0.1 ~ 0.2 + IBA 0.01 ~ 0.03
半 夏	块茎	1. MS + 2,4-D 0.3 ~ 0.5 + BA 0.5 ~ 2.0 2. MS + BA 1.0 ~ 1.5 + NAA 0.5 ~ 1.0 3. 1/2MS + NAA 0.3 ~ 0.5
人 参	花药、芽、根、叶片、花冠、花柄	1. MS + BA 0.5 + IAA 1.0 + 2,4-D 1.5 2. MS + KT 2.0 + IBA 0.5 + GA 2.0 + LH 100 3. 1/2MS

参考文献

毕云，苏艳，张艺萍，等．2014．蓝莓组织培养过程中玻璃化现象的防止技术研究[J]．西南农业学报，27(6)：2539-2542.

曹鸿斌，刘魁英，赵宗芸，等．2008．龙眼组培的褐变抑制研究[J]．安徽农业科学，36(8)：3132-3133.

曹善东，贾洪涛．2003．不同碳源对草莓脱毒苗组培快繁的影响[J]．山东林业科技(3)：6-7.

曹孜义，强维亚，李唯，等．1987．葡萄试管苗在移栽锻炼过程中气孔开度的变化[J]．葡萄栽培与酿酒(3)：5-8.

杜鹃，鄄志先，王进茂，等．2007．预培养在刺槐试管苗生根中的作用[J]．河北农业大学学报，30(5)：57-62.

高庆玉，李光裕，周恩．1993．关于草莓脱毒技术的研究[J]．东北农业大学学报，24(3)：231-236.

郭达初．1990．培养基对香石竹试管苗生长及其玻璃化的影响[J]．浙江农业学报(4)：174-180.

郭美，刘欣颖，卢虹，等．2017．头花龙胆组织培养繁殖技术[J]．安徽农学通报，23(13)：34-35.

黄霞，黄学林，高东微．1999．防止香蕉茎尖培养中外植体褐变的研究[J]．广西植物，19(1)：78-80.

蒋跃明．1991．果实褐变及控制[J]．植物杂志，18(6)：22-23.

李焕秀，乔霓娇．2001．降低苍溪梨外植体组培褐变途径的研究[J]．西南农业大学学报，23(6)：524-526.

李敬阳，张建斌，徐碧玉，等．2008．香蕉转化中的抗褐化及再生研究[J]．生物技术通报(5)：115-117.

廉家盛，朴炫春，廉美兰，等．2010．培养基种类、玉米素浓度及 pH 值对蓝莓“美登”组培增殖生长的影响[J]．延边大学农学学报(4)：269-272.

梁钾贤．2011．粉蕉试管苗工厂化生产中的光温调控[J]．中国农学通报，27(25)：283-287.

梁丽建，邓衍明，贾新平，等．2015．红掌高效再生技术[J]．江苏农业科学，43(12)：45-47.

刘铸德，张春辉．1999．草莓组培苗的田间试验[J]．陕西农业科学(5)：21-22.

罗珍珍，张慧，由翠荣，等．2016．新品种彩色马蹄莲组培苗诱导及增殖研究[J]．化工管理(1)：196-197.

马艳丽．2005．越橘组培快繁技术研究[J]．吉林林业科技(34)：3-5.

彭峰，陈嫣嫣，郝日明，等．2008．彩色马蹄莲组培苗壮苗生根及移栽措施研究[J]．江苏农业科学(1)：126-128.

权俊萍，戴丽娜，唐徐林，等．2012．薰衣草组培苗驯化移栽过程中形态解剖学比较[J]．北方园艺(3)：55-58.

单芹丽，赵辉，张付斗．2009．香蕉组培苗的生产技术[J]．北方园艺(6)：79-81.

石文山，刘学英，于得洋，等．2007．切花非洲菊离体快繁[J]．中国花卉园艺(20)：30-33.

孙茂林，华秋瑾，李迅东．1993．香蕉无束顶病毒种苗快速繁殖的工艺流程[J]．云南农业大学学报，8(3)：174-176.

王常云，李晓亮，王作全．1998．我国草莓脱毒研究及应用[J]．生物技术通报(4)：25-28.

王晶．2014．红掌组培苗优质高效繁殖技术的研究[D]．苏州：苏州大学.

王平红．2010. 活性炭对蓝莓组培苗生根的影响[J]. 安徽农业科学，38(22)：11762-11763.

王启业．2012. 铁皮石斛组织培养再生植株及遗传稳定性分析[D]. 长沙：中南林业科技大学.

王振龙，李菊艳．2014. 植物组织培养教程[M]. 2版．北京：中国农业大学出版社．

文伟，杨骥．2010. 龙胆草组织培养及其无性系的研究[J]. 安徽农业科学，38(12)：6131-6133.

吴坤林．2006. 香蕉的生物学特性及其组织培养技术[J]. 生物学通报，41(10)：5-7.

许淑琼．2002. 草莓脱毒苗组培快繁技术研究[J]. 中国南方果树，31(2)：40-41.

张凤生，鹿娜，姜淼，等．2009. 蓝莓组织培养与快速繁育[J]. 黑龙江农业科学(3)：3-5.

Blanke M M, Belecher A R. 1989. Stomata of apple leaves cultured in vitro[J]. Plant Cell Org. Cult. (19): 85-89.

Capellades M, Lemeur R, Debergh P. 1990. Kinetics of chlorophyll florescence in micropropagated rose shootlets [J]. Photosynthetica (24): 190-193.

Debergh P C, Harbaoui Y, Lemeur R. 1981. Mass propagation of globe actichoke (Synara scolymus): evaluation of different hypothesis to overcome vitrification with special reference to water potential [J]. Physiol. Plant (53): 181-187.

Donnelly D J, Vidaver W E, Lee K Y, et al. 1985. The anatomy of tissue cultured red raspberry prior to and after transfer to soil[J]. Plant Cell Tissue Org. Cult. (4): 43-50.

Grout B W W, Aston M J. 1977a. Transplanting of cauliflower plants regenerated from meristem culture. I. Water loss and water transfer related to changes in leaf wax and to xylem regeneration[J]. Hortic. Res. (17): 1-7.

Hazarika B N, Parthasarathy V A, Nagaraju V. 2002b. Anatomical variation in Citrus leaves from in vitro and greenhouse plants: scanning electron microscopic studies[J]. Ind. J. Hortic. (59): 243-246.

Hirimburegama K, Gamage N. 1997. Cultivar specificity with respect to in vitro micropropagation of Musa spp. (banana and plantain)[J]. Journal of Horticultural Science, 72(2): 205-211.

Pinto G, Silva S, Park Y S, et al. 2008. Factors influencing somatic embryogenesis induction in Eucalyptus globulus Labill.: basal medium and anti-browning agents[J]. Plant Cell, Tissue and Organ Culture, 95(1): 79-88.

Sutter E, Langhans R W. 1982. Formation of epicuticular wax and its effect on water loss in cabbage plants regenerated from shoot tip culture[J]. Can. J. Bot. (60): 2896-2902.